应用型系列教材

机械图样识读与绘制

李　娅　主　编

王凤良　郭春洁　副主编

U0245509

電子工業出版社

Publishing House of Electronics Industry

北京 · BEIJING

内 容 简 介

本书围绕应用型人才的培养方案和教学目标编写，主要内容包括机械制图的基本规定与技能、投影法及应用、基本体及表面交线、组合体的投影及尺寸注法、轴测图的绘制、机件的基本表达方法、标准件和常用件的规定画法、零件图、装配图、展开图与焊接图等。

本书可作为普通高等学校应用型本科机械类和近机类专业使用，也可供其他类型学校相关专业选用。

本书可作为中职学校的教材，也可作为有关技术人员的参考用书。

未经许可，不得以任何方式复制或抄袭本书之部分或全部内容。
版权所有，侵权必究。

图书在版编目（CIP）数据

机械图样识读与绘制 / 李娅主编. —北京：电子工业出版社，2017.7

ISBN 978-7-121-30702-7

Ⅰ. ①机… Ⅱ. ①李… Ⅲ. ①机械图—识图—高等学校—教材②机械制图—高等学校—教材 Ⅳ. ①TH126

中国版本图书馆 CIP 数据核字（2016）第 312930 号

策划编辑：朱怀永
责任编辑：胡辛征
印　　刷：北京京华虎彩印刷有限公司
装　　订：北京京华虎彩印刷有限公司
出版发行：电子工业出版社
　　　　　北京市海淀区万寿路 173 信箱　邮编　100036
开　　本：787×1 092　1/16　印张：15.25　字数：390.4 千字
版　　次：2017 年 7 月第 1 版
印　　次：2017 年 7 月第 1 次印刷
定　　价：38.00 元

凡所购买电子工业出版社图书有缺损问题，请向购买书店调换。若书店售缺，请与本社发行部联系，联系及邮购电话：（010）88254888，88258888。

质量投诉请发邮件至 zlts@phei.com.cn，盗版侵权举报请发邮件至 dbqq@phei.com.cn。

本书咨询联系方式：（010）88254608，zhy@phei.com.cn。

序——加快应用型本科教材建设的思考

一、应用型高校转型呼唤应用型教材建设

教学与生产脱节，很多教材内容严重滞后，所学难以致用。这是我们在进行毕业生跟踪调查时经常听到的对高校教学现状提出的批评意见。由于这种脱节和滞后，造成很多毕业生及其就业单位不得不花费大量时间“补课”，既给刚踏上社会的学生无端增加了很大压力，又给就业单位白白增添了额外的培训成本。难怪学生抱怨“专业不对口，学非所用”，企业讥讽“学生质量低，人才难寻”。

2010年，我国《国家中长期教育改革和发展规划纲要（2010—2020年）》指出：要加大教学投入，重点扩大应用型、复合型、技能型人才培养规模。2014年，《国务院关于加快发展现代职业教育的决定》进一步指出：要引导一批普通本科高等学校向应用技术类型高等学校转型，重点举办本科职业教育，培养应用型、技术技能型人才。这表明国家已发现并着手解决高等教育供应侧结构不对称问题。

转型一批到底是多少？据国家教育部披露，计划将600多所地方本科高校向应用技术、职业教育类型转变。这意味着未来几年我国将有50%以上的本科高校（2014年全国本科高校1202所）面临应用型转型，更多地承担应用型人才，特别是生产、管理、服务一线急需的应用技术型人才的培养任务。应用型人才培养作为高等教育人才培养体系的重要组成部分，已经被提上我国党和国家重要的议事日程。

军马未动、粮草先行。应用型高校转型要求加快应用型教材建设。教材是引导学生从未知进入已知的一条便捷途径。一部好的教材既是取得良好教学效果的关键因素，又是优质教育资源的重要组成部分。它在很大程度上决定着学生在某一领域发展起点的远近。在高等教育逐步从“精英”走向“大众”直至“普及”的过程中，加快教材建设，使之与人才培养目标、模式相适应，与市场需求和时代发展相适应，已成为广大应用型高校面临并亟待解决的新问题。

烟台南山学院作为大型民营企业南山集团投资兴办的民办高校，与生俱来就是一所应用型高校。2005年升本以来，其依托大企业集团，坚定不移地实施学校地方性、应用型的办学定位。坚持立足胶东，着眼山东，面向全国；坚持以工为主，工管经文艺协调发展；坚持产教融合、校企合作，培养高素质应用型人才。初步形成了自己校企一体、实践育人的应用型办学特色。为加快应用型教材建设，提高应用型人才培养质量，今年学校推出的包括“应用型本科系列教材”在内的“百部学术著作建设工程”，可以视为南山学院升本10年来教学改革经验的初步总结和科研成果的集中展示。

二、应用型本科教材研编原则

编写一本好教材比一般人想象的要难得多。它既要考虑知识体系的完整性，又要考虑知识体系如何编排和建构；既要有利于学生“学”，又要有利于教师“教”。教材编得好不好，首先

取决于作者对教学对象、课程内容和教学过程是否有深刻的体验和理解，以及能否采用适合学生认知模式的教材表现方式。

应用型本科作为一种本科层次的人才培养类型，目前使用的教材大致有两种情况：**一是借用传统本科教材**。实践证明，这种借用很不适宜。因为传统本科教材内容相对较多，理论阐述繁杂，教材既深且厚。更突出的是其忽视实践应用，很多内容理论与实践脱节。这对于没有实践经验，以培养动手能力、实践能力、应用能力为重要目标的应用型本科生来说，无异于“张冠李戴”，严重背离了教学目标，降低了教学质量。**二是延用高职教材**。高职与应用型本科的人才培养方式接近，但毕竟人才培养层次不同，它们在专业培养目标、课程设置、学时安排、教学方式等方面均存在很大差别。高职教材虽然也注重理论的实践应用，但“小才难以大用”，用低层次的高职教材支撑高层次的本科人才培养，实属“力不从心”，尽管它可能十分优秀。换句话说，应用型本科教材贵在“应用”二字。它既不能是传统本科教材加贴一个应用标签，也不能是高职教材的理论强化，其应有相对独立的知识体系和技术技能体系。

基于这种认识，我认为研编应用型本科教材应遵循三个原则：**一是实用性原则**。即教材内容应与社会实际需求相一致，理论适度、内容实用。通过教材，学生能够了解相关企业当前的主流生产技术、设备、工艺流程及科学管理状况，掌握企业生产经营活动中与本学科专业相关的基本知识和专业知识、基本技能和专业技能。以最大限度地缩短毕业生知识、能力与企业现实需要之间的差距。烟台南山学院研编的《应用型本科专业技能标准》就是根据企业对本科毕业生专业岗位的技能要求研究编制的基本文件，它为应用型本科有关专业进行课程体系设计和应用型教材建设提供了一个参考依据。**二是动态性原则**。当今社会科技发展迅猛，新产品、新设备、新技术、新工艺层出不穷。所谓动态性，就是要求应用型教材应与时俱进，反映时代要求，具有时代特征。在内容上应尽可能将那些经过实践检验成熟或比较成熟的技术、装备等人类发明创新成果编入教材，实现教材与生产的有效对接。这是克服传统教材严重滞后、理论与实践脱节、学不致用等教育教学弊端的重要举措，尽管某些基础知识、理念或技术工艺短期内并不发生突变。**三是个性化原则**。即教材应尽可能适应不同学生的个体需求，至少能够满足不同群体学生的学习需要。不同的学生或学生群体之间存在的学习差异，显著地表现在对不同知识理解和技能掌握并熟练运用的快慢及深浅程度上。根据个性化原则，可以考虑在教材内容及其结构编排上既有所有学生都要求掌握的基本理论、方法、技能等“普适性”内容，又有满足不同的学生或学生群体不同学习要求的“区别性”内容。本人以为，以上原则是研编应用型本科教材的特征使然，如果能够长期得到坚持，则有望逐渐形成区别于研究型人才培养的应用型教材体系特色。

三、应用型本科教材研编路径

1. 明确教材使用对象

任何教材都有自己特定的服务对象。应用型本科教材不可能满足各类不同高校的教学需求，其主要是为我国新建的包括民办高校在内的本科院校及应用技术型专业服务的。这是因为：近10多年来我国新建了600多所本科院校（其中民办本科院校420所，2014年）。这些本科院校大多以地方经济社会发展为其服务定位，以应用技术型人才为其培养模式定位。它们的学生毕业后大部分选择企业单位就业。基于社会分工及企业性质，这些单位对毕业生的实践应用、技能操作等能力的要求普遍较高，而不刻意苛求毕业生的理论研究能力。因此，作为人才培养的必备条件，高质量应用型本科教材已经成为新建本科院校及应用技术类专业培养合格人才的迫切需要。

2. 加强教材作者选择

突出理论联系实际，特别注重实践应用是应用型本科教材的基本质量特征。为确保教材质量，严格选择教材研编人员十分重要。其基本要求：**一是**作者应具有比较丰富的社会阅历和企业实际工作经历或实践经验。这是研编人员的阅历要求。不能指望一个不了解社会、没有或缺乏行业企业生产经营实践体验的人，能够写出紧密结合企业实际、实践应用性很强的篇章；**二是**主编和副主编应选择长期活跃于教学一线、对应用型人才培养模式有深入研究并能将其运用于教学实践的教授、副教授等专业技术人员担纲。这是研编团队的领导人要求。主编是教材研编团队的灵魂。选择主编应特别注意理论与实践结合能力的大小，以及"研究型"和"应用型"学者的区别；**三是**作者应有强烈的应用型人才培养模式改革的认可度，以及应用型教材编写的责任感和积极性。这是写作态度的要求。实践中一些选题很好却质量平庸甚至低下的教材，很多是由于写作态度不佳造成的；**四是**在满足以上三个条件的基础上，作者应有较高的学术水平和教材编写经验。这是学术水平的要求。显然，学术水平高、教材编写经验丰富的研编团队，不仅可以保障教材质量，而且对教材出版后的市场推广将产生有利的影响。

3. 强化教材内容设计

应用型教材服务于应用型人才培养模式的改革。应以改革精神和务实态度，认真研究课程要求、科学设计教材内容，合理编排教材结构。其要点包括：

（1）缩减理论篇幅，明晰知识结构。编写应用型教材应摒弃传统研究型人才培养思维模式下重理论、轻实践的做法，确实克服理论篇幅越来越多、教材越编越厚、应用越来越少的弊端。一是基本理论应坚持以必要、够用、适用为度。在满足本学科知识连贯性和专业课需要的前提下，精简推导过程，删除过时内容，缩减理论篇幅；二是知识体系及其应用结构应清晰明了、符合逻辑，立足于为学生提供"是什么"和"怎么做"；三是文字简洁，不拖泥带水，内容编排留有余地，为学生自我学习和实践教学留出必要的空间。

（2）坚持能力本位，突出技能应用。应用型教材是强调实践的教材，没有"实践"、不能让学生"动起来"的教材很难产生良好的教学效果。因此，教材既要关注并反映职业技术现状，以企业岗位或岗位群需要的技术和能力为逻辑体系，又要适应未来一定期间内技术推广和职业发展要求。在方式上应坚持能力本位、突出技能应用、突出就业导向；在内容上应关注不同产业的前沿技术、重要技术标准及其相关的学科专业知识，把技术技能标准、方法程序等实践应用作为重要内容纳入教材体系，贯穿于课程教学过程的始终，从而推动教材改革，在结构上形成区别于理论与实践分离的传统教材模式，培养学生从事与所学专业紧密相关的技术开发、管理、服务等必须的意识和能力。

（3）精心选编案例，推进案例教学。什么是案例？案例是真实典型且含有问题的事件。这个表述的涵义：第一，案例是事件。案例是对教学过程中一个实际情境的故事描述，讲述的是这个教学故事产生、发展的历程；第二，案例是含有问题的事件。事件只是案例的基本素材，但并非所有的事件都可以成为案例。能够成为教学案例的事件，必须包含有问题或疑难情境，并且可能包含有解决问题的方法。第三，案例是典型且真实的事件。案例必须具有典型意义、能给读者带来一定的启示和体会。案例是故事但又不完全是故事。其主要区别在于故事可以杜撰，而案例不能杜撰或抄袭。案例是教学事件的真实再现。

案例之所以成为应用型教材的重要组成部分，是因为基于案例的教学是向学生进行有针对性的说服、思考、教育的有效方法。研编应用型教材，作者应根据课程性质、课程内容和课程要求，精心选择并按一定书写格式或标准样式编写案例，特别要重视选择那些贴近学生生活、便于学生调研的案例。然后根据教学进程和学生理解能力，研究在哪些章节，以多大篇幅安排和使用案例。为案例教学更好地适应案例情景提供更多的方便。

最后需要说明的是，应用型本科作为一种新的人才培养类型，其出现时间不长，对它进行系统研究尚需时日。相应的教材建设是一项复杂的工程。事实上从教材申报到编写、试用、评价、修订，再到出版发行，至少需要 3～5 年甚至更长的时间。因此，时至今日完全意义上的应用型本科教材并不多。烟台南山学院在开展学术年活动期间，组织研编出版的这套应用型本科系列教材，既是本校近 10 年来推进实践育人教学成果的总结和展示，更是对应用型教材建设的一个积极尝试，其中肯定存在很多问题，我们期待在取得试用意见的基础上进一步改进和完善。

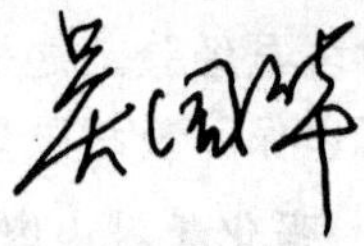

2016 年国庆前夕于龙口

前　言

机械制图是机械类各专业必修的专业基础课，其主要任务是在培养空间想象能力和思维能力的基础上，使学生掌握依据国家标准绘制和阅读工程图样的技能，同时培养学生认真负责、严谨细致的工程素质。

本书围绕应用型人才的培养方向和目标，在多年教改实践的基础上，根据教育部高等学校工程制图课程教学指导委员会制定的“普通高等学校工程图学课程教学基本要求”编写。在编写过程中，采用较新的机械制图国家标准，注重机械制图基本知识的系统性，又兼顾了应用型本科院校对学生的学习要求和难度，对各部分教学内容的选取少而精，配合大量的图片，突出重点，化解难点，注重语言描述的精练性、逻辑性，遵循学生的认知规律。

书中重点和难点部分配有视频讲解和动画演示，通过扫描二维码可以下载观看，便于学生预习和自学。本书可满足机械类和近机类专业 70～100 学时的教学要求。

为了便于学习和掌握所学内容，编有《机械制图与识图能力训练》与本书配套使用。

本书由烟台南山学院的李娅老师担任主编，王凤良老师、郭春洁老师担任副主编，张淑梅老师、姚丽娜老师参编。

尽管我们在编写中作出很多努力，但由于水平所限，书中难免存在疏漏和失误，敬请广大读者批评指正。

编　者

目　录

第 1 章　绪　论

1.1　课程性质及专业地位

工程生产中的内容、技术要求等需要以工程图样准确、具体地表达工程结构、规范或明确相关的技术信息，因此，图样被称为工程界的技术语言，是详细表达设计意图、生产要求、检验指标及交流生产技术的重要技术文件；工程制图和识图是机械、建筑、电力、矿业等各领域工程师必备的一项基本技能，如汽车生产过程的各环节都离不开图样的指导和规范。汽车的生产示意图如图 1-1 所示。

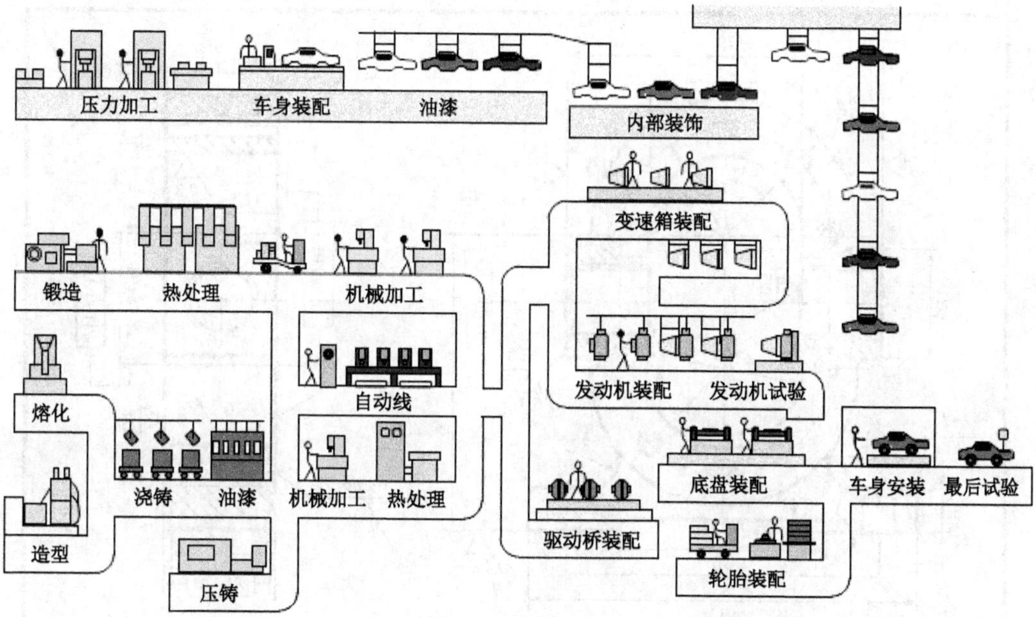

图 1-1　汽车生产示意图

机械制图是工程界的主要制图方法之一，是研究绘制和识读机械图样的一门学科。为了使技术人员、生产人员对机械图样中涉及的图线、尺寸、文字、图形简化和符号含义有一致的理解，随着生产的发展逐步形成、制定出机械制图标准加以规范。各国多有自己的国家标准，国际上有国际标准化组织制定的标准。机械制图标准中规定的项目有图纸幅面格式、图线类型、绘图比例、字体、尺寸标注和公差标注等几十项内容。

根据表达内容的不同，机械图样分为零件图、装配图、轴测图、装配示意图和布置图，以零件图和装配图为主。轴测图表达机器或零件的立体结构形状，也称为立体图，其直观性强，可作为复杂零件或部件的辅助图样（图 1-2）。零件图表达零件的形状、大小及制造和检验零件的技术要求（图 1-3）。装配图表达机器中各零件间的装配关系、运动传递路线和工作原理。装配示意图是用简单的线条和符号组成的图形，以表达机械工作原理和机构传动路线。布置图表达机械设备在厂房内的安装位置及要求。

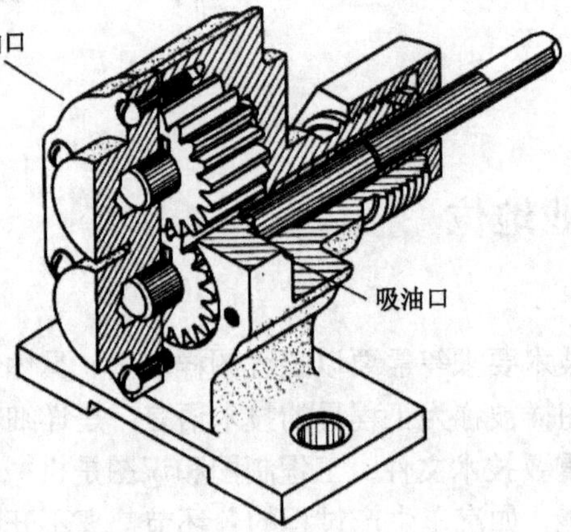

图 1-2　齿轮泵的轴测图

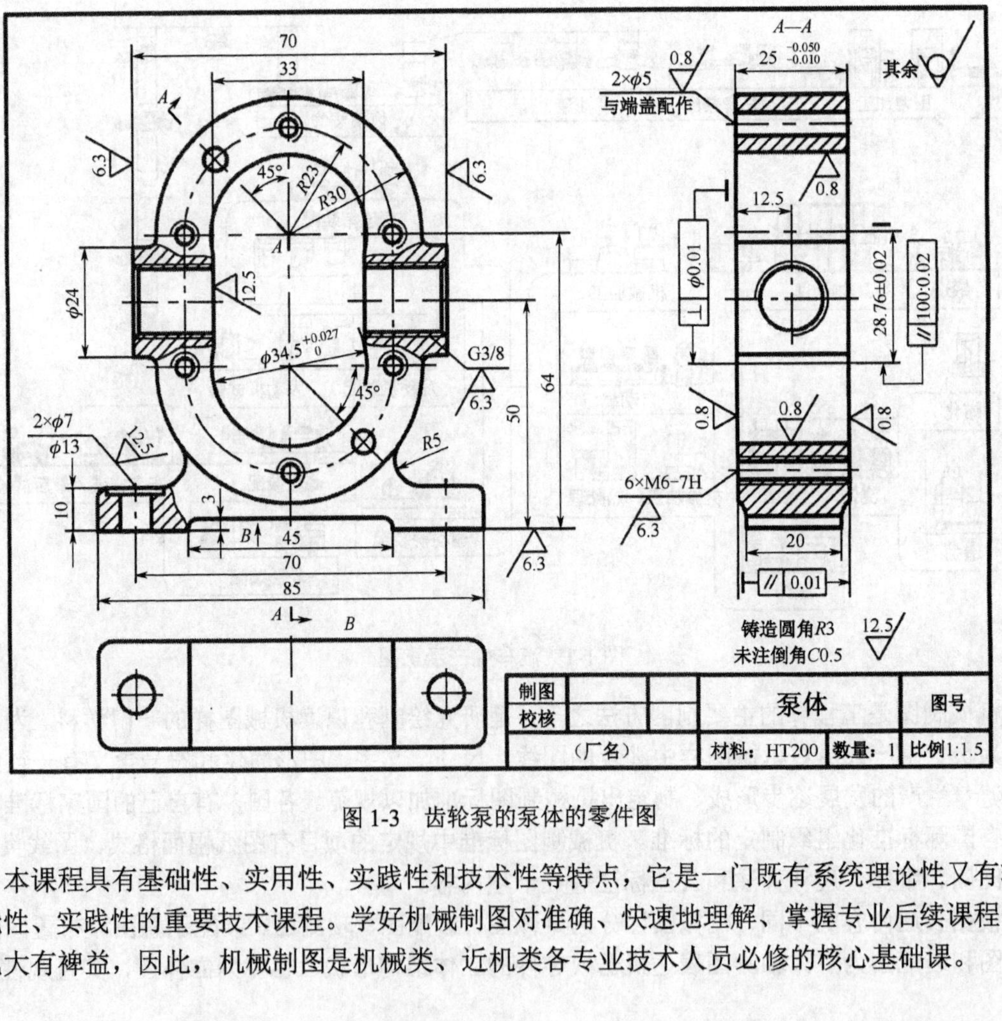

图 1-3　齿轮泵的泵体的零件图

本课程具有基础性、实用性、实践性和技术性等特点，它是一门既有系统理论性又有较强技能性、实践性的重要技术课程。学好机械制图对准确、快速地理解、掌握专业后续课程的内容也大有裨益，因此，机械制图是机械类、近机类各专业技术人员必修的核心基础课。

在传统的手工绘制图样的基础上，结合计算机技术形成计算机绘图技术，极大地提高了绘图速度、改善了绘图质量。计算机绘图技术是工程制图的一种绘图手段，所绘图样的理论仍然来源于工程制图。

1.2　课程主要内容及学习任务

本课程研究机械图样的图示原理、绘图和读图方法，培养学生的空间想象能力，贯彻国家标准，掌握手工绘制图样的技能，为学生能够利用计算机绘图技术正确地绘制出机械图样奠定基础。

（1）学习掌握投影法的基本理论和应用方法，培养学生运用投影原理掌握由空间向平面的转换能力；

（2）掌握立体截切、相贯、组合的基本理论和规律，培养学生空间想象能力和分析能力；

（3）掌握绘制轴测图的基本理论和方法，培养学生由平面向空间的转换能力；

（4）掌握机械制图国家标准的基本规定，具有查阅有关标准及机械设计手册的能力，并能灵活运用于零件图、装配图等的绘制与阅读。

（5）掌握识读中等复杂程度机械图样的基本理论和方法，提高学生的分析能力和理解想象能力，培养耐心细致的工作态度；

（6）综合运用投影作图和几何作图方法及绘图技巧，熟练运用绘图工具、仪器，培养学生严谨认真的绘图态度，具备正确、合理绘制中等复杂程度的机械图样的能力。

总之，通过学习图解空间几何问题和机械制图的知识，有效地提高空间思维能力，具备综合分析能力及绘制机械图样的技能。

1.3　课程学习要求及学习方法

为保证生产过程的合理性和产品质量的可靠性等要求，指导生产的技术图样应达到：图形合理、清晰，尺寸标注正确、齐全，公差配合、形位公差和表面粗糙度等技术要求合理，各项指标符合国家标准。因此，机械制图课程的教和学宗旨是：严谨认真，准确全面。

（1）与生产的密切性决定学习机械制图必须理论联系实际，课程理论的规律性强，而由大量工程实例化的习题具有多样性、综合性，所以课程习题量很大，题目千差万别。

因此，学好这门课程的关键是：认真听课，做好标记，理解基本理论和基本方法；习题训练一定要认真，并在做题时合理运用理论、反复体会理论、巩固深化理论。

（2）习题训练中注重灵活运用制图与识图的技巧，多观察、多想象、多分析和多比较，注意总结规律的一般性和特殊性，在应用中举一反三，做到空间与平面结合，具体与抽象结合，教师引导与学生自学结合，以掌握空间物体和平面图形的转化规律，逐步培养空间想象力。

（3）机械制图的应用性强，兼之绘图的严谨性决定只有保证足够的学习时间才有效果，建议听课、习题训练的时间比例约为 1∶3，可结合自己的学习情况，适当调节。

第 2 章　机械制图的基本规定与技能

2.1　机械制图国家标准

2.1.1　图纸幅面和格式（GB/T 14689—2008）

绘图使用图纸的幅面和格式必须符合国家标准《技术制图 图纸幅面和格式》的规定，以便于管理及查阅图样。

1．图纸幅面

图纸幅面尺寸是指绘制图样所采用的纸张的大小规格。绘制图样时，优先采用表 2-1 规定的幅面尺寸。

表 2-1　基本幅面及边框的尺寸　（mm）

<table>
<tr><td colspan="3">幅面代号</td><td>A0</td><td>A1</td><td>A2</td><td>A3</td><td>A4</td></tr>
<tr><td colspan="3">尺寸 $B \times L$</td><td>841×1189</td><td>594×841</td><td>420×594</td><td>297×420</td><td>210×297</td></tr>
<tr><td rowspan="2">装订</td><td rowspan="3">边框</td><td>a</td><td colspan="5">25</td></tr>
<tr><td>c</td><td colspan="3">10</td><td colspan="2">5</td></tr>
<tr><td>不订</td><td>e</td><td colspan="2">20</td><td colspan="3">10</td></tr>
</table>

基本幅面代号有 A0、A1、A2、A3、A4 五种。在基本幅面图纸中，长边是短边的 $\sqrt{2}$ 倍，因此 A0 图纸短边 B= 841mm，长边 L=1189 mm。沿 A0 图纸的长边对折并裁开得到 2 张 A1 图纸，即 A1 图纸是 A0 图纸的一半，其余以此类推。必要时可以加长图幅。

2．图框格式和尺寸

图框有两种格式：留装订边和不留装订边，对应不同幅面的边框尺寸如表 2-1 所示。同一产品的所有图样均应采用同种格式。绘图时，图纸可以横放或竖放，如图 2-1 所示。一般 A0、A1、A2、A3 幅面横放，A4 幅面竖放。

提示：在图纸上先用细实线画出图框，完成图样所有内容后用粗实线加粗图框。

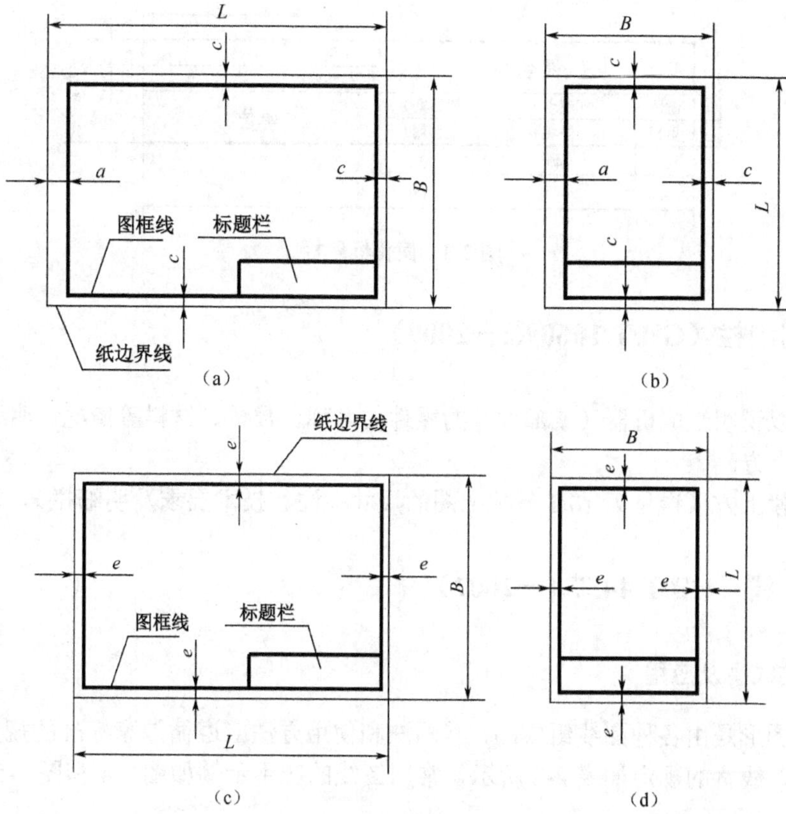

图 2-1 图框格式

2.1.2 标题栏（GB/T 10609.1—2008）

标题栏应位于图纸的右下角，看图方向应与标题栏的方向一致。国家标准规定了标题栏的格式，如图 2-2 所示。本课程的制图作业中，推荐采用简化标题栏，如图 2-3 所示。

图 2-2 标题栏的格式

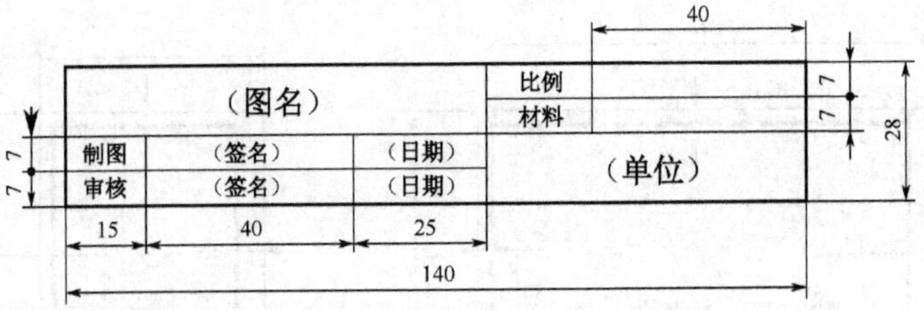

图 2-3 简化标题栏

2.1.3 明细栏（GB/T 10609.2—2009）

明细栏用以说明组成机器（或部件）的零件的名称、数量、材料等情况。明细栏紧靠标题栏画在标题栏上方。

画在标题栏上方（详见第 10.3 节装配图的尺寸标注、技术要求及明细栏）。

2.1.4 图线（GB/T 4457.4—2002）

1. 图线的线型及应用

图样中的图形是由各种图线组成的，其画法和使用方法应遵循国家标准的规定。常用图线的名称、线型、线宽的规定如表 2-2 所示，常用图线的应用示例如图 2-4 和图 2-5 所示。

表 2-2 常用图线的线型及主要应用

图线名称	代码 No.	线型	线宽	一般应用
细实线	01.1		$d/2$	（1）过渡线 （2）尺寸线 （3）尺寸界线 （4）指引线和基准线 （5）剖面线
波浪线	01.1		$d/2$	断裂处边界线；视图与剖视图的分界线
双折线	01.1		$d/2$	断裂处边界线；视图与剖视图的分界线
粗实线	01.2	d	d	（1）可见棱边线 （2）可见轮廓线 （3）相贯线 （4）螺纹牙顶线
细虚线	02.1	4～6　1	$d/2$	（1）不可见棱边线 （2）不可见轮廓线
粗虚线	02.2	4～6　1	d	允许表面处理的表示线
细点画线	04.1	15～30　3	$d/2$	（1）轴线 （2）对称中心线 （3）分度圆（线）
粗点画线	04.2	15～30　3	d	限定范围表示线
细双点画线	05.1	～20　5	$d/2$	（1）相邻辅助零件的轮廓线 （2）可动零件的极限位置的轮廓线

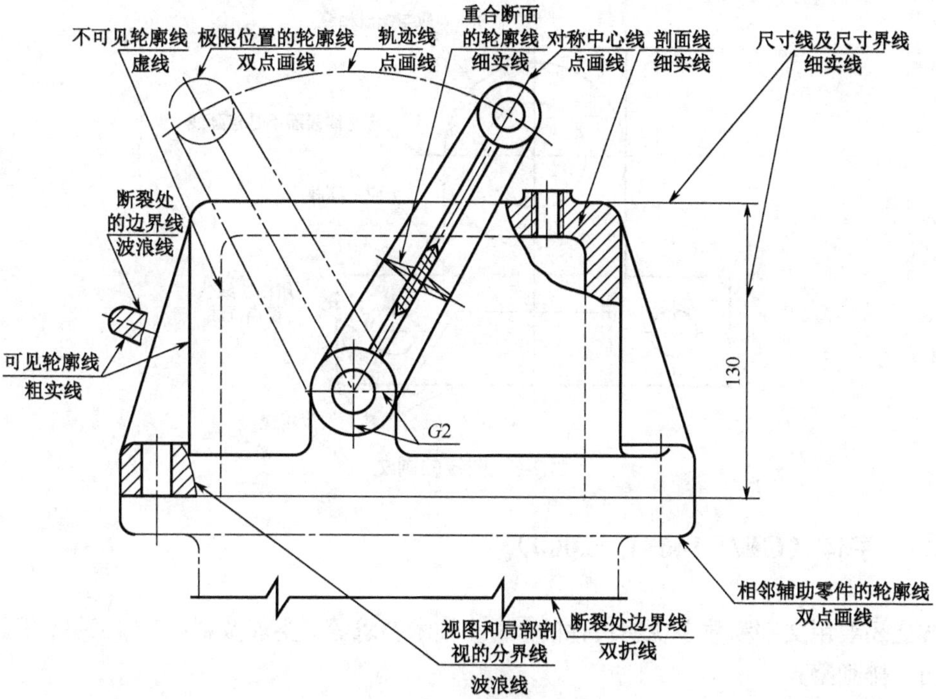

图 2-4　常用图线的应用示例 1

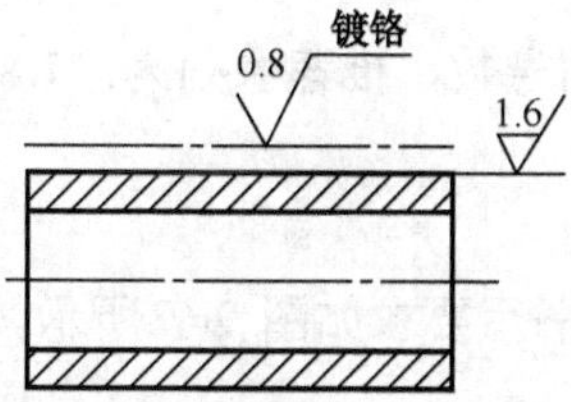

图 2-5　常用图线的应用示例 2

2. 图线的宽度

图线分粗、细两大类。粗线的宽度 d 应按照图的大小及复杂程度，在 0.5～2 mm 之间选择，推荐图线宽度系列为：0.18、0.25、0.35、0.5、0.7、1、1.4、2mm。制图作业中粗线一般选择 0.7 mm 为宜。细线的宽度约为 $d/2$。

3. 图线的画法规定（图 2-6）

（1）同一图样中，同类图线宽度基本一致。虚线、点画线的线段长度和间隔应大致相等。

（2）平行线（包括剖面线）的间距应不小于粗实线宽度的两倍，最小间距不得小于 0.7mm。

（3）绘制圆形前，应先作出两条互相垂直的细点画线，即圆的对称中心线，圆心应为线段（而不是短画）的交点。

（4）点画线中的“点”应画成约 1mm 的短画，点画线的首末两端应是线段（而不是短画），且应超出相应图形轮廓 2～5mm。若图形较小，可用细实线（代替细点画线）绘制。

（5）虚线与其他图线相交时，应在线段处相交，不应在空隙处相交。当虚线是实线的延长线时，应从虚线处留出空隙。

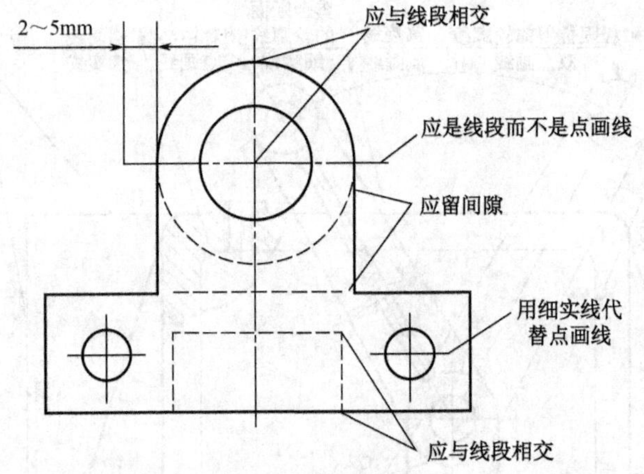

图 2-6　图线的画法

2.1.5　字体（GB/T 14691—2000）

图样上还要用文字和数字说明机件的尺寸、技术要求等。要求做到：字体工整、笔画清楚、间隔均匀、排列整齐。

1．字体的号数

字体的高度（mm）代表字体的号数，推荐系列为：1.8、2.5、3.5、5、7、10、14、20。

2．汉字要求

国标规定汉字采用长仿宋体，书写要求如图 2-7 所示。汉字的号数不应小于 3.5，字宽一般为 $h/\sqrt{2}$。

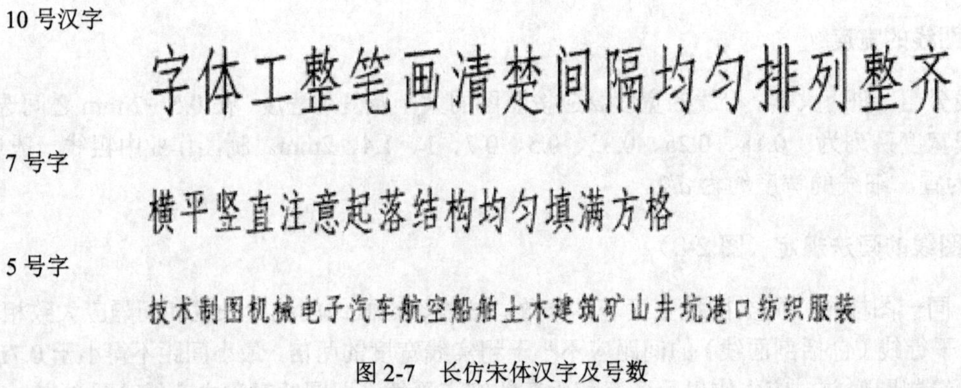
10 号汉字
字体工整笔画清楚间隔均匀排列整齐
7 号字
横平竖直注意起落结构均匀填满方格
5 号字
技术制图机械电子汽车航空船舶土木建筑矿山井坑港口纺织服装

图 2-7　长仿宋体汉字及号数

3．字母和数字要求

字母和数字可写成斜体或直体。较多采用斜体，其字头右倾，与水平成 75°。在一张图样上，只允许选用一种形式的字体，且字号一致。

特别强调：数字不能随所标数值的大小而改变。字母和数字用作指数、分数、注脚、极限偏差的应小一号字体。

拉丁字母的大小写、罗马数字和阿拉伯数字的示例如图 2-8 所示。

图 2-8　拉丁字母的大小写、罗马数字和阿拉伯数字示例

2.1.6　比例（GB/T 14690—1995）

图样中图形与相应实物的线性尺寸之比称为比例。比例分为原值比例、放大比例和缩小比例。选用比例时应注意以下几点。

（1）画图时应尽量采用 1:1 的原值比例，以便直接获得机件实际大小的概念。

（2）同一图样中的各视图应采用相同比例，并填写在标题栏中。

（3）无论图样放大或缩小，图样上标注的尺寸都为机件的实际大小，而与采用的比例无关，如图 2-9 所示。

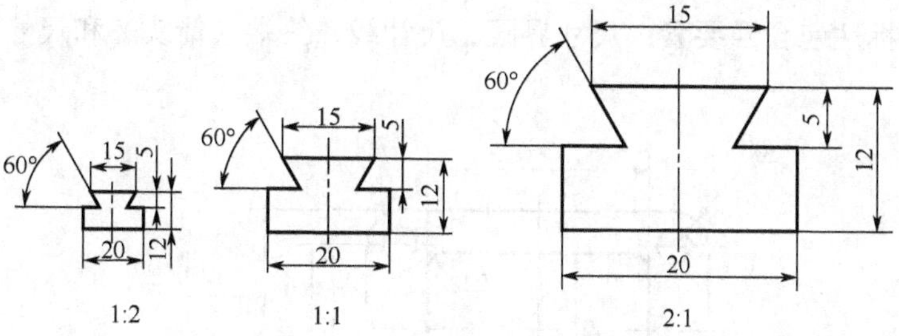

图 2-9　同一机件用不同比例画出的图形

（4）比例规范化。在表达清晰的前提下，根据图形的数目、总体尺寸和图纸幅面等，按照表 2-3 中的比例选取，优先选用“系列一”中的比例。

表 2-3　比例系列

种　类	系 列 一	系 列 二
放大比例	2 : 1　5 : 1 1×10^n : 1　2 1　5×10^n : 1	2.5 : 1　4 : 1 2.5×10^n : 1　4×10^n : 1
缩小比例	1 : 2　1 : 5　1 : 10 1 : 2×10^n　1 : 5×10^n　1 : 1×10^n	1 : 1.5　1 : 2.5　1 : 3　1 : 4　1 : 6 1 : 1.5 × 10^n　1 : 2.5 × 10^n 1 : 3 × 10^n　1 : 4 × 10^n　1 : 6 × 10^n

注：n 为正整数。

2.1.7　尺寸注法（GB/T 4458.4—2012）

机件的制造、装配、检验都要根据尺寸来进行，如果尺寸有错误或遗漏，都会给生产带来困难和损失。因此尺寸标注极为重要，应严格遵照国家标准。

1. 尺寸注法的要求

（1）尺寸标注的数值必须是机件的真实尺寸，应正确无误，表示机件的完工尺寸，与图形大小、比例、绘图准确度无关。

（2）机械图样中的尺寸，规定以毫米为单位时，不标注“毫米”或“mm”，否则需注明。

（3）每个尺寸只标注一次，应标注在反映该结构最清晰的图形上，兼顾长度标在主俯视图之间、宽度标在俯左视图之间、高度标在主左视图之间，以便于查看。

（4）标注的所有尺寸恰能完全确定物体的形状大小，既不重复，也不遗漏。

2. 尺寸标注的组成及规定

完整的尺寸标注包含四要素：尺寸界限、尺寸线、终端（箭头）和尺寸数字，如图 2-10 所示。

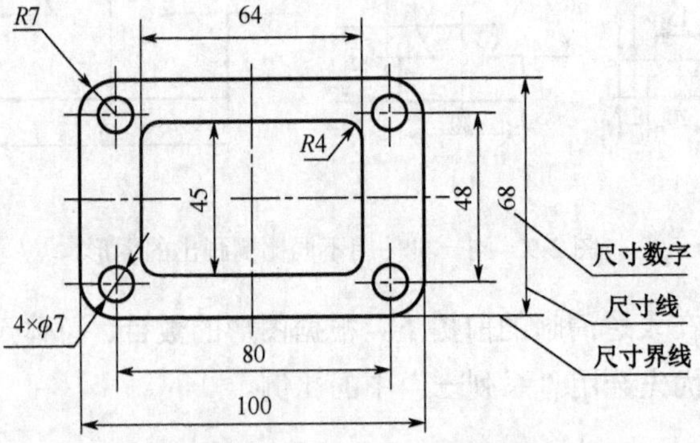

图 2-10　尺寸标注图例

（1）尺寸界线：表示尺寸的起始位置和终止位置，用细实线绘制。

尺寸界线应从图形的轮廓线、轴线或对称中心线处引出或直接利用，并超出尺寸线终端 2～3mm，如图 2-11 所示。

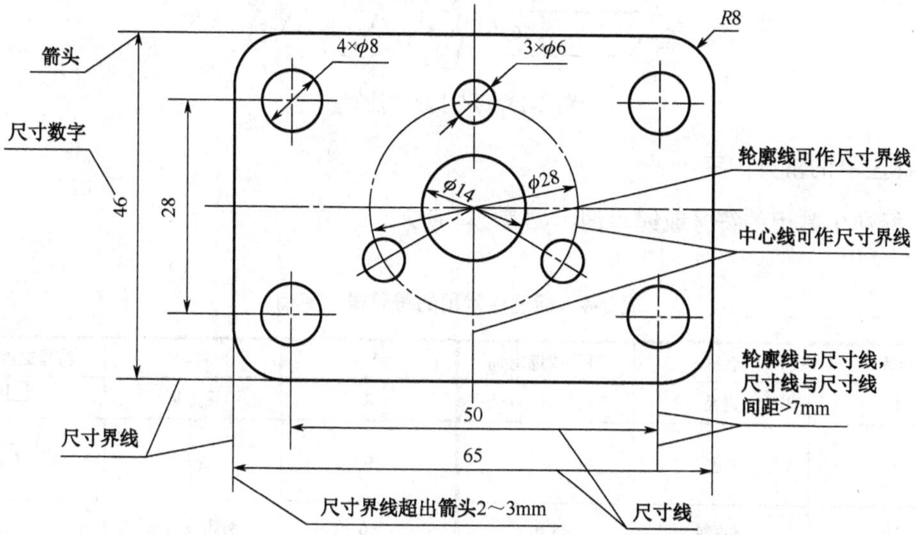

图 2-11　尺寸标注要求示例

尺寸界线一般应与尺寸线垂直（角度标注除外），必要时允许与尺寸线成适当角度，如图 2-12 中的 ϕ45。箭头如图 2-13 所示，连续小尺的标注如图 2-14 所示。

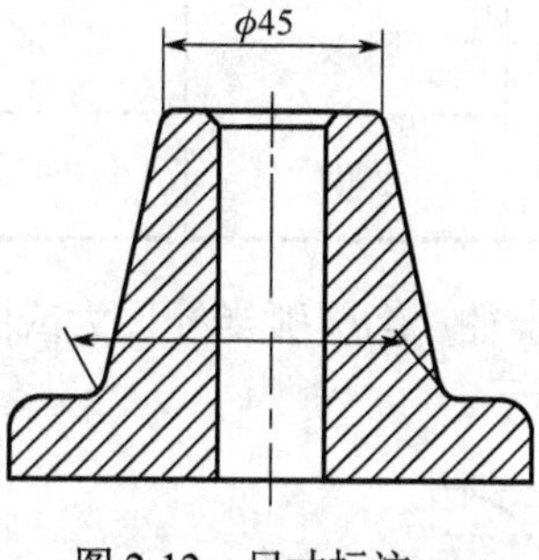

图 2-12　尺寸标注

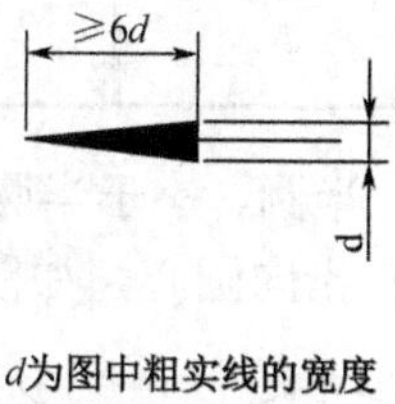

图 2-13　箭头

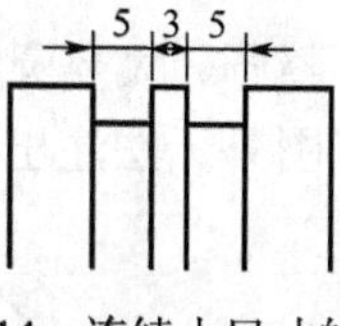

图 2-14　连续小尺寸的标注

（2）尺寸线：表示所注尺寸的范围，用细实线绘制。尺寸线不能用其他图线代替，不得与其他图线重合或画在其延长线上。

标注线性尺寸时，尺寸线必须与所标注的线段平行。相互平行的尺寸线如图 2-11 中的尺寸 28 和 46，小尺寸在内、大尺寸在外依次排列，以免小尺寸的界线与大的尺寸线之间相交。各尺寸线的间距 7～10mm 为宜，以便注写数字和符号。

（3）尺寸线终端：箭头和细斜线两种形式。机械图样中多采用箭头，如图 2-13 所示，其尖端指到尺寸界线。

当尺寸线太短，没有足够的空间画箭头时，可将箭头画在尺寸线外边，如图 2-11 中的 3×ϕ6；标注连续的小尺寸时可用圆点代替箭头，如图 2-14 所示。

（4）尺寸数字：不能被任何图线通过，否则必须将该图线断开，如图 2-11 中的 ϕ14、图 2-12 中的 ϕ70。

线性尺寸的数字一般应写在尺寸线的上方、左方或尺寸线的中断处（凡在中断处注写的数字一律水平）；空间不够时，也可引出标注，如图 2-15 所示。

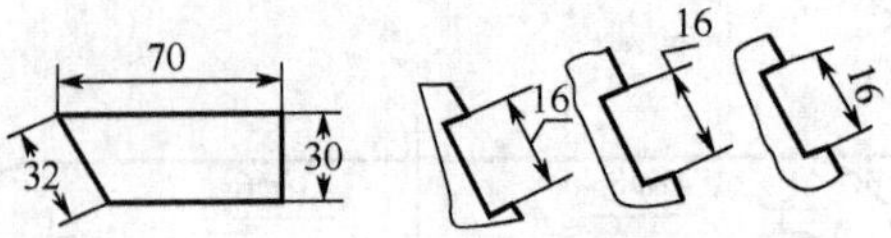

图 2-15　尺寸数字注写

3．标注中的常见内容

（1）标注中常用的符号或缩写词，如表 2-4 所示。

表 2-4　标注中常用的符号或缩写词

序号	名称	符号或缩写词	序号	名称	符号或缩写词
1	直径	*ϕ*	8	正方形	□
2	半径	*R*	9	深度	↧
3	球直径	*Sϕ*	10	深孔或锪平	⊔
4	球半径	*SR*	11	埋头孔	∨
5	厚度	*t*	12	弧长	⌒
6	均布	EQS	13	斜度	∠
7	45° 倒角	*C*	14	锥度	◁

（2）整圆、大半圆应标注直径；半圆、小于半圆应标注半径；当圆弧半径过大或圆心位置在图纸范围外无法注出时，尺寸线应指向圆心，如图 2-16 所示。

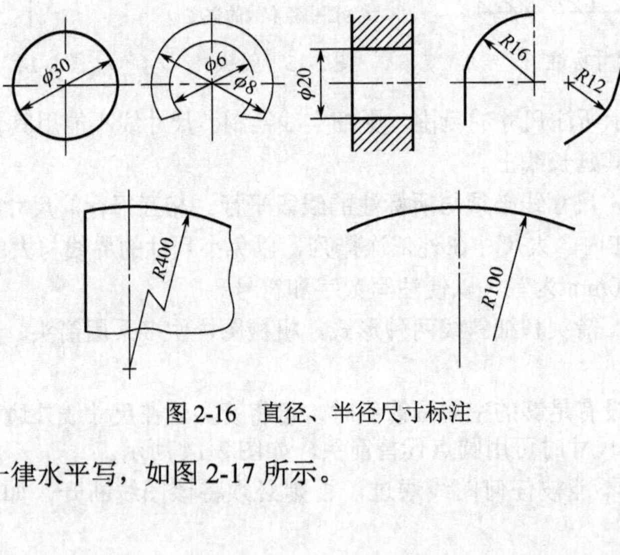

图 2-16　直径、半径尺寸标注

（3）角度尺寸一律水平写，如图 2-17 所示。

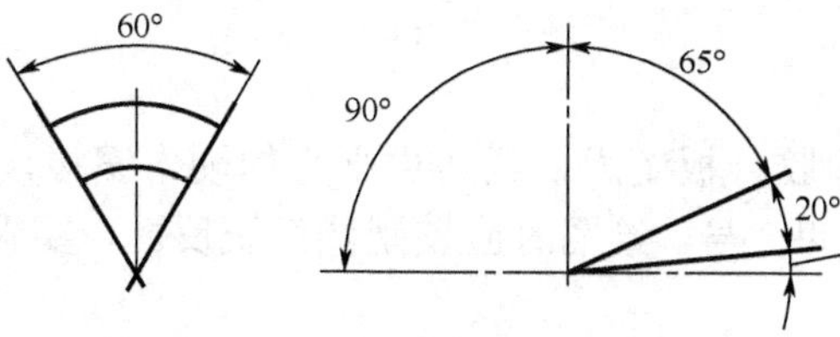

图 2-17　角度尺寸标注

（4）小尺寸标注如图 2-18 所示。

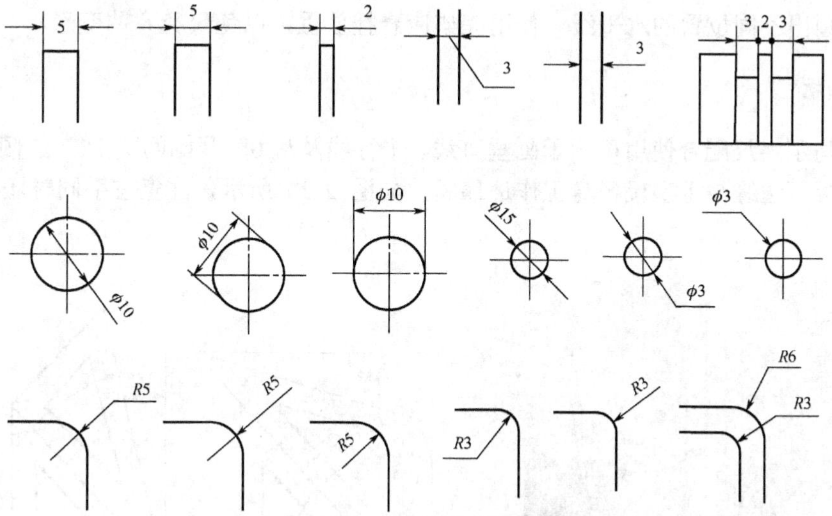

图 2-18　小尺寸标注

2.2　绘图工具和技能

2.2.1　绘图工具的使用方法

为保证绘图质量，手工绘图必须借助各种绘图工具，绘制图样时还需图板、丁字尺，如图 2-19 所示。

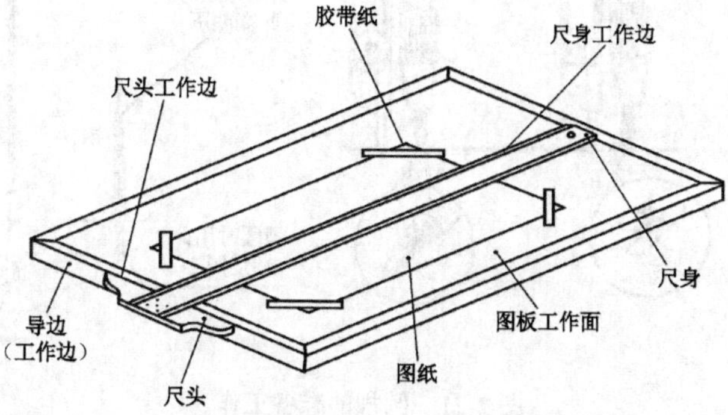

图 2-19　图板和丁字尺配合画线

1．图板

图板用来固定图纸。用胶合板制成，四边由平直的硬木镶边，其左侧边称为导边。图板规格常用的有 0 号、1 号和 2 号。绘图时应鉴别图纸正反面，要求使用正面，橡皮擦拭时不易起毛。

2．丁字尺

丁字尺由相互垂直的尺头和尺身组成。使用时，将尺头的内侧边紧贴图板导边，上下移动丁字尺，可画出不同位置的水平线。使用完毕应悬挂放置，以免尺身弯曲变形。

3．三角板

三角板与丁字尺配合使用可用于画垂直线、平行线及从 0° 开始间隔 15° 的倾斜线。画线时保持三角板下边缘与丁字尺尺身工作边靠紧，如图 2-20 所示，注意左手同时压住丁字尺和三角板。

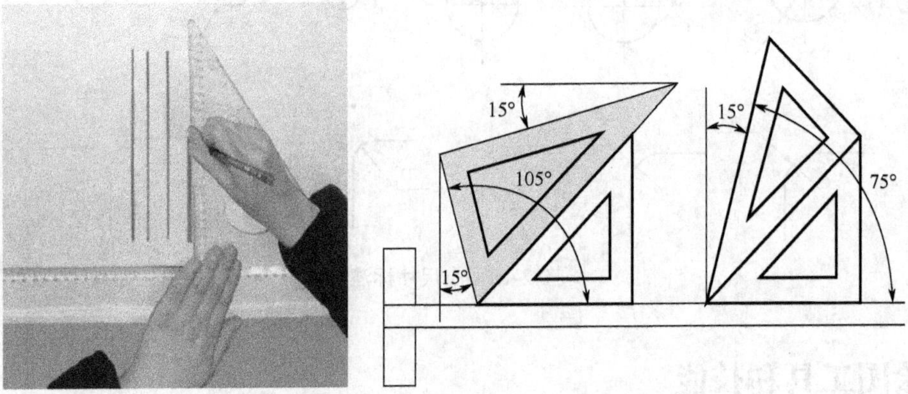

图 2-20　丁字尺和三角板配合画线

4．圆规

圆规用来画圆及圆弧。画图前，需要做一定的准备工作。如图 2-21 所示，根据绘图需要，铅芯有三种削法。调整针尖和铅心插腿的长度，使针尖略长于铅芯。

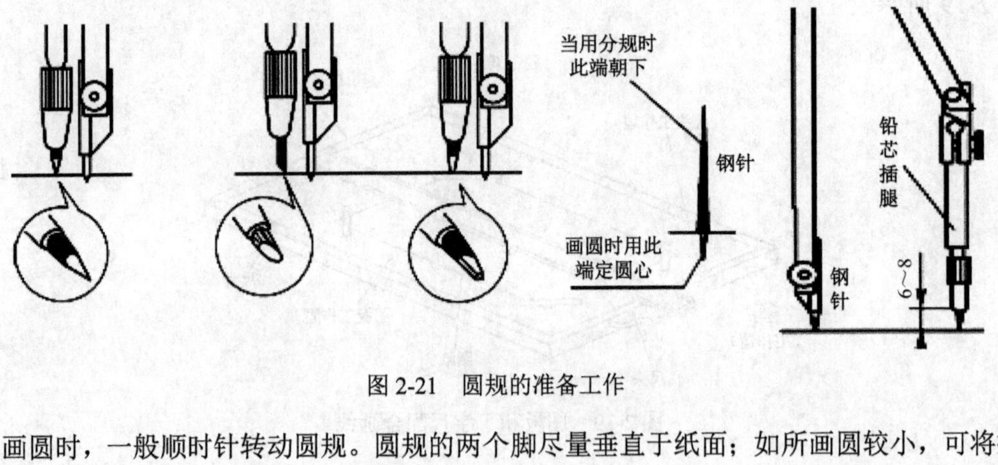

图 2-21　圆规的准备工作

画圆时，一般顺时针转动圆规。圆规的两个脚尽量垂直于纸面；如所画圆较小，可将插腿及钢针向内倾斜；若所画圆较大，可加装延伸杆，如图 2-22 所示。

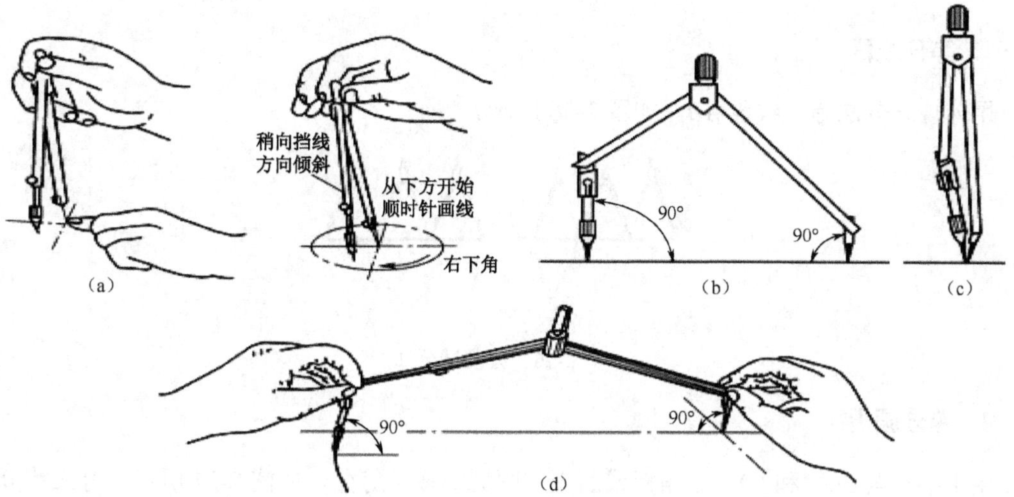

图 2-22　圆规画图技巧

5. 分规

分规用于量取线段、等分线段，如图 2-23 所示。

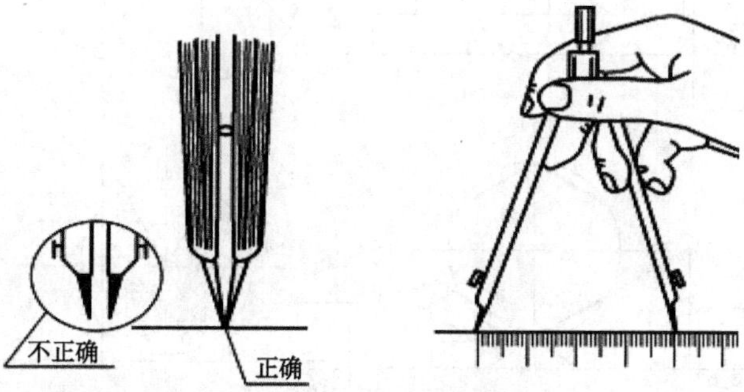

图 2-23　分规的使用方法

6. 绘图铅笔

根据需要选择铅笔的型号及相应的削法，且从没有标记端削铅笔，保留标记便于识别，如图 2-24 和图 2-25 所示。

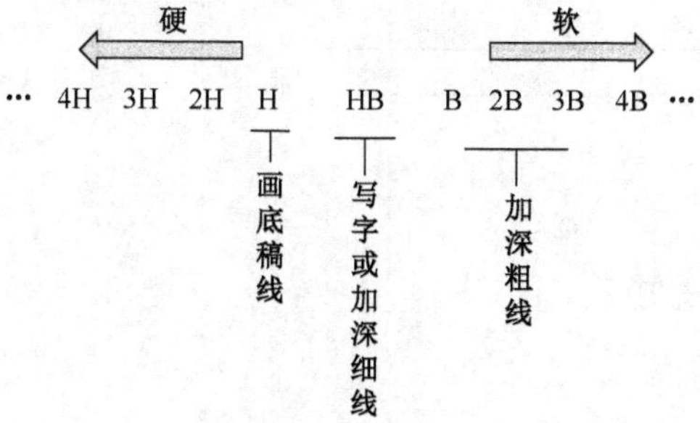

图 2-24　铅笔的型号

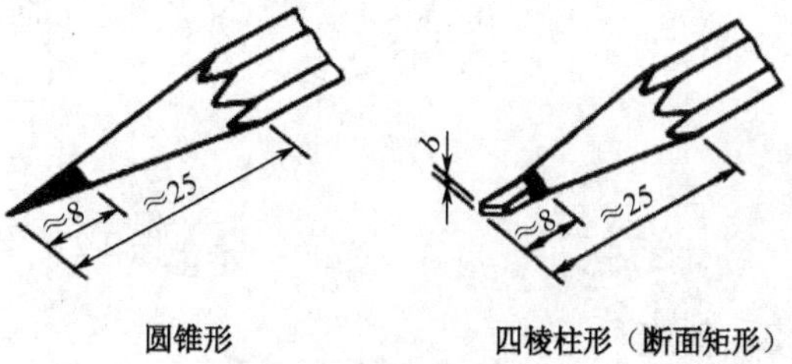

图 2-25　铅笔的削法

2.2.2 几何作图方法

1. 等分线段

用分规试分法等分线段 *AB*，如图 2-26 所示。

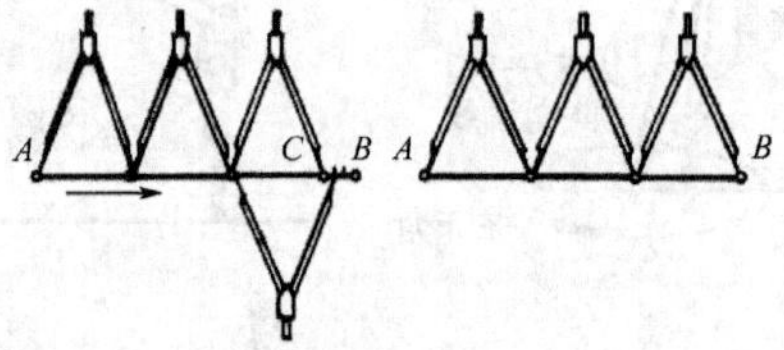

图 2-26 分规试分法

2. 等分圆周

用丁字尺与 30° 和 60° 三角板或圆规作圆周的多种等分，如图 2-27 所示，有三等分、六等分、八等分。注意，三角板的斜边经过圆心或圆形上的特殊点。

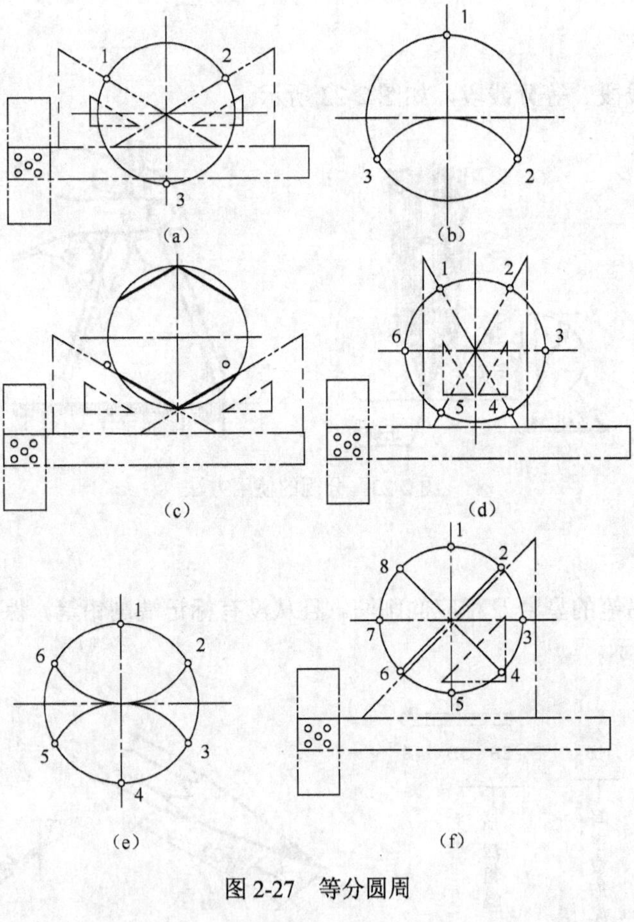

图 2-27 等分圆周

3. 斜度

斜度指一直线（或平面）对另一直线（或平面）的倾斜程度。斜度符号为“∠”，其开口同斜度方向，并在符号后加注斜度值 1 : *n*，斜度值是斜面的高与底边长之比。绘制、标注如图 2-28 所示，注意，先作辅助斜度，再作与之平行的所求斜度线。

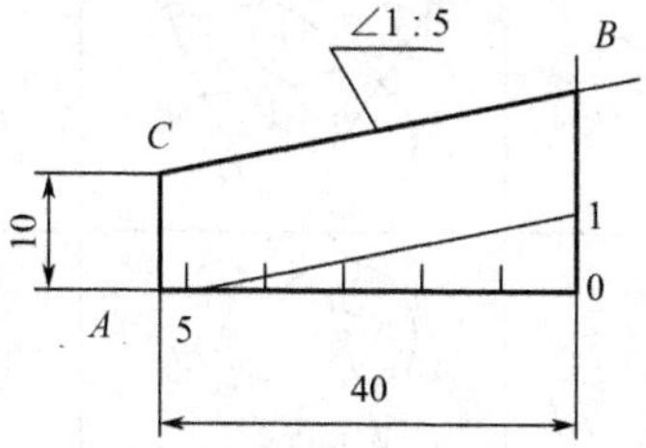

图 2-28　斜度的绘制、标注

4．锥度

正圆锥的底圆直径与锥高之比，正圆台的锥度是两端底圆直径之差与两底圆间距离之比，均写成 1 : *n* 形式，标注时加锥度的图形符号“ ◁ ”，同实际锥度方向一致，绘制、标注如图 2-29 所示。

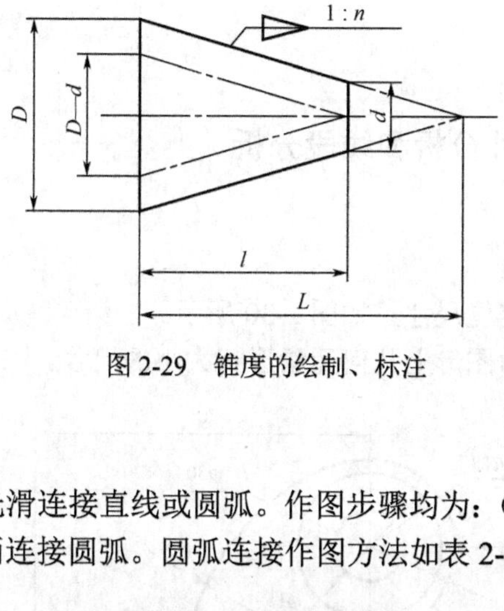

图 2-29　锥度的绘制、标注

5．圆弧连接

用圆弧以相切的形式光滑连接直线或圆弧。作图步骤均为：（1）求连接弧的圆心。（2）定两切点。（3）在两切点间画连接圆弧。圆弧连接作图方法如表 2-5 所示。

表 2-5　圆弧连接作图方法

几种连接	已知条件	求圆心位置	求切点	连接并描粗
直接与直线间的圆弧连接	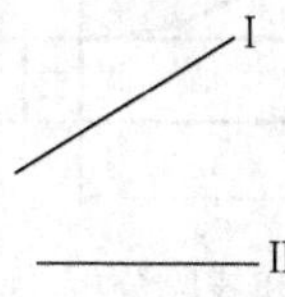	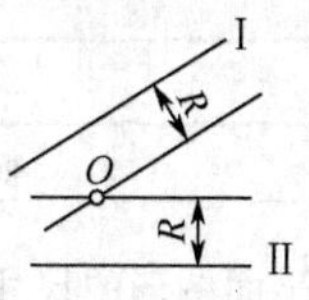	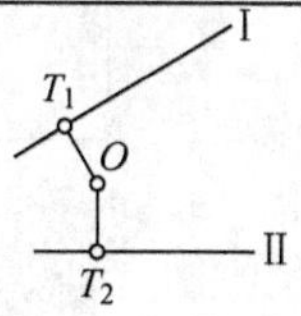	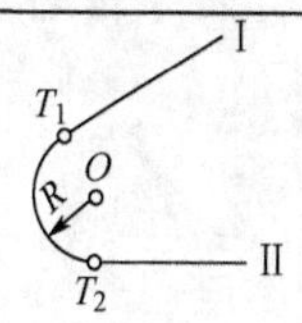
直线与圆弧间的圆弧连接	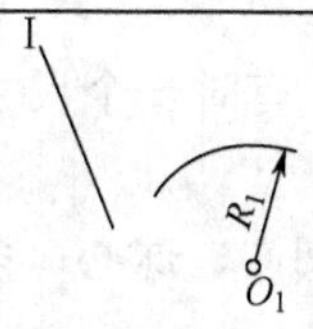	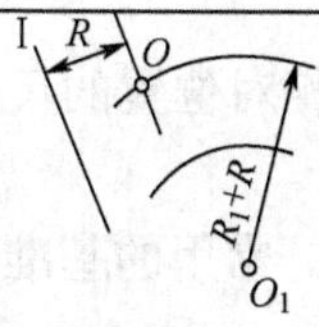	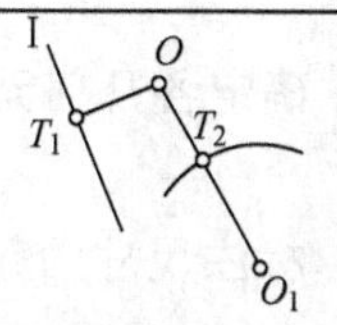	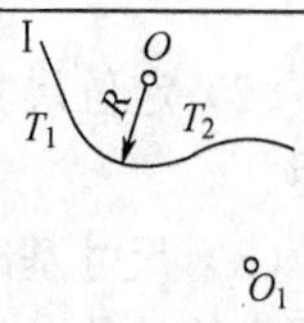

续表

几种连接	已知条件	求圆心位置	求切点	连接并描粗
两圆弧间的外切圆弧连接	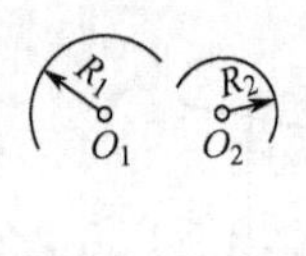	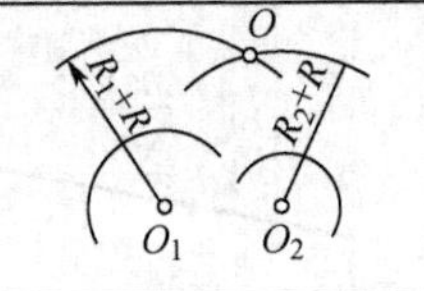	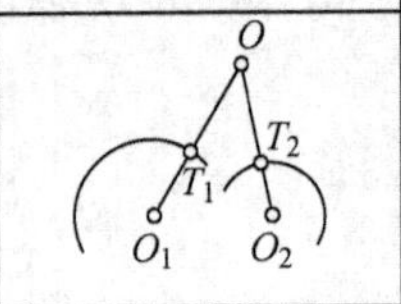	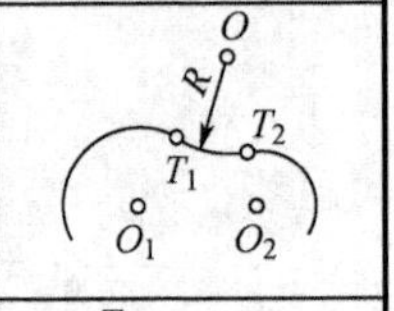
两圆弧间的内切圆弧连接	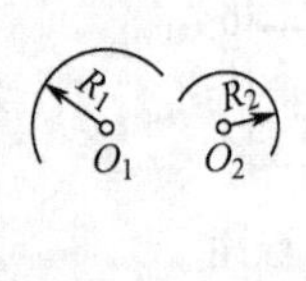	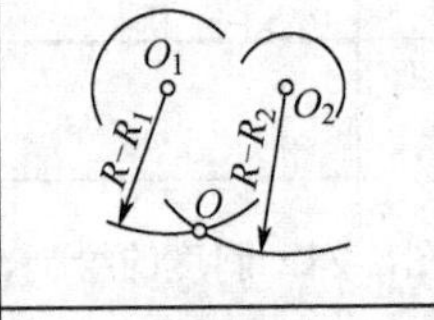	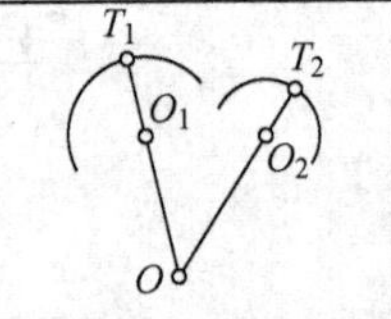	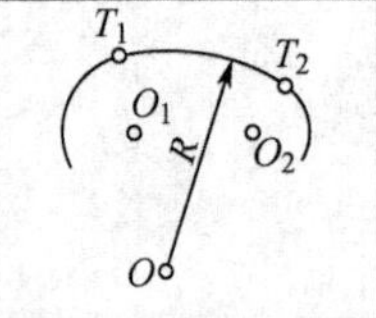
两圆弧间的内外圆弧连接	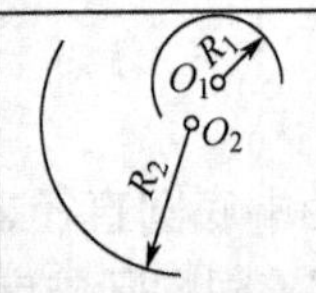		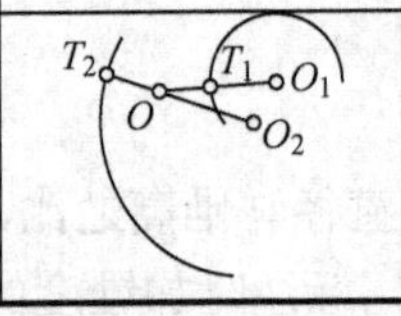	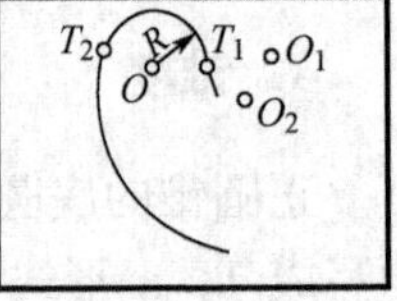

2.3 平面图形的绘制

2.3.1 平面图形的尺寸分析和线段分析

1. 平面图形的尺寸

按作用分为定形尺寸和定位尺寸，如图 2-30 所示。

（1）定形尺寸：确定平面图形上几何元素形状大小的尺寸。

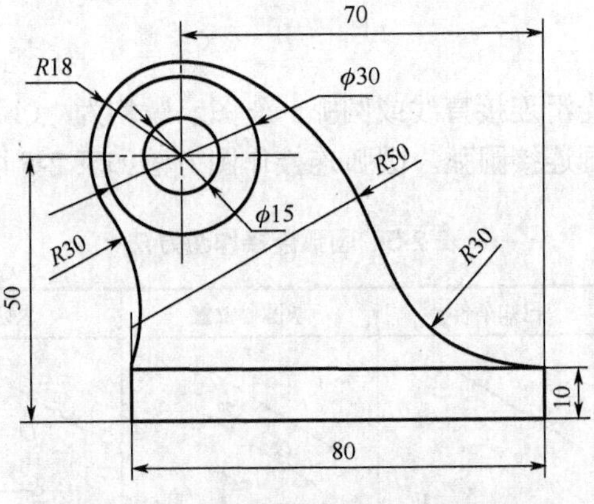

图 2-30　平面图形的尺寸分析和线段分析

（2）定位尺寸：确定各几何元素相对位置的尺寸。有时一个尺寸可以兼有定形和定位两种作用。

（3）尺寸基准：标注尺寸的起点。常用的基准有圆心、球心、多边形中心点、对称中心线或图形的边线。

2．线段分析

平面图形由若干不同线段构成，画图时必须知道各线段的尺寸及几何关系，才能确定作图的顺序。按定形、定位尺寸的已知情况，线段分为三种。

（1）已知线段：定形、定位尺寸齐全的线段，可直接根据两种尺寸作图，如图 2-30 中ϕ15、ϕ30、*R*18 的定位尺寸均为 50 和 70。

（2）中间线段：只有定形尺寸和一个定位尺寸的线段，需根据相邻线段的几何关系，通过几何作图的方法作出，如图 2-30 中 *R*50 的定位尺寸为ϕ50。

（3）连接线段：只有定形尺寸没有定位尺寸的线段，其定位尺寸需根据相邻的两线段的几何关系，通过几何作图的方法求出，如图 2-30 中的两处 *R*30。

2.3.2　平面图形的绘图步骤

如图 2-31，首先分析图形，分清线段的种类，然后找出尺寸基准，最后作图。平面图形的作图步骤如下。

（1）画出基准线、定位线。

（2）画出已知线段。

（3）画出中间线段。

（4）画出连接线段。

（5）检查全图，无误后加深、标注尺寸。

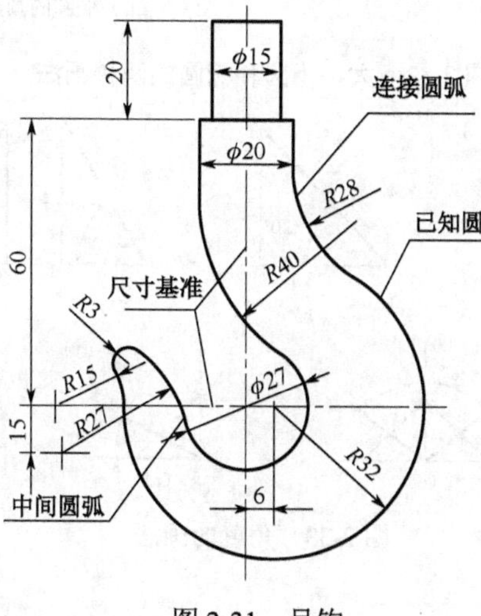

图 2-31　吊钩

2.3.3　徒手绘制草图的技巧

徒手绘图是工程技术人员在施工现场和机件测绘必备的一项基本技能。徒手画的平面图形，称草图，它是用目测法估计图形与实物的比例，然后徒手（或部分使用仪器）绘制。在实际生产中，设计人员将设计构思先用草图表示，然后再用仪器画出正式的工程图。在技术革新、修理、仿造过程中等经常需要绘制草图。

绘制草图不是画潦草的图，绘制时应做到画线平稳，图线符合规定，图线清晰，目测尺寸较准，各部分比例较一致，绘图速度要快，标注尺寸合格、无误，字体应工整。

（1）直线的画法。画直线的要领：笔杆略向画线方向倾斜，执笔的手腕或小指轻靠纸面，眼睛略看直线终点以控制画线方向。画短线手腕运力，画长线手臂运力。

水平线自左至右运笔，斜线自右向左下运笔或自左向右下运笔或自左向右上运笔。另外，画垂直线和倾斜线时，也可以把图纸转动到画水平线的位置，按画水平线的画法画出。

（2）各种图形的草图画法如图 3-32～图 3-34 所示，多加练习，方能快速绘出高质量的图。

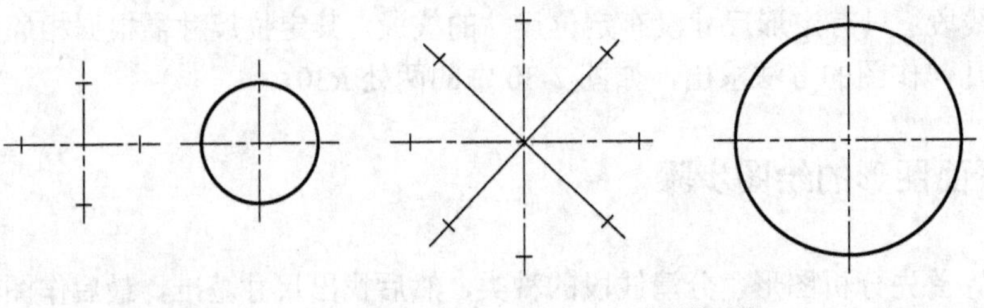

（a）小圆的画法　　（b）大圆的画法

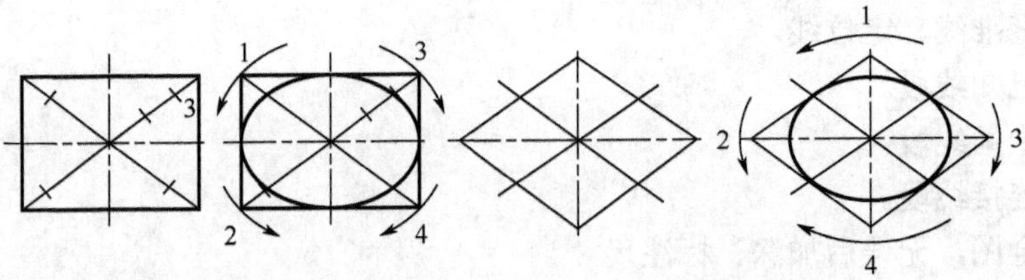

（c）椭圆的画法一　　（d）椭圆的画法二

图 2-32　大、小圆和椭圆的两种画法

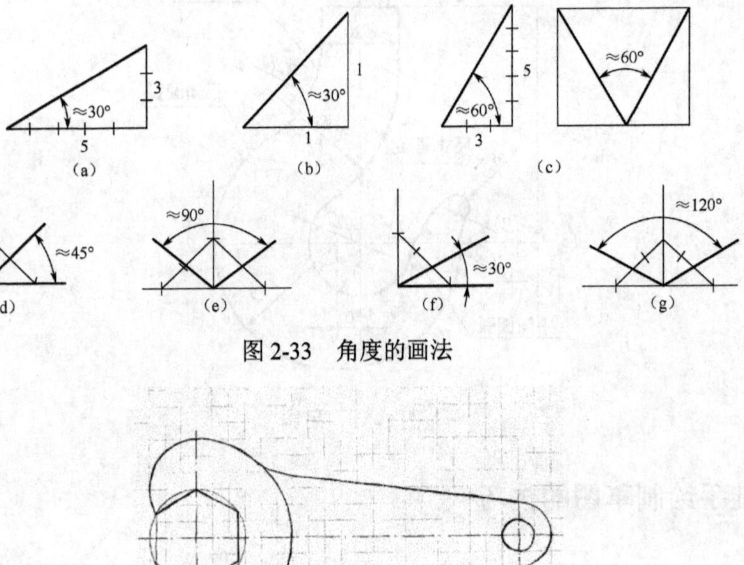

图 2-33　角度的画法

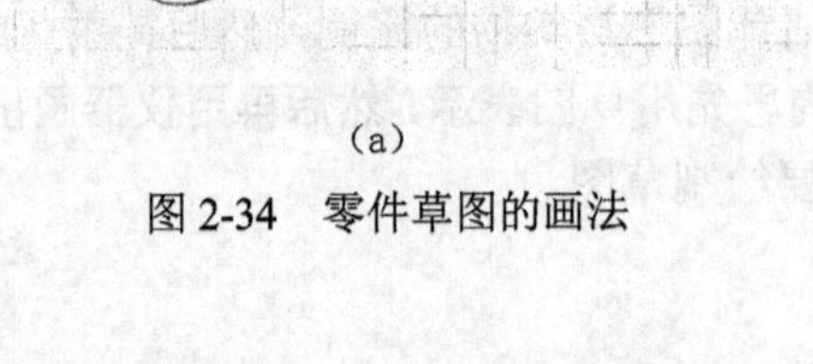

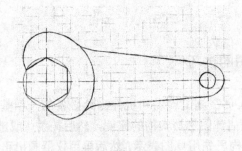

（a）

图 2-34　零件草图的画法

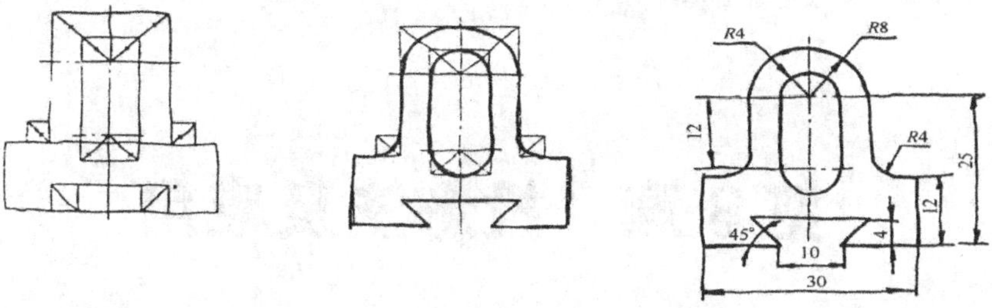

(b)　　　　(c)　　　　(d)

图 2-34　零件草图的画法（续图）

第 3 章　投影法及应用

3.1　投影法的分类及特性

3.1.1　投影法的基本知识

投影法是根据光线照射物体投下影子的现象加以抽象而产生的。投影法是以投影线（代替光线）通过物体向投影面（用于投影的平面）投射得到图形的方法。

投影法分中心投影法和平行投影法两种。

1．中心投影法

如图 3-1 所示，设点 S 为投射中心，通过△ABC 物体上的点 A、B、C 的投影线与投影面的交点 a、b、c 称为点在 H 面上的投影，依次连接得△abc 称为△ABC 的 H 面投影，这种投影线都汇交于投射中心的投影法称为中心投影法，常用于绘制建筑透视图及产品效果图。

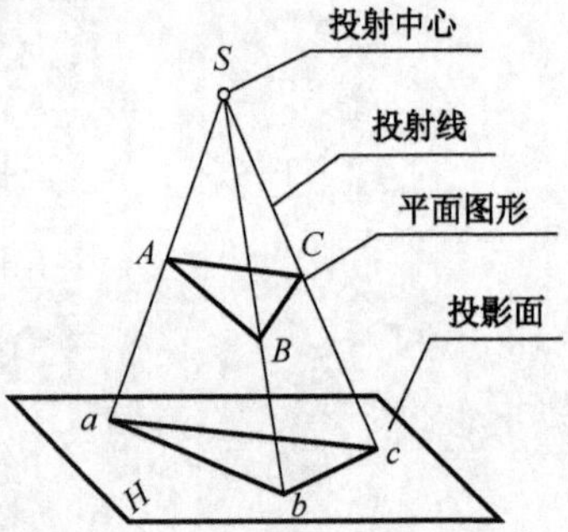

图 3-1　中心投影法

2．平行投影法

若采用相互平行的投影线进行投影称为平行投影法。根据投影线与投影面是否垂直，平行投影法又分为斜投影和正投影。

（1）斜投影法：投影线倾斜于投影面的投影法，如图 3-2（a）所示。

（2）正投影法：投影线垂直于投影面的投影法，如图 3-2（b）所示。

正投影法作图方法简明，广泛用于绘制机械图样，本书将“正投影”简称“投影”。

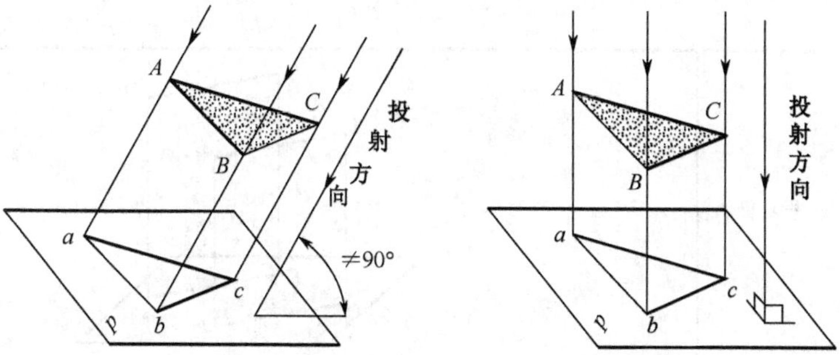

（a）斜投影法　　　　（b）正投影法

图 3-2　平行投影法

3.1.2　平行投影法的特性

平行投影法具有六种投影特性，也就是说，斜投影和正投影都具有这六种投影特性。见表 3-1。

表 3-1　平行投影法的特性

平行于投影面的平面，投影反映实形 平行于投影面的线段，投影反映实长	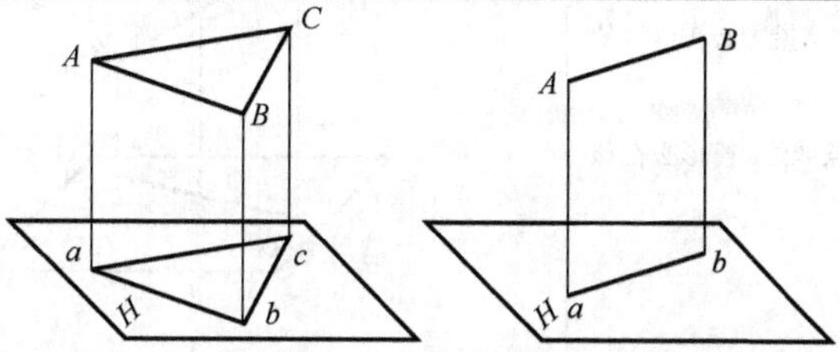 实形性
垂直于投影面的平面，投影积聚成直线 垂直于投影面的线段，投影积聚成点	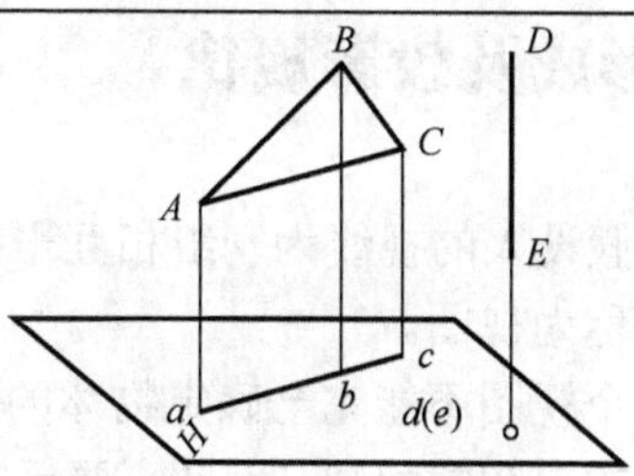 积聚性
倾斜于投影面的平面，投影是缩小的类似形 倾斜于投影面的线段，投影是缩短的线段	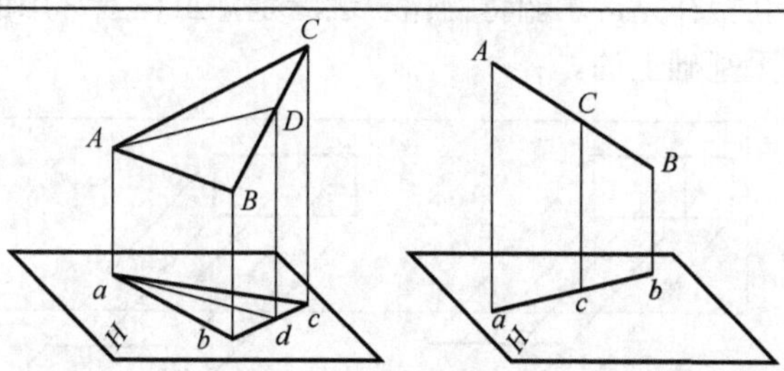 类似性

续表

相互平行的两线段，投影仍然平行	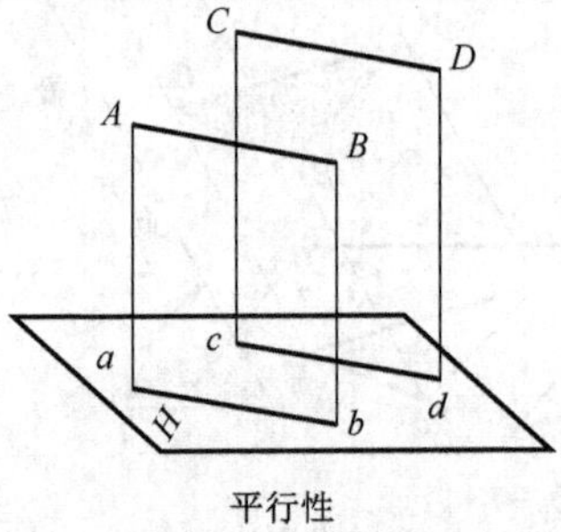 平行性
平行线段长度之比等于投影之比，上图 $AB:CD=ab:cd$ 点分线段之比，等于投影之比，右图 $AC:CB=ac:cb$	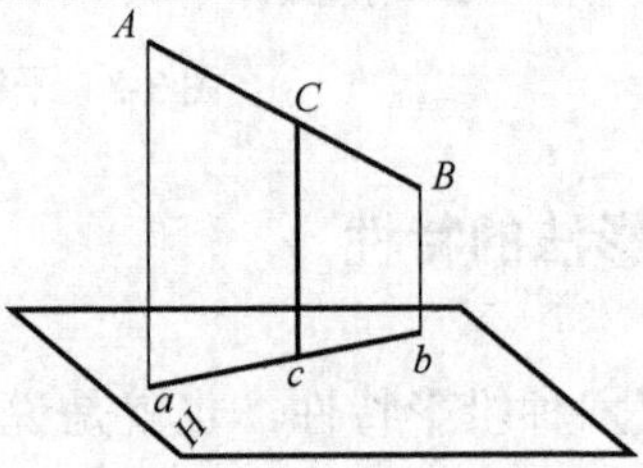 定比性
直线上的点，投影必在该线的投影上 平面上的点或线，投影必在该面的投影上	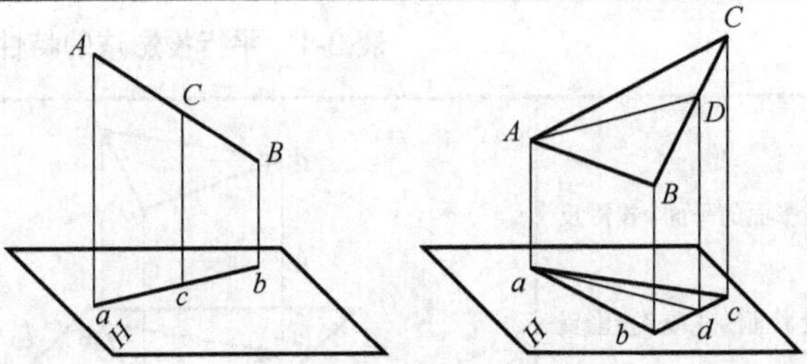 从属性

3.2 三视图的形成及投影规律

在机械制图中，假设人的视线为一组相互平行的、且垂直于投影面的投影线，由此在投影面上所得到的正投影称为视图。

多数情况下，一个视图不能完全确定物体的形状，如图 3-3 所示，三个形状不同的立体，它们在一个投影面上的视图却相同。因此，要反映立体的真实形状，必须从多个方向投影得到多个视图，互相补充，才能将物体表达清楚，工程上常用的是三视图。三视图的产生是建立在三投影面体系基础上的。

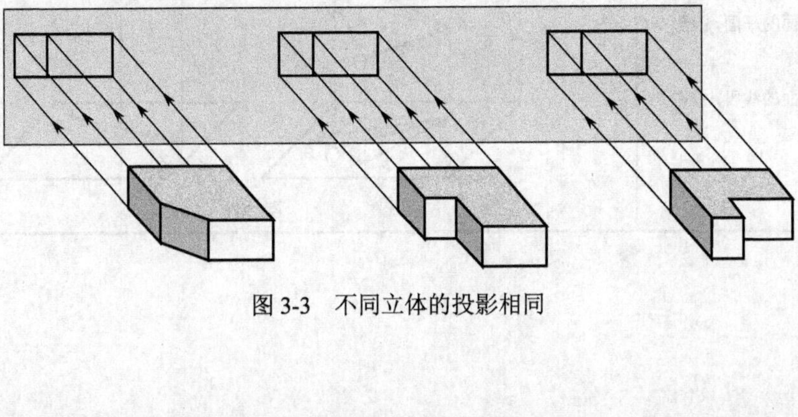

图 3-3 不同立体的投影相同

3.2.1　三投影面体系及三视图的形成

1. 三投影面体系的建立

三投影面体系由三个互相垂直的面组成，如图 3-4 所示。三个投影面分别为：

（1）正立投影面：简称正面，用 *V* 表示；

（2）水平投影面：简称水平面，用 *H* 表示；

（3）侧立投影面：简称侧面，用 *W* 表示。

三个投影面的交线称为投影轴。分别为：

（1）*X* 轴：*V* 面和 *H* 面的交线，表示长度；

（2）*Y* 轴：*H* 面和 *W* 面的交线，表示宽度；

（3）*Z* 轴：*V* 面和 *W* 面的交线，表示高度。

三轴垂直相交的交点 *O* 称为原点。

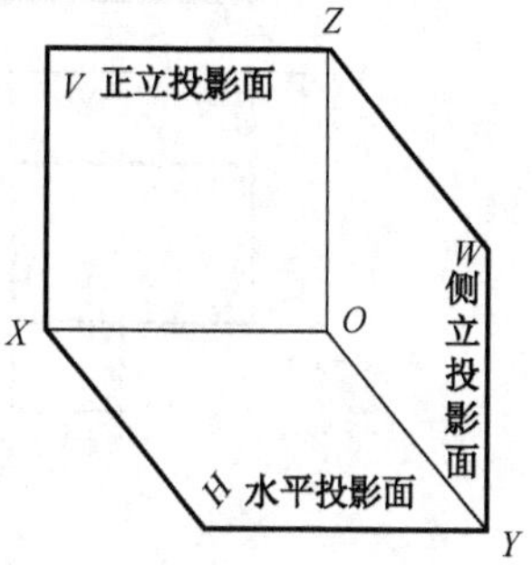

图 3-4　三投影面体系

2. 三视图的形成

如图 3-5（a）所示，将立体悬空放在三投影面体系中，然后从其前方、上方、左方对立体向三个投影面进行正投影，得到三个视图，三个视图分别为：

（1）主视图：从前向后投影，在正面（*V* 面）上得到的视图。

（2）俯视图：从上向下投影，在水平面（*H* 面）上得到的视图。

（3）左视图：从左向右投影，在侧面（*W* 面）上得到的视图。

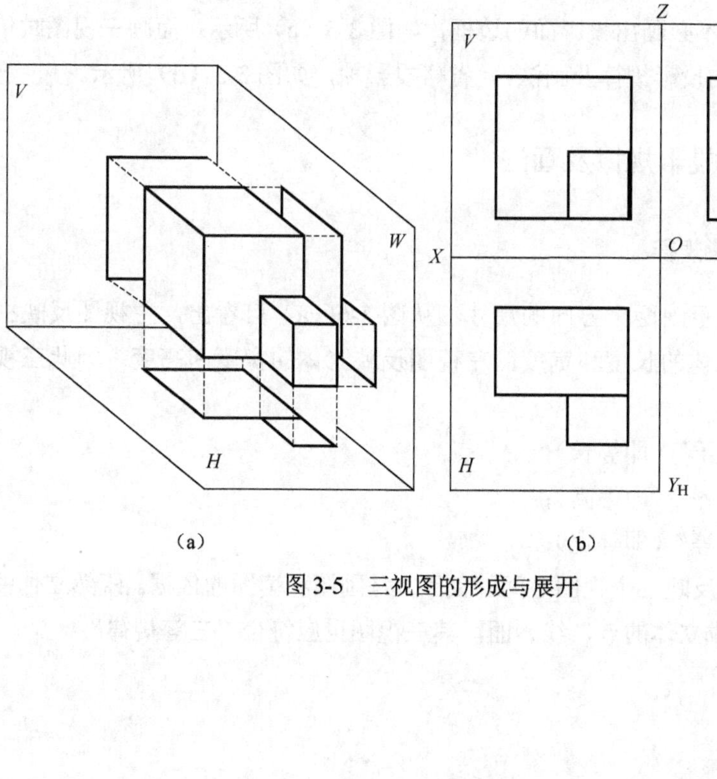

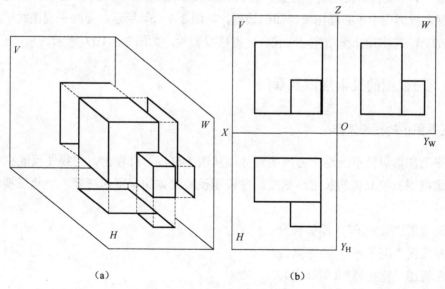

图 3-5　三视图的形成与展开

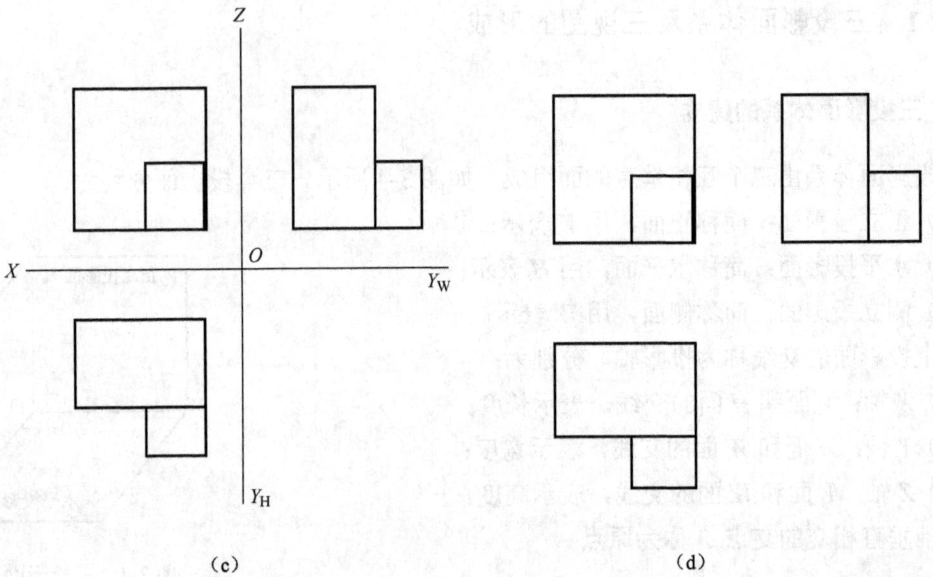

图 3-5　三视图的形成与展开（续图）

3. 三投影面体系的展开

为便于在平面图纸上画图，需将相互垂直的三个投影面展成一个平面。展开规定：*V* 面不动，*H* 面绕 *X* 轴向下旋转 90°，*W* 面绕 *Z* 轴向右旋转 90°，如图 3-5（b）所示：俯视图在主视图的正下方，左视图在主视图的正右方，且这种位置关系一般不允许变动。

应注意，*Y* 轴旋转后出现两个位置：随 *H* 面旋转后用 Y_H 表示，随 *W* 面旋转后用 Y_W 表示。为作图简便，投影图中不必画出投影面的边框，如图 3-5（c）所示；而画三视图时依据投影规律（见 3.2.2 节三视图的投影规律及画法），省略投影轴，如图 3-5（d）所示。

3.2.2　三视图的投影规律及画法

1. 三视图中的投影规律

一个平面图形只能反映两个方向的尺寸，从图 3-6（a）可看出，主视图反映立体的长度和高度，俯视图反映立体的长度和宽度，左视图反映立体的宽度和高度。因此三视图的投影规律是：

主、俯视图“长对正”（即等长）；

主、左视图“高平齐”（即等高）；

俯、左视图“宽相等”（即等宽）；

三视图的投影规律反映三个视图之间的关系，是画图和读图的依据。既然立体的三视图具有“三等规律”，那组成立体的点、线、面，其三视图也应符合“三等规律”。

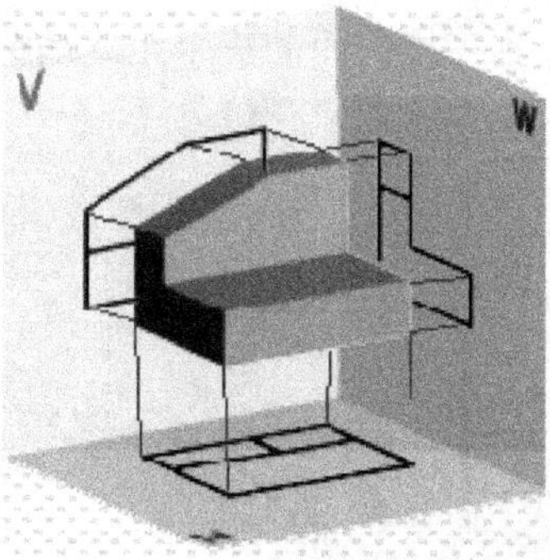

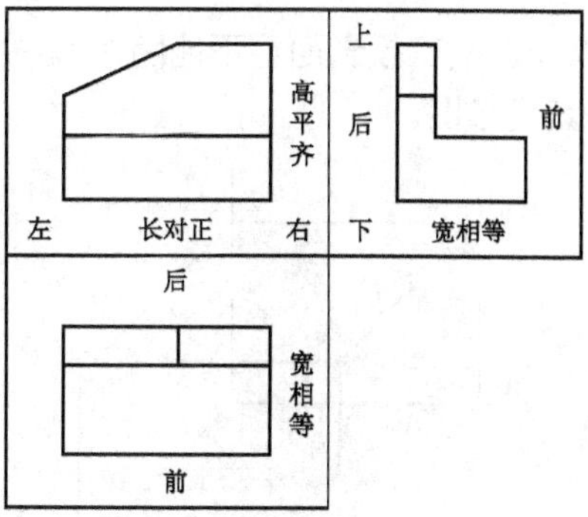

（a）　　　　（b）

图 3-6　视图间的投影规律（三等规律）

2．三视图中的方位

立体有上下、左右、前后六个方位；一个平面图形只能反映四个方位，如图 3-6（b）所示：主视图反映上下、左右方位；俯视图反映前后、左右方位；左视图反映上下、前后方位。

注意：由于 *H* 面、*W* 面的旋转，使得俯视图、左视图靠近主视图的一侧为立体的后面，反之，远离主视图的一侧为立体的前面。

3．三视图的画图方法

（1）画三视图前，首先应对立体进行结构分析、测量尺寸，再将立体摆正，即主要平面与投影面平行，保证主视图能最大限度地反映立体的主要形状特征。

（2）用 H 或 2H 铅笔画底稿，一般先画主视图，有时也可根据立体的特点先画俯视图和左视图中的一个。

（3）利用三等规律，依次画出其他两个视图。尤其画第三个视图时，其所需的二维尺寸应完全在先画出的两个视图中截取。

（4）检查无误后，用 B 或 2B 铅笔加深可见轮廓线：先圆后直，先水平后垂直、再倾斜；从上到下依次加深所有水平线，从左到右依次加深所有垂直线。

3.3　点的投影

3.3.1　点在三投影面体系中的投影规律

点的投影仍然是点，研究点的投影是为了更好地绘制立体的投影。立体是由平面或曲面组成的，组成面相交为线，线线相交为点，确定关键点的投影是绘制立体的投影的核心。

1．绘制点的投影图

如图 3-7（a）所示，在三投影面体系中，由空间点 *A* 分别引垂直于三个投影面 *H*、*V*、*W* 的投影线，与投影面相交，得到点 *A* 的三个投影点，依次标上 a、a'、a''（小写字母及其上标

格式对应于 *H*、*V*、*W* 三投影面，不能随意）。空间点到三投影面的三个距离是空间点的三维坐标值，展开得其投影图。

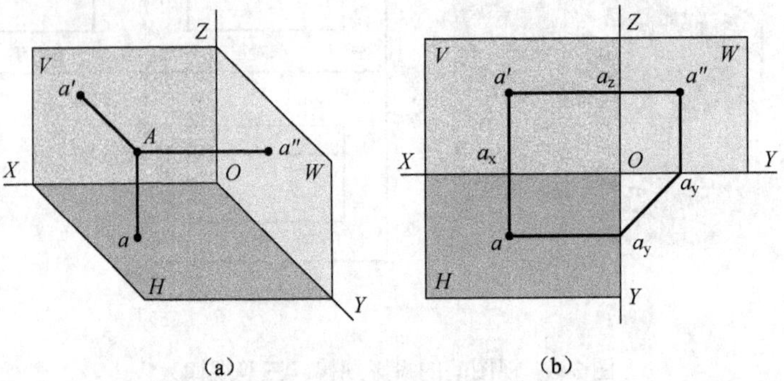

图 3-7　空间点的三面投影及投影图

2．点的投影规律

利用三个投影面上的投影点，可以唯一确定点 *A* 在空间的位置。点是无限缩小的立体或是立体的微小局部，故点的三面投影之间也遵循三等规律：*V*、*H* 投影的 *X* 坐标相等（长对正），*V*、*W* 投影的 Z 坐标相等（高平齐），*H*、*W* 投影的 *Y* 坐标相等（宽相等）。

【例 3-1】 已知点 *a* 的两面投影，求第三投影，如图 3-8（a）所示。

（1）作图方法一：在 *YH*、*YW* 间作 45° 线；过 *a* 垂直于 *YH* 轴作线（宽相等线）交 45° 线于一点；再过此点垂直于 *YW* 作线（宽相等线），与过 *a*′ 垂直于 *Z* 轴所作的直线（高平齐线）在 *W* 面相交，得第三投影并标上 *a*″，如图 3-8（b）所示。

（2）作图方法二：过 *a*′ 垂直于 *Z* 轴作直线并延长到 *W* 面内（高平齐线）；用分规截取 *a* 点到 *X* 轴的距离（*Y* 坐标），再沿高平齐线从 *Z* 轴开始向 *W* 面内截取（*Y* 坐标，相当于宽相等），得第三投影并标上 *a*″，如图 3-8（c）所示。

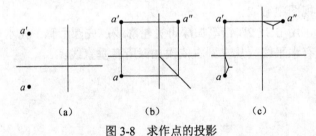

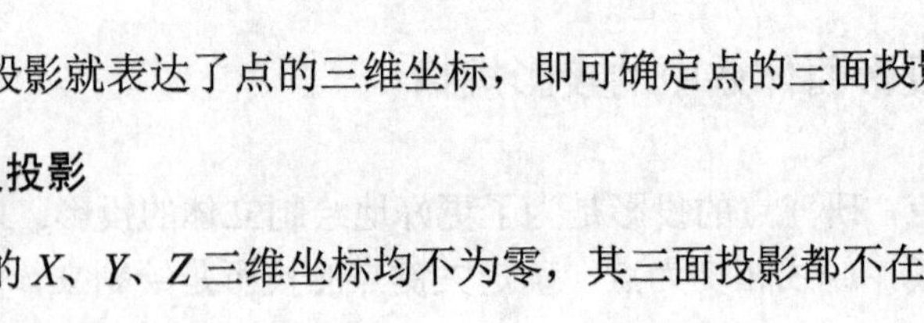

图 3-8　求作点的投影

结论：已知两面投影就表达了点的三维坐标，即可确定点的三面投影。

3．各种位置点及投影

（1）空间点：点的 *X*、*Y*、*Z* 三维坐标均不为零，其三面投影都不在投影轴上，如图 3-7、图 3-8 中的点 *a*。

（2）投影面上的点：点的某一维坐标为零，其一个投影在投影面上，另外两个投影分别在投影轴上，如图 3-9 中的点 *B*、点 *C*。

（3）投影轴上的点：点的两维坐标为零，其两个投影与所在投影轴重合，另一个投影在原点上，如图 3-9 中的点 *D*。

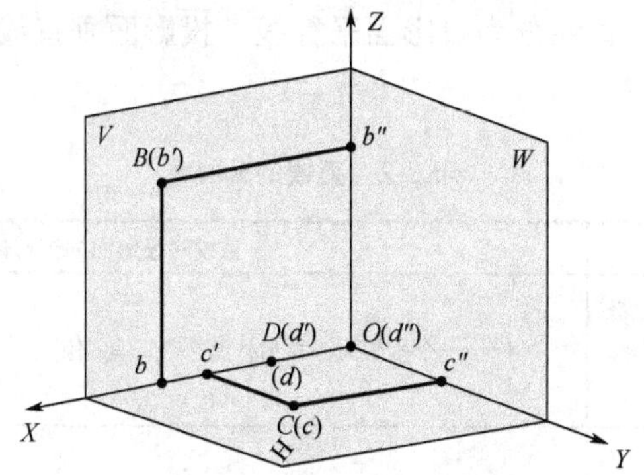

图 3-9　特殊位置的点及投影

3.3.2　两点的相对位置及重影点

1．两点的相对位置

两点的相对位置是指两点在空间的上下、前后、左右位置关系。根据两点的坐标，可判定空间两点间的相对位置。判断方法：两点中，X 坐标值大的在左；Y 坐标值大的在前；Z 坐标值大的在上，如图 3-10 所示，根据坐标大小，可推断出点 a 在点 b 之左、后、上方，也可借鉴三视图的方位推断。

2．重影点

空间两点在某一投影面上的投影重合为一点时，则称此两点为该投影面的重影点。形成重影的条件是两点的两维坐标分别相等。由图 3-11 可见，a' 在 c' 的正上方，可推断，点 a 在点 c 的正上方；两点的 X 坐标、Y 坐标分别相等，而 X 轴、Y 轴组成 H 面，故在 H 面上重影，且将被挡住的投影点的字母 c 加括号，表示该点不可见。

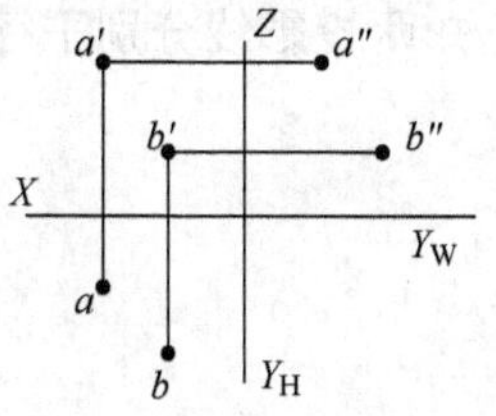

图 3-10　两点的相对位置

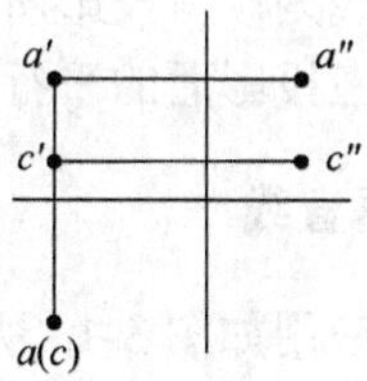

图 3-11　重影点

3.4　直线的投影

3.4.1　直线的分类及投影特性

两点确定一条直线，同理，直线的投影，由直线上两点的同面投影连线确定。直线是属于立体的，故直线的三面投影之间也体现三等规律。

直线相对于 H、V、W 面的倾角分别用 α、β、γ 表示。根据直线在投影面体系中对三个投影面所处的位置不同，可将直线分为投影面平行线、投影面垂直线和一般位置直线三类，如表 3-2 所示。

表 3-2　直线的分类

直线分类		直线对投影面的相对位置	
特殊位置直线	投影面平行线	平行于一个投影面，与另外两个投影面倾斜	正行线（平行于 *V* 面）
			水平线（平行于 *H* 面）
			侧平行（平行于 *W* 面）
	投影面垂直线	垂直于一个投影面，与另外两个投影面平行	正垂线（垂直于 *V* 面）
			铅垂线（垂直于 *H* 面）
			侧垂线（垂直于 *W* 面）
一般位置直线		与三个投影面都倾斜	

1．投影面平行线

投影特性及应用如图 3-12 所示。

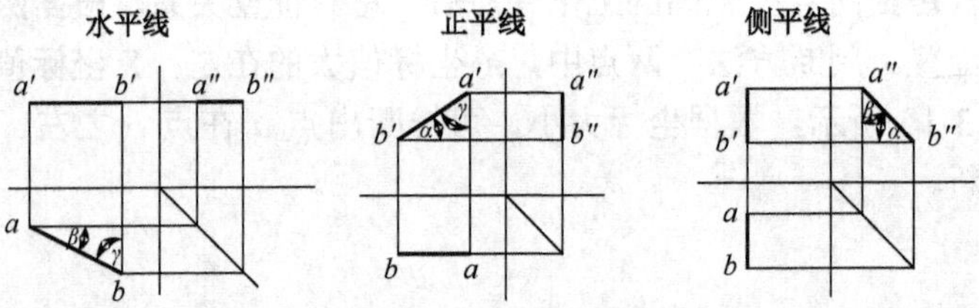

图 3-12　平行线的投影

（1）在其平行的投影面上的投影等于线段实长，并反映直线与另两个投影面的倾角。

（2）另外两个投影面上的投影分别平行于线段所平行的投影面的投影轴。

（3）利用上述投影特点，在投影图上，已知一投影线与轴倾斜，另任一投影线与轴平行，则可判定空间直线为倾斜投影所在投影面的平行线；或已知两投影线分别平行于两轴，则可判定空间直线为第三投影面的平行线。

2．投影面垂直线

投影特性及应用如图 3-13 所示。

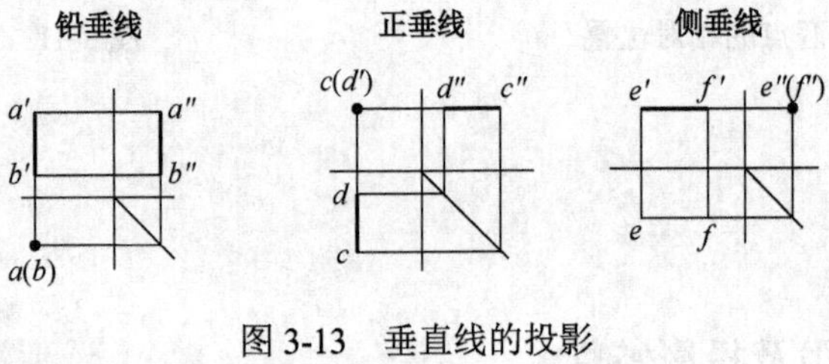

图 3-13　垂直线的投影

（1）在其垂直的投影面上，投影积聚成点。

（2）另外两个投影均等于线段实长，且分别垂直于线段所垂直的投影面的投影轴。

（3）利用上述投影特点，在投影图上，已知一投影积聚成点，则可判定空间直线为该投影面垂直线；或已知两投影线分别垂直于两轴，则可判定空间直线为第三投影面的垂直线。

3．一般位置直线（也称为倾斜线）

投影特性及应用如图 3-14 所示。

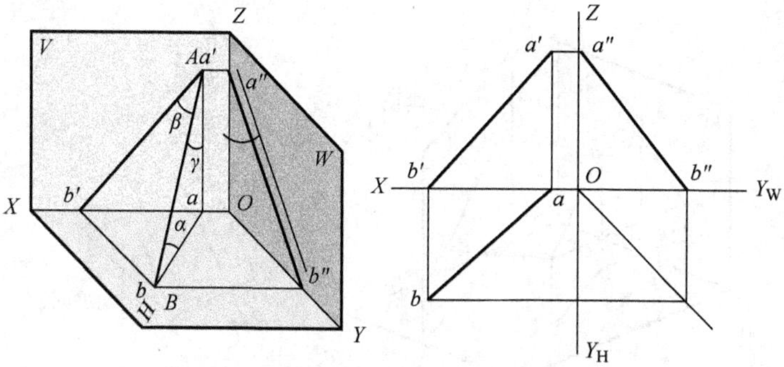

图 3-14 一般位置直线及投影

（1）三面上的投影线都是倾斜于轴的直线，但与投影轴的夹角，均不反映空间直线对投影面的倾角。

（2）三面上的投影线都短于实长，投影长度：$ab=AB\cos\alpha$，$a'b'=AB\cos\beta$，$a''b''=AB\cos\gamma$。

（3）利用上述投影特点，在投影图上，已知两投影线与投影轴倾斜，则可判定空间直线为一般位置直线。

【例 3-2】如图 3-15（a）所示，求直线 AB 的实长及对 H 投影面的 a 倾角。

（1）分析一：直线 AB 为倾斜线，三面投影都不能反映实长和倾角。如图 3-15（b）所示，假设将水平面向上平移至空间 A 点的高度，ab 也随之移至 Ab_1，由图可知 $Bb_1\perp Ab_1$，$Bb_1=|Z_A-Z_B|$，则$\angle BAb_1$ 就是直线 AB 对 H 投影面的 a 倾角。

（2）作图方法一：如图 3-15（c）所示，从点 b 引垂线，垂线长度为$|Z_A-Z_B|$；连接点 a 和垂线末端即得实长线，实长线和投影线 ab 之间的夹角即为 a 倾角（以此类推，在 V、W 面上求实长和 β、γ 倾角的作法）。

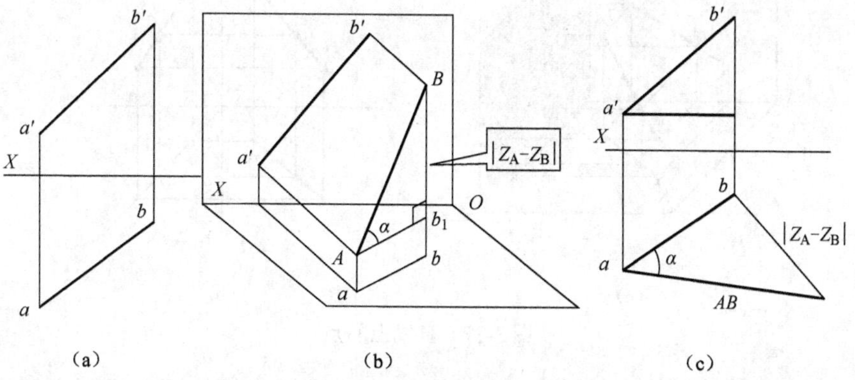

图 3-15 直角三角形法求倾斜线的实长和倾角

（3）分析二：如图 3-16（a）所示，设置投影面 P_1，令 $P_1\perp H$ 面，$P_1 /\!/ AB$。在以 H 面和 P_1 面建立的新两投影面体系中，AB 线是 P_1 面的平行线，所以，AB 线在 P_1 面上的投影 a_1b_1 反映实长，a_1b_1 和 X_1 的夹角就是直线 AB 对 H 投影面的 a 倾角。

（4）作图方法二：如图 3-16（b）所示，作 $X_1 /\!/ ab$；从点 a 引垂线，垂线长度为 Z_A，从点 b 引垂线，垂线长度为 Z_B；连接两垂线末端点 a_1、点 b_1，得直线 AB 在 P_1 面上的投影线，则 $a_1b_1=AB$；过 a_1 作 X_1 的平行线，即得 α 倾角[以此类推，以 V 面（或 W 面）建立新的两投影面体系，作新投影求实长和 β、γ 倾角的作法]。

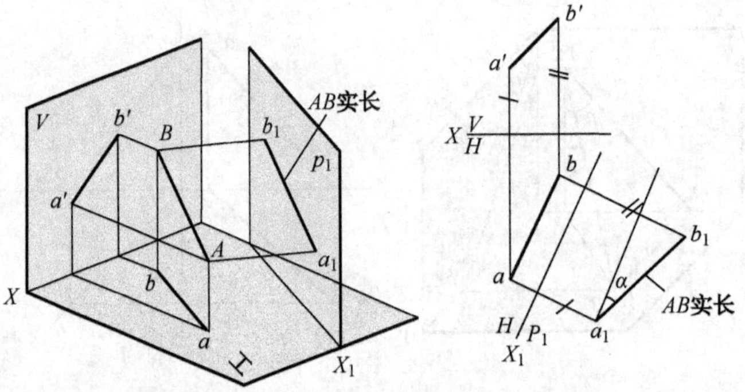

（a）　　　　　　　　　　　　（b）

图 3-16　换面法求倾斜线的实长和倾角

3.4.2　直线上的点及两直线的相对位置

1．直线上的点及投影特点

（1）若点在直线上，则点的各面投影必在直线的同面投影上。反之，在投影图中，若点的各面投影在直线的同面投影上，则点必在直线上。如图 3-17 中的点 C 在线 AB 上。

（2）直线上的点将直线的各面投影和空间直线分成相同的比例，这一投影特性，称为定比性，如图 3-17 所示，$AC/CB=ac/cb=a'c'/c'b'=a''c''/c''b''$。

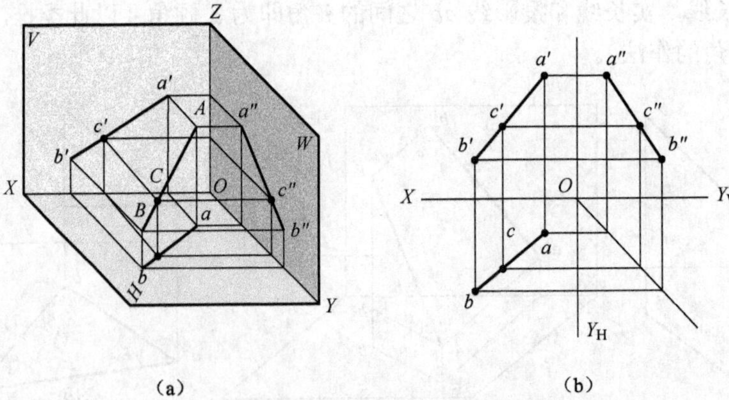

（a）　　　　　　　　　　　　（b）

图 3-17　直线上的点

（3）若点不在直线上，则点的投影至少有一个不在该直线的同面投影上。反之，在投影图中，若点的投影有一个不在直线的同面投影上，表明点必不在此直线上，如图 3-18 所示，因 k'' 不在 $a''b''$ 上，或不必画出 W 面投影，仅根据 $ak/kb \neq a'k'/k'b'$，也可判定点 K 不在直线 AB 上。

2．两直线的相对位置及投影特点

两直线的相对位置有三种情况：相交、平行、交叉（既不相交，又不平行，也称异面）。

（1）空间两直线相交：其同面投影必相交，交点的投影符合三等规律；且点分线段具有定比性：*AK*/*KB*=*ak*/*kb* =*a*′ *k*′ /*k*′ *b*′ =*a*″ *k*″ /*k*″ *b*″ ，*CK*/*KD*=*ck*/*kd* =*c*′ *k*′ /*k*′ *d*′ =*c*″ *k*″ /*k*″ *d*″ （*W* 面的投影比例可绘图验证），如图 3-19 所示。

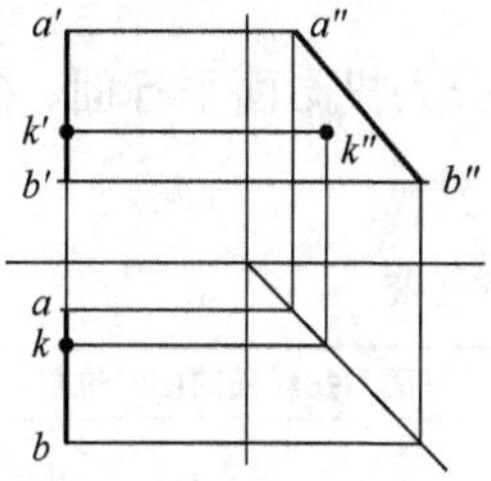

图 3-18　不在直线上的点

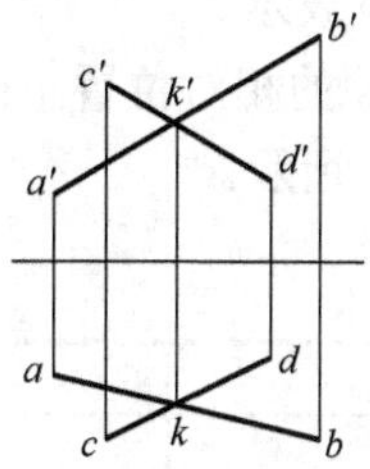

图 3-19　空间两直线相交

（2）空间两直线平行：在三面投影中，同面投影均相互平行，反之亦然。对于一般位置直线，只要有两组同面投影分别平行，就可判定空间两直线平行，如图 3-20 所示。但对于特殊位置直线，只有两组同面投影分别平行，空间直线不一定平行，如图 3-21 所示，可判断直线 *AB*、*CD* 均为侧平线，*W* 面投影是重影点非交点，所以直线 *AB*、*CD* 异面。

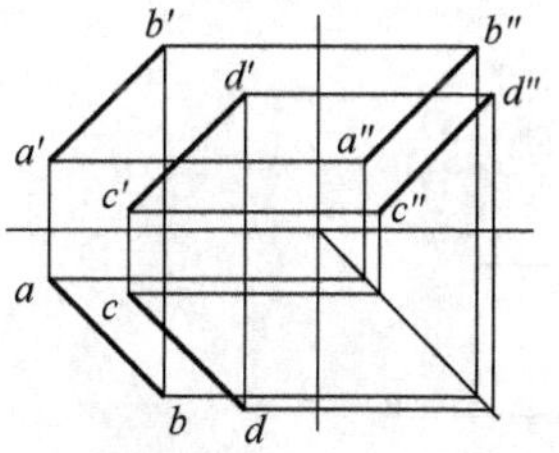

图 3-20　空间平行的一般位置直线

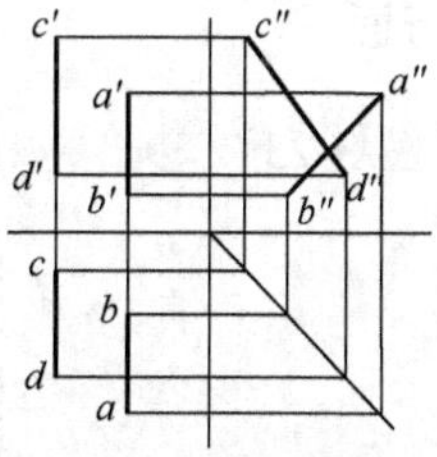

图 3-21　空间不平行的特殊位置直线

（3）空间两直线交叉：同面投影可能相交，但不同投影面的“交点”间不符合三等规律，因为此处的“交点”是两直线在投影面上的重影点，所以空间两直线不相交，如图 3-22 所示，投影点 1（2）、3′ （4′ ）是分属两线的点的重影，而不是交点，故空间 *AB*、*CD* 两直线交叉，与图 3-19 空间两直线相交比较差别。

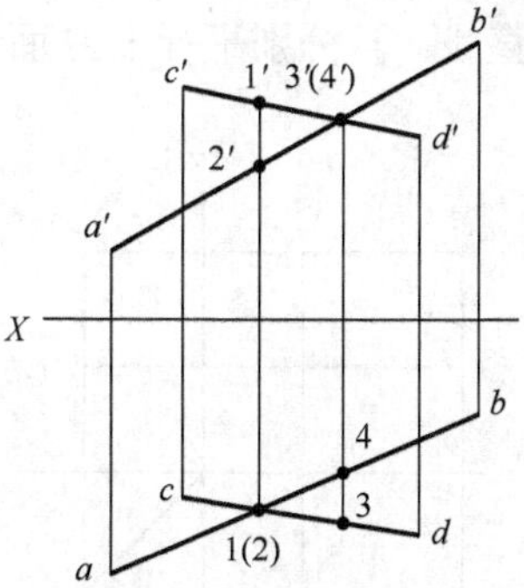

图 3-22　空间交叉两直线

3.5 平面的投影

3.5.1 平面的分类及投影特性

平面是属于立体的，故平面的三面投影之间也体现三等规律。平面相对于 H、V、W 面的倾角也分别用 α、β、γ 表示。

根据平面对投影面的相对位置不同，可将平面分为投影面平行面、投影面垂直面和一般位置平面三类，如表 3-3 所示。

表 3-3 平面的分类

平面分类		平面对投影面的相对位置	
特殊位置平面	投影面平行面	平行于一个投影面，与另外两个投影面垂直	正平面（平行于 V 面）
			水平面（水平于 H 面）
			侧平面（平行于 W 面）
	投影面垂直面	垂直于一个投影面，与另外两个投影面倾斜	正垂面（垂直于 V 面）
			铅垂面（垂直于 H 面）
			侧垂面（垂直于 W 面）
一般位置		与三个投影面都倾斜	

1. 投影面平行面

（1）水平面（图 3-23）

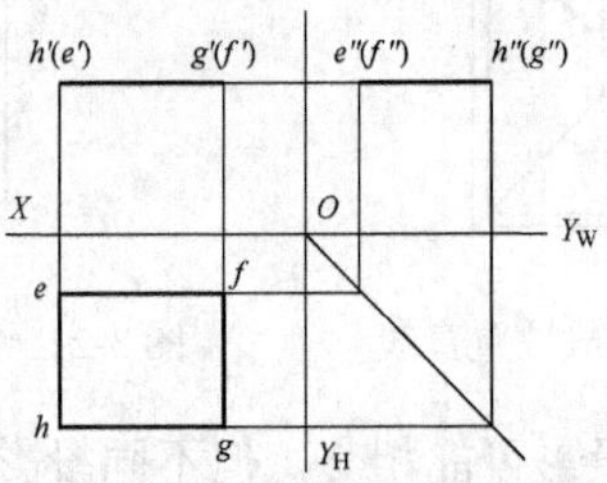

图 3-23 水平面的投影

投影特性：

① H 面投影反映实形。

② 其余两面投影分别积聚成直线，且分别平行于 H 面上的两轴。

（2）正平面（图 3-24）

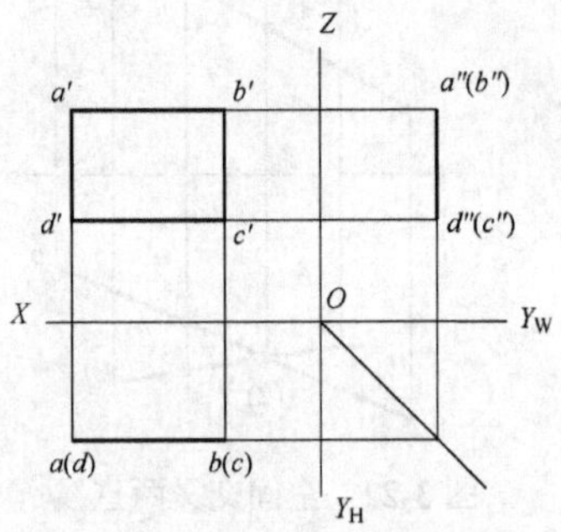

图 3-24 正平面的投影

投影特性：

① V 面投影反映实形。

② 其余两面投影分别积聚成直线，且分别平行于 V 面上的两轴。

（3）侧平面（图 3-25）

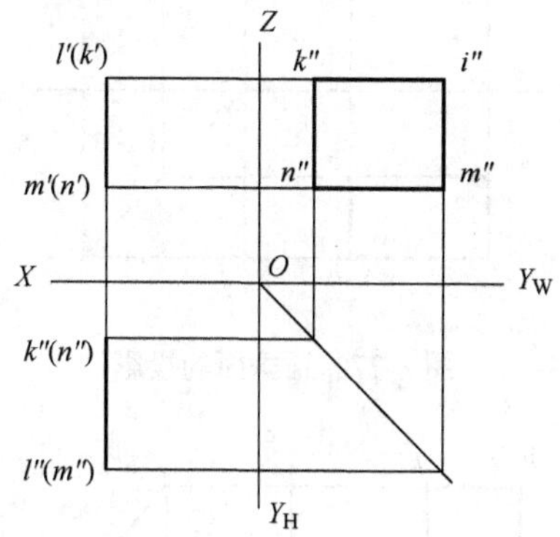

图 3-25 侧平面的投影

投影特性：

① W 面投影反映实形。

② 其余两面投影分别积聚成直线，且分别平行于 W 面上的两轴。

2. 投影面垂直面

（1）铅垂面（图 3-26）

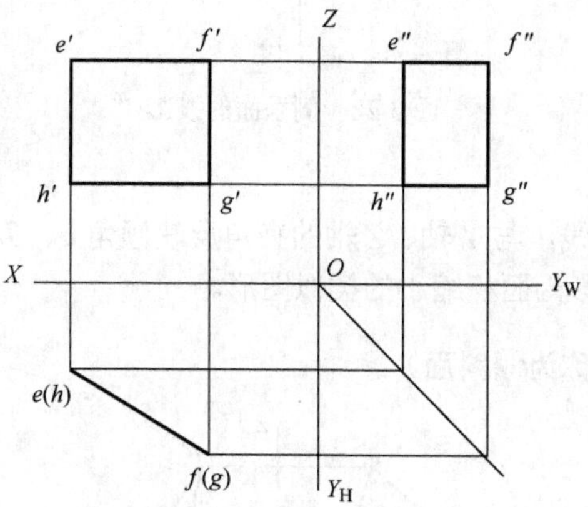

图 3-26 铅垂面的投影

投影特性：

① H 面投影积聚的直线，与 X 轴、Y 轴的夹角反映倾角 β、γ。

② V 面投影、W 面投影为面积缩小的类似图形。

（2）正垂面（图 3-27）

投影特性：

① V 面投影积聚成直线，与 X 轴、Z 轴的夹角反映倾角 α、γ。

② H 面投影、W 面投影为面积缩小的类似图形。

（3）侧垂面（图 3-28）

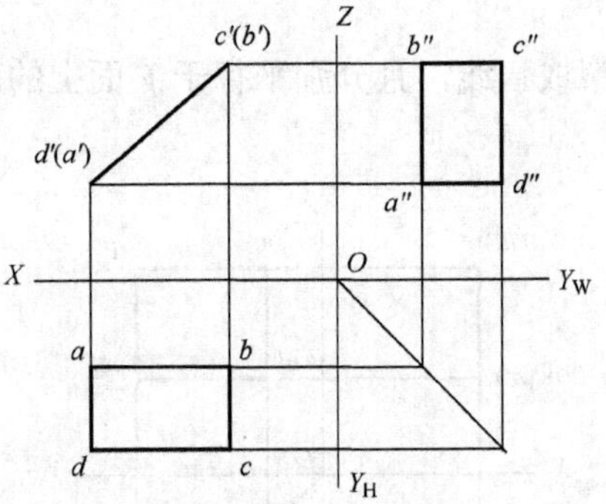

图 3-27　正垂面的投影

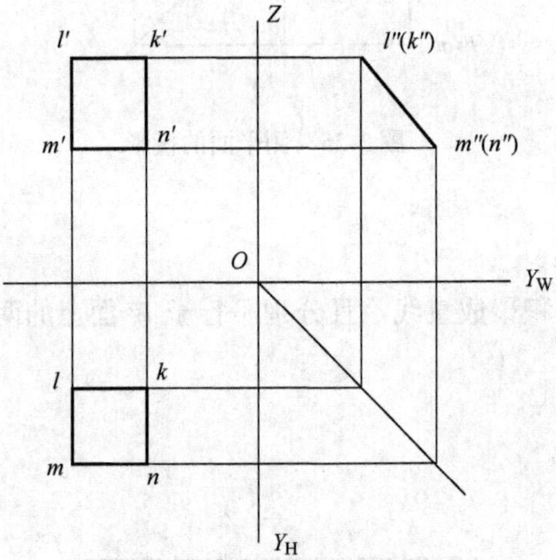

图 3-28　侧垂面的投影

投影特性：

① W 面投影积聚成直线，与 Y 轴、Z 轴的夹角反映倾角 α、β。

② H 面投影、V 面投影为面积缩小的类似图形。

3．一般位置平面（也称为倾斜面）

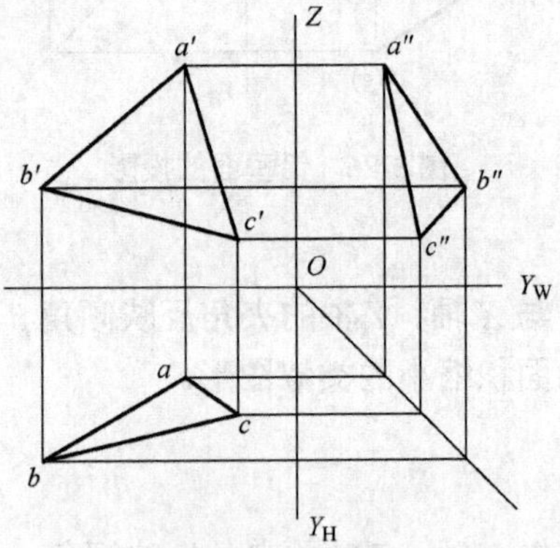

图 3-29　倾斜面的投影

投影特性：

H 面投影、V 面投影、W 面投影均为面积缩小的类似图形；三个投影均不能反映倾角。

【例 3-3】如图 3-30（a）所示，在投影面体系 V/H 中，有倾斜面△ABC，求倾斜面 ABC 的实形及对 H 投影面的 a 倾角。

（1）提示：一次换面可将一般位置平面变换为投影面垂直面，得到 a 倾角；两次换面可将一般位置平面变换为投影面平行面，从而获得实形。

（2）作图过程：如图 3-30（b）所示，先将倾斜面△ABC 变换为 P_1/H 中的垂直面。

① 在 V/H 中作△ABC 内的水平线 AD 的投影；先作 a' d' $//X$ 轴，再由 a'、d' 作出 ad。

② 作 $X_1 \perp ad$，作出点 A、B、C 的新投影 a_1、b_1、c_1（按【例 3-2】中投影变换的作图法），并连成一直线，即为△ABC 在 V_1 面积聚为线的投影，该积聚线和 X_1 轴的夹角即为 a 倾角。

如图 3-30（c）所示，再将倾斜面△ABC 变换为 P_1/P_2 中的平行面。

（3）作 $X_2// c_1a_1b_1$，按投影变换的作图法，由 a_1、b_1、c_1 三点垂直于 X_2 轴向 P_2 面中引垂线，按 a、b、c 三点到 X_1 轴的距离（注意，此处为第二次变换，与投影点到 X 轴的距离无关），分别从 X_2 轴上开始向 P_2 面中截取，得到 a_2、b_2、c_2 三点，连接得△$a_2b_2c_2$，即为倾斜面△ABC 的实形。

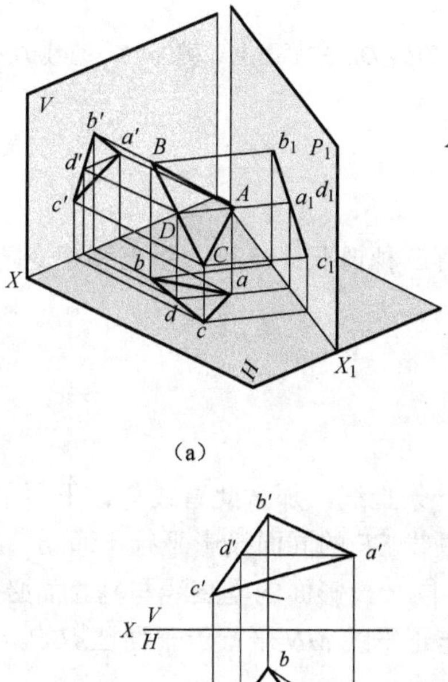

（a）

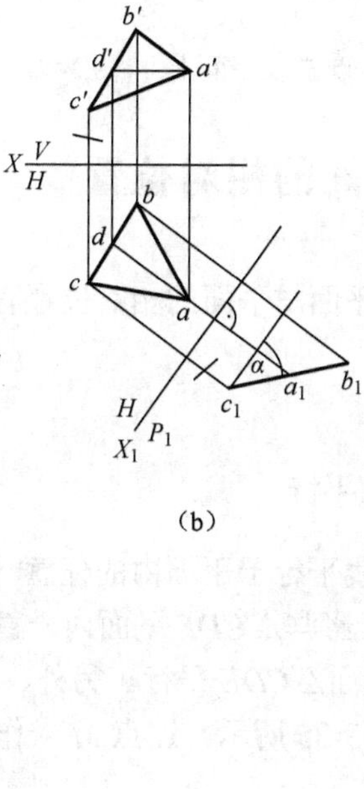

（b）

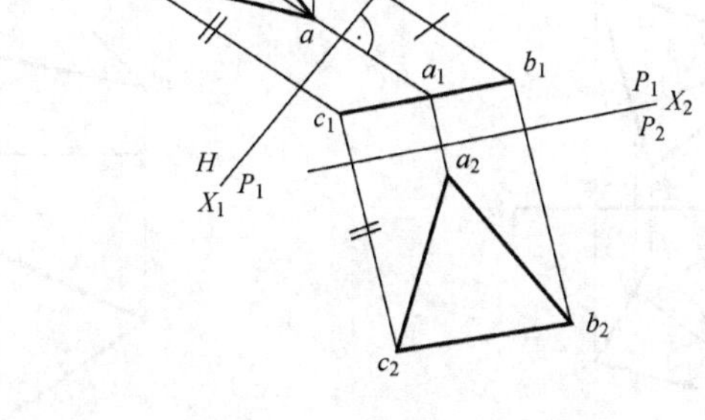

（c）

图 3-30　换面法求倾斜面的实形和倾角

3.5.2 平面上的点和直线

1. 平面上的点

若点属于平面内的任意一直线（图 3-31），则点在该平面上。

2. 平面上的直线

若一直线过平面上的两点（图 3-32），或过平面上的一点且平行于该平面上的另一直线（图 3-33），则此直线在该平面上；否则直线不在该平面上。

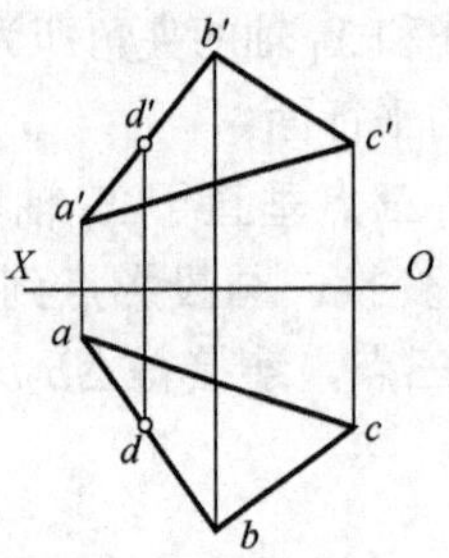

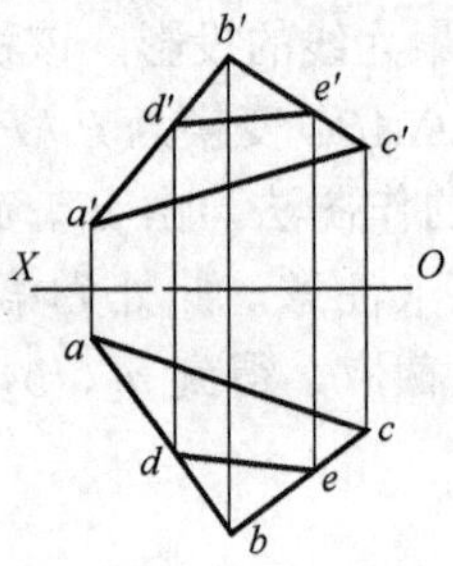

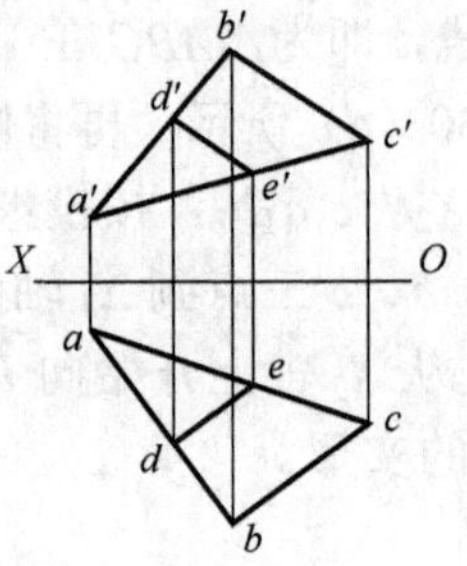

图 3-31　点 *D* 在平面上　　图 3-32　直线 *DE* 在平面上　　图 3-33　直线 *DE* 在平面上

3.6 几何元素间的相对位置

直线与平面、平面与平面的相对位置有三种情况：平行、垂直和相交。

3.6.1 平行

1. 直线与平面平行

若空间一条直线平行于平面内的任意一条直线，那么此直线与该平面平行。如图 3-34 所示，若直线 *AB* 的投影与△*CDE* 平面内一直线 *EF* 的同面投影平行，即 $a'b' // e'f'$，$ab // ef$，则直线 *AB* 与平面△*CDE* 平行。另外，同一投影面的垂直线与垂直面必相互平行。

【例 3-4】如图 3-35 所示，过点 *M* 求作正平线 *MN* 平行于平面△*ABC*。

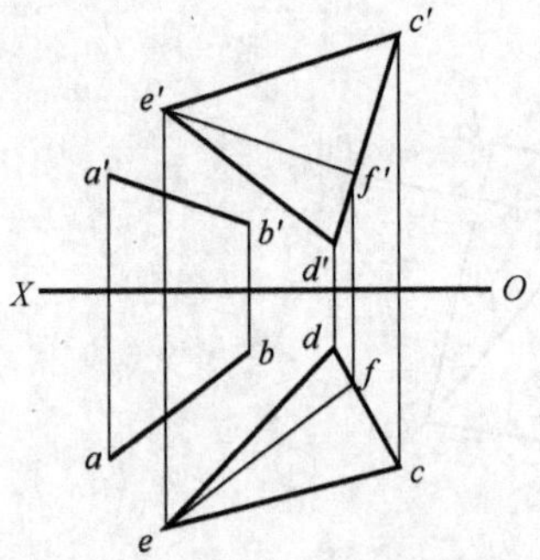

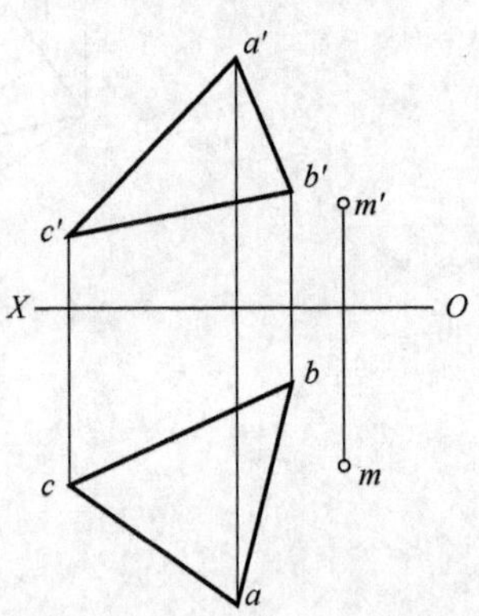

图 3-34　直线 *AB* 平行于平面△*CDE*　　图 3-35　求作正平线 *MN* 平行于平面△*ABC*

（1）分析：根据直线与平面平行的条件，先在△*ABC* 平面内作出一条正平线，然后再过点 *M* 作平面内正平线的平行线。

（2）作图步骤。

① 如图 3-36 所示，作出△*ABC* 中一条正平线 *CD* 的投影 *cd*、*c′ d′* 。

② 如图 3-37 所示，过 *m* 作 *mn*∥*cd*，过 *m′* 作 *m′ n′* ∥*c′ d′* ，所以 *MN*∥*CD*，则 *MN* 平行于平面△*ABC*；由 *mn*、*m′ n′* 的投影特点可知直线 *MN* 为正平线。

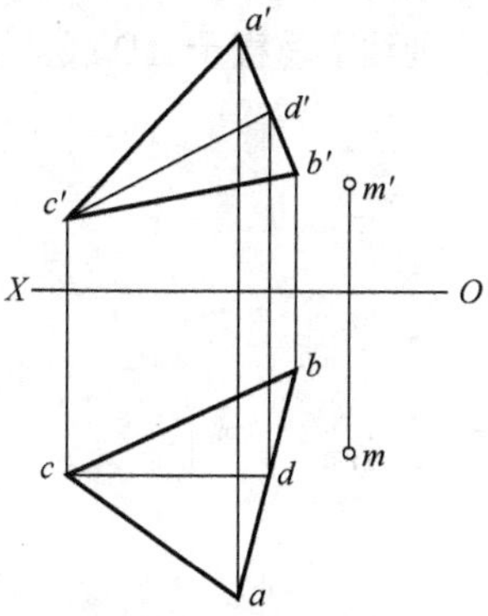

图 3-36　作面内正平线

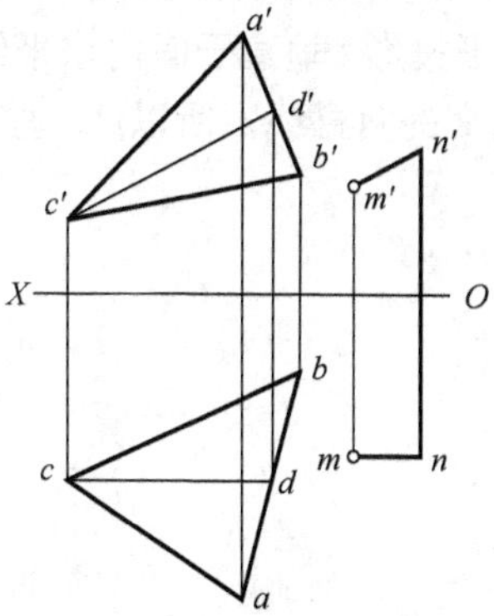

图 3-37　正平线 *MN* 平行于平面△*ABC*

2．平面与平面平行

若一个平面内的两条相交直线分别与另一平面内的两条相交直线对应平行，那么这两个平面平行。另外，若两平面均为某投影面垂直面，且积聚线相互平行，那么这两个平面平行。

【例 3-5】如图 3-38（a），根据投影，判断平面△*ABC* 与平面△*DEF* 是否平行。

（1）分析：若两个面内各作出两条相交直线的同面投影对应平行，那两面必平行；否则，两面不平行。若相交直线采用特殊位置直线，作图方便，且易于观察。

（2）作图：如图 3-38（b）所示，作出正平线 *AM*、*DS* 及水平线 *BN*、*ER* 的两面投影，观察到 *a′ m′* ∥*d′ s′* ，则 *AM*∥*DS*；观察到 *bn*∥*er*，则 *BN*∥*ER*。而 *AM*、*BN* 是△*ABC* 的两条相交直线，*DS*、ER 是△*DEF* 的两条相交直线，所以，△*ABC* 与△*DEF* 相互平行。

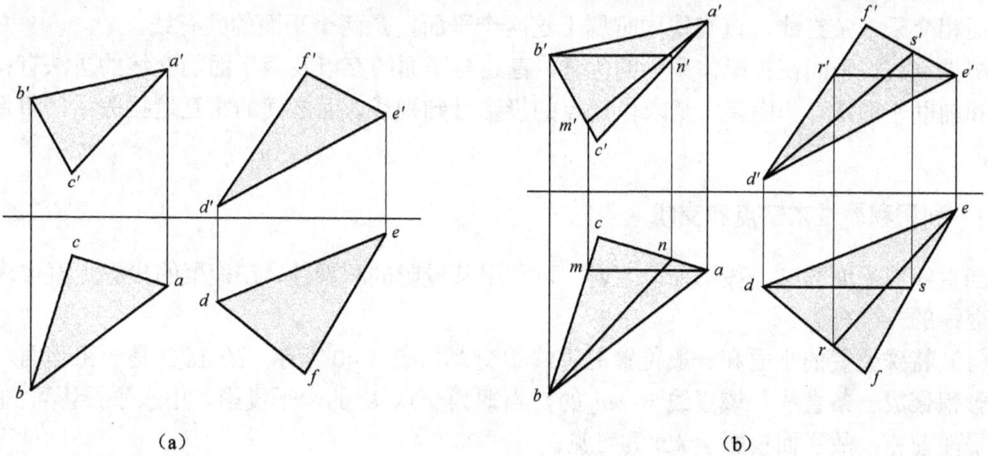

（a）　　（b）

图 3-38　两平面是否平行

3.6.2 垂直

1. 直线与平面垂直

若一直线垂直于平面内任意相交的两直线，则此直线垂直于该平面；反之，若直线垂直于平面，则直线垂直于平面内的所有直线。

如图 3-39 所示，线 *l* 的正面投影 *l'*垂直于面内正平线的正面投影 *c′ e′*，则线 *l* 垂直于 *CE* 线；线 *l* 的水平投影 *l* 垂直于面内水平线的水平投影 *ad*，则线 *l* 垂直于 *AD* 线。而 *CE* 线和 *AD* 线是平面内相交的两直线，所以线 *l* 垂直于△*ABC*。

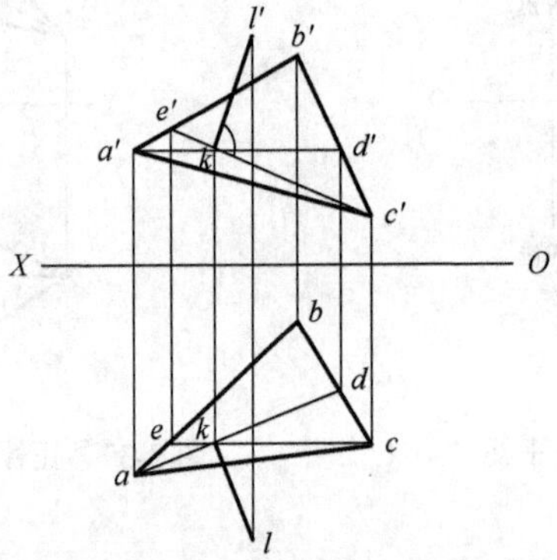

图 3-39 直线垂直于平面

2. 平面与平面垂直

若直线垂直于一平面，则包含这条直线的一切平面都垂直于该平面。由此可见，平面与平面垂直的本质也是直线垂直于平面，即包含线 *l* 的所有平面均垂直于△*ABC*（图 3-39）。

3.6.3 相交

直线与平面相交于一点，该交点既属于直线，又属于平面，是直线和平面的共有点。平面与平面相交于一条直线，该交线同时属于这两个平面，是两个平面的共有线。

根据直线、平面在投影体系中的位置，直线与平面的交点及两平面的交线的求法有：积聚性法和辅助平面法。作图要求是求作交点的投影且判别线、面之间的相互遮挡关系，即判别可见性。

1. 利用积聚性求交点和交线

当直线或平面与某一投影面垂直时，可利用其投影的积聚性，在积聚的投影上直接求得交点和交线的一个投影。

（1）特殊位置的平面和一般位置的直线相交，如图 3-40 所示。△*ABC* 是一铅垂面，其水平投影积聚成一条直线，该直线与 *mn* 的交点即为交点 *K* 的水平投影。由水平投影可知，*KN* 段在平面前方，故正面投影上 *k'n'*为可见。

（2）一般位置的平面和特殊位置的直线相交，如图 3-41 所示。直线 *MN* 为铅垂线，其水平投影积聚成一个点，故交点 *K* 的水平投影 *k* 也积聚在该点上；利用过点 *k* 的辅助线 *a*2 可作出交点的正面投影 k'。由水平投影可知，点 1 位于平面上，点 2 位于 MN 上，点 1 在前、点 2 在后，故 k'2'不可见。

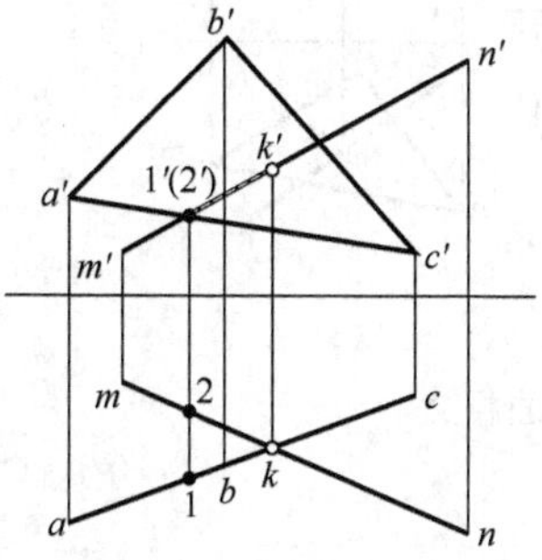

图 3-40 铅垂面和倾斜线的交点

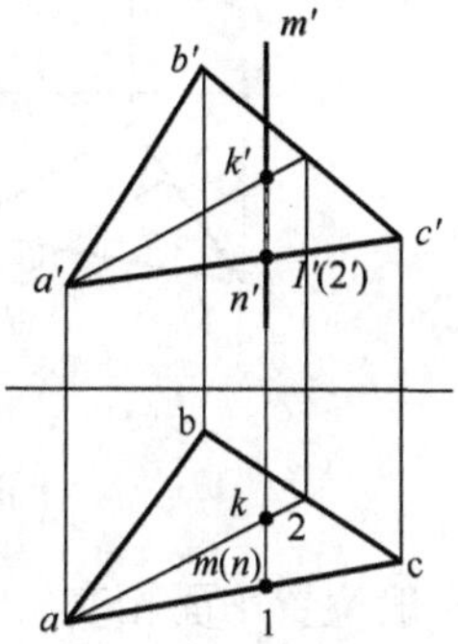

图 3-41 铅垂线和倾斜面的交点

（3）两个同一投影面的垂直面相交，如图 3-42 所示。△ABC 与△DEF 都为正垂面，正面投影中两面积聚线的交点就是两面交线的积聚点，故交线必为一条正垂线。正垂线的水平投影垂直于 X 轴，故按长对正在△abc 和△def 共同的区域内画出线 mn。交线是共有线，投影都可见；从正面投影上可看出，交线左侧，△ABC 在上，其水平投影可见，其余以次类推。

（4）特殊位置平面与一般位置平面相交，如图 3-43 所示。△EFH 是一水平面，正面投影为积聚线。a'b'与 e'f'的交点 m'、b'c'与 f'h'的交点 n'，故 m'n'即交线 MN 的正面投影，长对正可在 ab、bc 上得到 m、n。从正面投影上可看出，点 1 在 FH 上，点 2 在 BC 上，点 1 在上，点 2 在下，故 fh 可见，n2 不可见，其余依次类推。

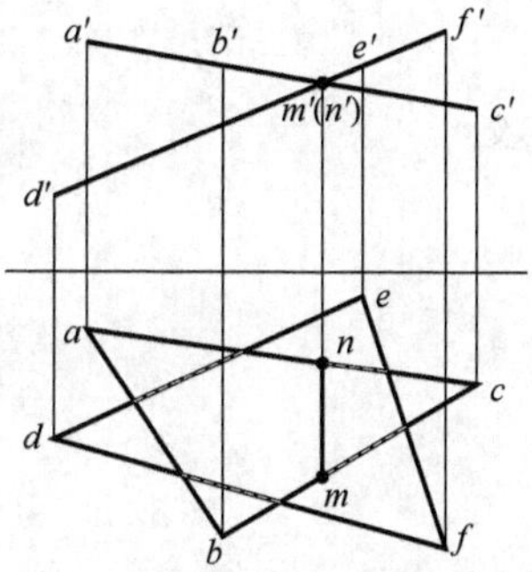

图 3-42 两个同一投影面的垂直面相交

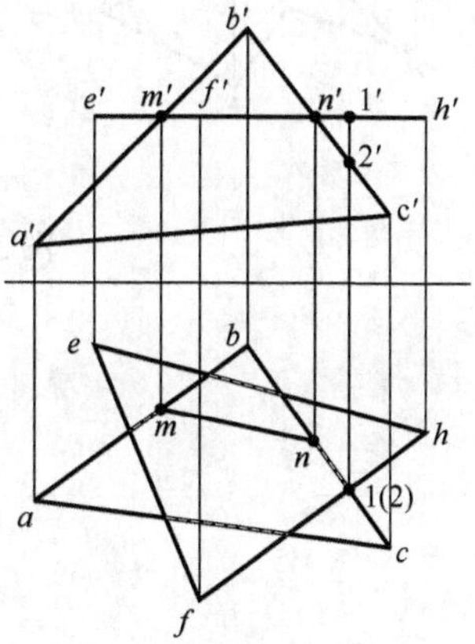

图 3-43 特殊位置平面与倾斜面相交

2．利用辅助平面求交点和交线

（1）一般位置直线与一般位置平面相交

一般位置直线和一般位置平面的投影均无积聚性，求其交点需借助辅助平面，如图 3-44 所示。

作图提示：过倾斜线的一投影作辅助垂直面，作出辅助垂直面与倾斜面的交线的两面投影。

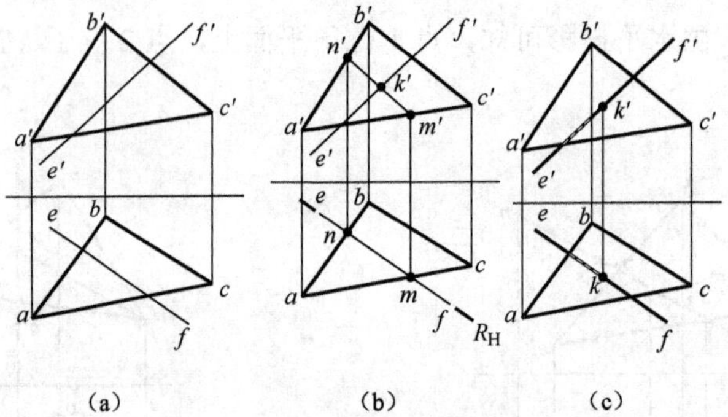

图 3-44　倾斜线与倾斜面相交

（2）两个一般位置平面相交

作图提示：两个一般位置平面均无积聚性，需过两条直线分别作辅助垂直面，按图 3-45（b）的方法，分别求出交点。

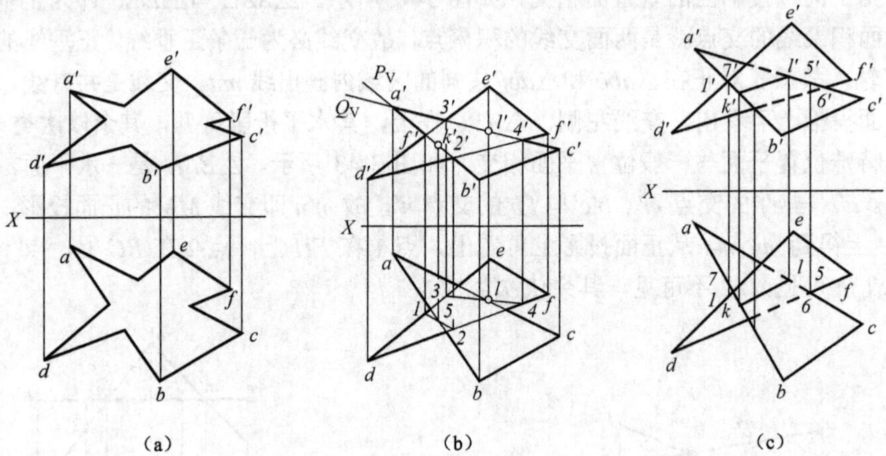

图 3-45　两个一般位置平面相交

第 4 章　基本体的投影及表面交线

各种各样的机器零件，不管结构形状多么复杂，一般都可以看作是由一些基本几何体按一定方式组合而成的。

（1）基本几何体：表面规则而单一的几何体，简称基本体。按其表面性质，可以分为平面立体和曲面立体两类。

（2）平面立体：全部由平面所围成的立体，常见的有棱柱、棱锥。

（3）曲面立体：由曲面或曲面与平面所围成的立体，常见的有圆柱、圆锥、球、圆环。曲面立体也称回转体。

常见的基本体如图 4-1 所示。

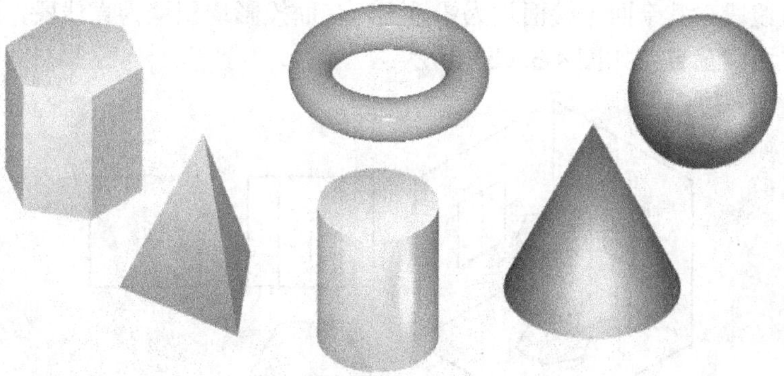

图 4-1　常见的基本体

4.1　平面立体的投影规律及表面取点

4.1.1　棱柱

棱柱由两个底面和若干棱面组成。棱面与棱面的交线称为棱线，棱线互相平行，棱线与底面垂直的棱柱称为正棱柱。本节仅讨论正棱柱的投影。

1．正棱柱的投影

以正六棱柱为例，常见的螺母的毛坯即为一正六棱柱，如图 4-2 所示。

图 4-2　螺母及其毛坯

（1）立体分析：正六棱柱由两个底面和六个棱面组成。两个底面为等大的正六边形，六个棱面为等大的矩形。两底面平行，底面和棱面均垂直。

（2）投影分析：将其底面平行于 *H* 面，并使两棱面平行于 *V* 面放置于三投影面体系中，如图 4-3（a）所示。

上、下两底面均为水平面，*H* 面投影均反映实形并重合，*V* 面、*W* 面投影均积聚为两条相互平行的直线。

六个棱面中的前、后为正平面，*V* 面投影均反映实形并重合，*H* 面、*W* 面投影均积聚为两条互相平行的直线段。其余四个棱面均为铅垂面，*H* 面投影均积聚为直线段，*V* 面、*W* 面投影均为类似图形并两两重合，如图 4-3（b）所示。

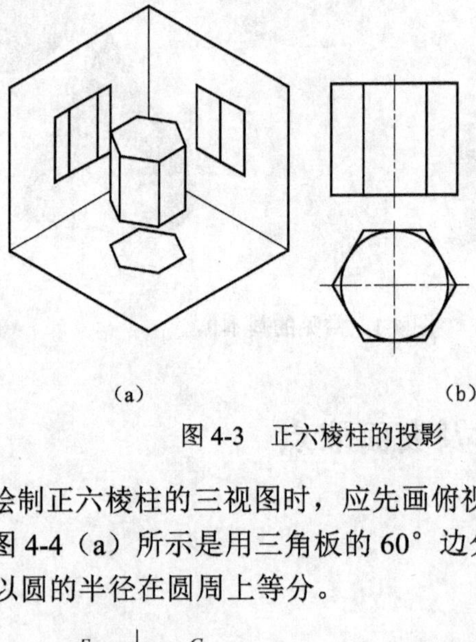

（a）　（b）

图 4-3　正六棱柱的投影

（3）绘图提示：绘制正六棱柱的三视图时，应先画俯视图——正六边形。图 4-4 为正六边形的两种画法，如图 4-4（a）所示是用三角板的 60° 边分别过点 *A*、点 *B* 在圆周上画线，如图 4-4（b）所示是以圆的半径在圆周上等分。

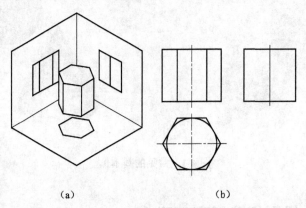

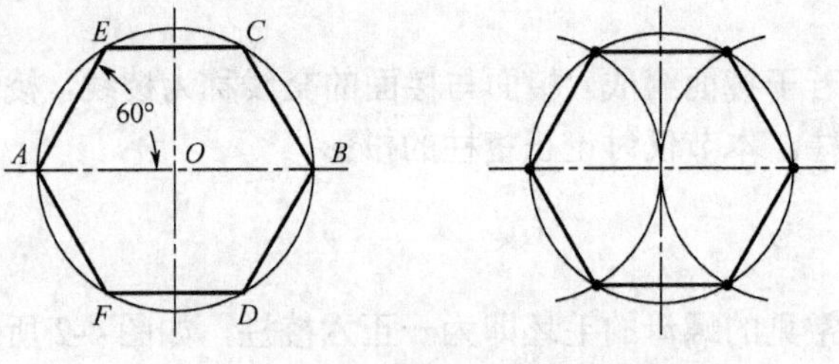

（a）　（b）

图 4-4　正六边形的画法

（4）投影规律：由正六棱柱的投影特点推及正棱柱的投影规律——当正棱柱的底面平行某一投影面时，正棱柱在该投影面上的投影为与底面全等的正多边形，另两个投影为若干个邻接的矩形。

2．正棱柱表面取点

表面取点是研究立体表面上的点的三面投影规律，并准确绘出点的投影位置。

如图 4-5 所示，已知棱柱表面上点 *M* 的正面投影 m'，求点 *M* 的另两面投影 m、m''。

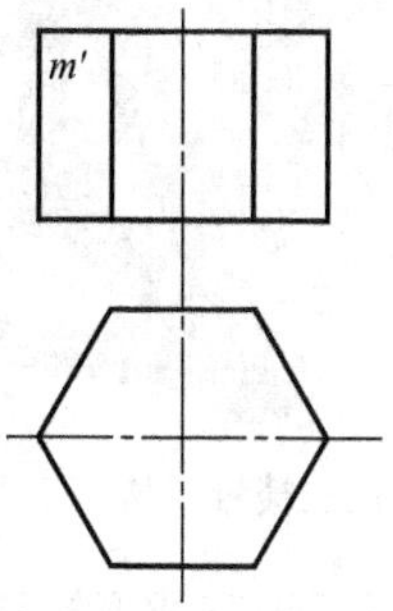

图 4-5　求点 *M* 的另两面投影 m、m''

分析：首先应确定点位于立体的哪个平面上，分析并利用该平面的投影特性。因为正棱柱的各表面均为特殊位置平面，均具有积聚性，所以，利用点所在的平面的积聚性，再根据三等投影规律求得。

因为 m' 可见，所以点 *M* 必在棱面 *ABCD* 上，如图 4-6（a）所示。此棱面是铅垂面，其水平投影积聚成线，故点 *M* 的水平投影 *m* 必在此线上（点与积聚成线的平面重影时，不加括号）；再根据 m、m' 可求出 m''，由于棱面 *ABCD* 的侧面投影为可见，故 m'' 也为可见，如图 4-6（b）所示。

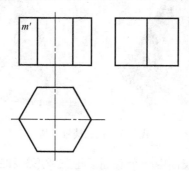

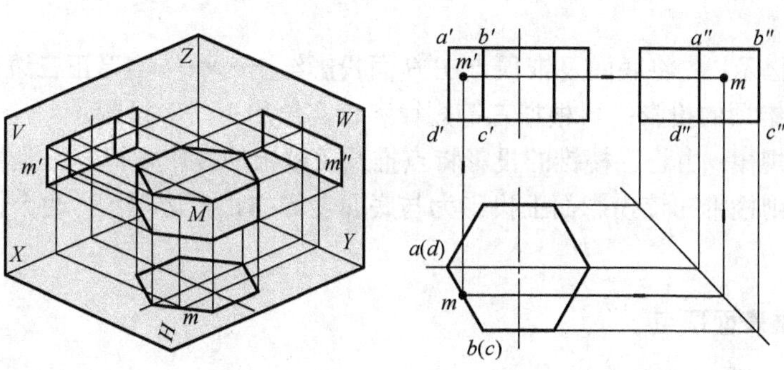

（a）　　　　（b）

图 4-6　棱柱表面上点的投影

另外，用坐标表示点的位置比较简单，写成 $M(x, y, z)$的形式。其中坐标 *x* 和 *z* 决定点的 *V* 面投影 m'，坐标 *x* 和 *y* 决定点的 *H* 面投影 *m*，坐标 *y* 和 *z* 决定点的 *W* 面投影 m''。

若空间两点的两个坐标相同，在这两个坐标轴所在的投影面上，两点的投影必重合，则此两点称为该投影面的重影点。当两点投影重合时，需要在投影图上判别可见性，第三坐标值大者可见，不可见投影的字符加括号区别，如图 4-6（b）中 *H* 面投影点 *a*（*d*）、*b*（*c*）。

4.1.2 棱锥

1．棱锥的投影

以正三棱锥为例，如图 4-7 所示。

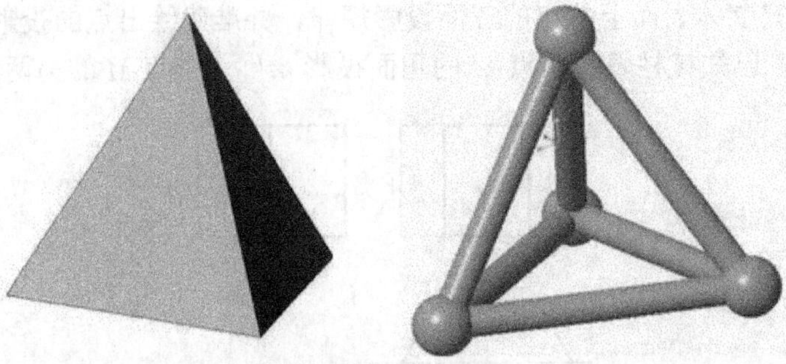

图 4-7 正三棱锥结构

（1）立体分析：正三棱锥表面由一个底面（正三边形）和三个棱面（等腰三角形，特例正三边形）围成。底面和各棱面不垂直，三条棱线交于一点。

（2）投影分析：将正三棱锥的底面平行于 *H* 面，并使一个棱面垂直于 *W* 面。如图 4-8（a）所示。

底面△*ABC* 为水平面，其 *H* 面投影反映实形，*V* 面投影和 *W* 面投影分别积聚为直线段 *a′ b′ c′* 和 *a″*（*c″*）*b″*。棱面△*SAC* 为侧垂面，它的 *W* 面投影积聚为一段斜线 *s″ a″*（*c″*），*V* 面投影和 *H* 面投影为类似图形△*s′ a′ c′* 和△*sac*，前者不可见，后者可见。棱面△*SAB* 和△*SBC* 均为一般位置平面，三面投影均为类似形。

棱线 *SB* 为侧平线，棱线 *SA*、*SC* 为一般位置直线，棱线 *AC* 为侧垂线，棱线 *AB*、*BC* 为水平线。

（3）绘图提示：先将底面及锥顶点在 *H* 面投影绘出——作实形正三边形，各边的垂直平分线的交点即为锥顶的投影；再根据三等规律和锥高绘出 *V*、*W* 投影。

（4）投影规律：由正三棱锥的投影特点推及正棱锥的投影规律——当棱锥的底面平行某一个投影面时，则棱锥在该投影面上投影为与底面全等的正多边形，另两个投影由若干个相邻的三角形组成。

2．正棱锥表面取点

方法：（1）利用点所在面的积聚性法。

（2）辅助线法。

分析：首先确定点位于棱锥的哪个平面上；再分析该平面的投影特性，若该平面为特殊位置平面，可利用其投影的积聚性直接求得点的投影；若该平面为一般位置平面，可通过辅助线法求得。

已知点 *M* 的 *V* 面投影 *m′*（可见），则点 *M* 在棱面 *SAB* 上。

作法：过点 *M* 在△*SAB* 上作 *AB* 的平行线 *1M*，即作 *1′ m′* // *a′ b′*，利用长对正求出 *1* 点，过点 *1* 作 *1*m// *ab*，求出 *m*，再根据 *m*、*m′* 求出 *m″*。也可过锥顶 *S* 和点 *M* 作一辅助线 *SII*，然 后求出点 *M* 的 *H* 面投影 *m*，如图 4 -8（b）所示。

又已知点 N 的 H 面投影 n(可见)，则点 N 在侧垂面△SCA 上，因此，n'' 必定在 $s''a''(c'')$ 上，由 n、n'' 可求出 V 面投影 n'，由于在△SCA 面上的点在 V 面上被△SAB 和△SBC 平面遮挡住看不见，因此将 n' 加括号为（n'），如图 4 -8（b）所示。

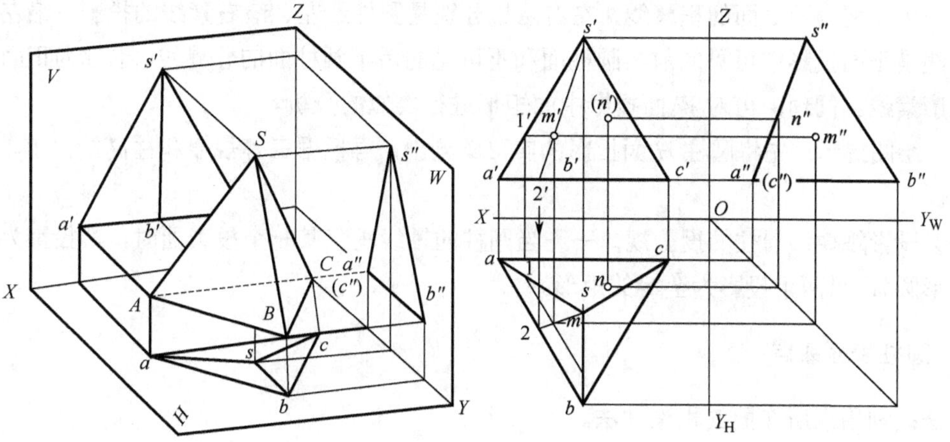

图 4-8　正三棱锥的投影及表面上的点

4.2　曲面立体的投影规律及表面取点

曲面立体的曲面是由一条母线（直线或曲线）绕定轴回转而形成的。在投影图上表示曲面立体就是把围成立体的回转面（或平面与回转面）表示出来。

4.2.1　圆柱

圆柱表面由一个圆柱回转面和两个平底面所围成。圆柱面上任意一条平行于轴线的直线，称为圆柱的素线，如图 4 -9 所示。

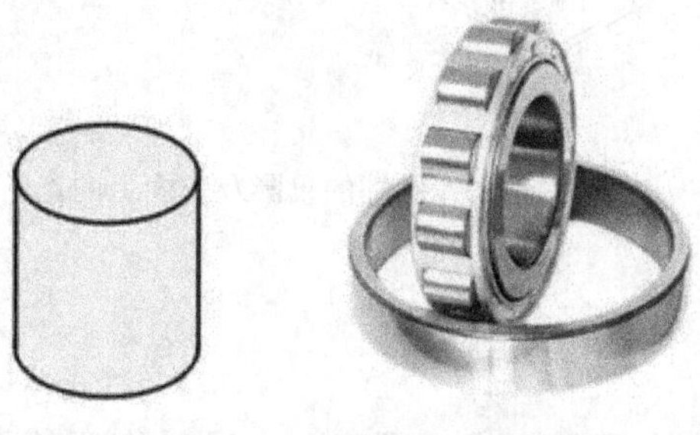

图 4-9　圆柱结构及圆柱滚子轴承

1．圆柱的投影

（1）立体分析：圆柱的两个平底面相互平行，圆柱的轴线及柱面的所有素线均垂直于两底面。

（2）投影分析：如图 4-10（a）所示，圆柱的轴线垂直于H面，圆柱面上所有素线都是铅垂线，因此圆柱面的H面投影积聚为一个圆。圆柱上、下两底面的H面投影反映实形，其圆面的边缘与积聚圆重合。圆柱面的V面投影是一个矩形，是圆柱前半部与后半部的重合投影，其上、下两边分别为两底面的积聚线，左右两边分别是圆柱最左、最右素线的投影。最左、最右两条素线是正面投影中可见的前半圆柱面和不可见的后半圆柱面的分界线，也称为正面投影的转向轮廓素线。同理，可对W面投影中的矩形进行类似的分析。

（3）绘图提示：先将圆柱H面投影的实形圆绘出，再根据三等规律和柱高绘出V、W的矩形投影。

（4）投影规律：圆柱的投影规律——当圆柱的轴线垂直某一个投影面时，其投影为圆（底面的实形圆），另两个投影为全等的矩形。

2. 圆柱表面取点

方法：利用点所在面的积聚性法。

如图 4-10（b）所示，已知圆柱面上点M的正面投影m′，求作点M的其余两个投影。

分析：圆柱各表面的投影都具有积聚性。因此圆柱面上点的H面投影一定重影在圆周上。又因为m′可见，所以点M必在圆柱面的前左面上。

作法：利用三等规律由m′求得m，再由m′和m求得m″，并判断m″可见。

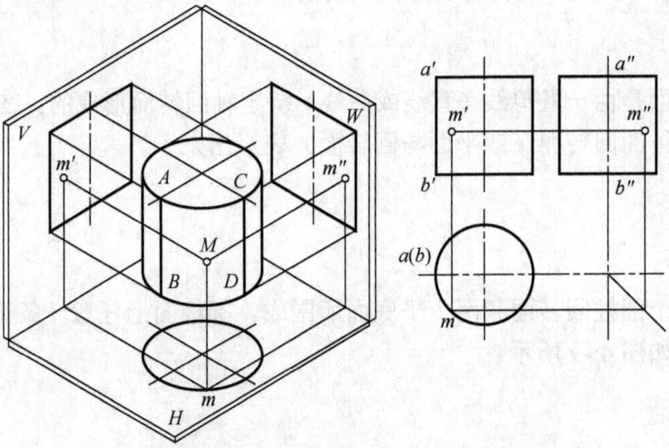

（a）　　　　（b）

图 4-10　圆柱的投影及表面上的点

4.2.2　圆锥

圆锥表面由圆锥面和底面所围成。圆锥面上通过锥顶的任一直线称为圆锥面的素线，如图 4-11 所示。

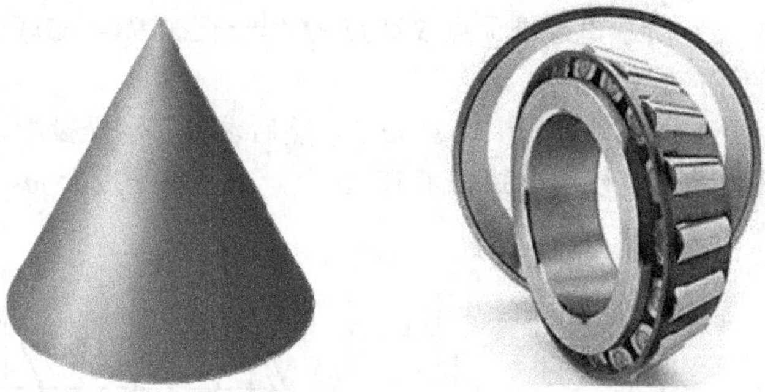

图 4-11　圆锥结构及圆锥滚子轴承

1．圆锥的投影

（1）立体分析：圆锥底面是圆形，圆锥的轴线垂直于底面。

（2）投影分析：如图 4-12（a）所示，圆锥的轴线是铅垂线，底面是水平面。圆锥的 *H* 面投影为一个圆，反映底面的实形，同时也是圆锥面的投影。圆锥的 *V* 面、*W* 面投影均为等腰三角形，其底边均为底面的积聚线。*V* 面投影 $s'a'$、$s'c'$ 分别是圆锥面最左、最右轮廓素线 *SA*、*SC* 的投影，是 *V* 面投影中圆锥面可见与不可见的分界线。*W* 面投影 $s''a''$（c''）与轴线重合，*H* 面投影 *sa*、*sc* 与横向中心线重合。同理，可分析最前、最后轮廓素线 *SB*、*SD* 的投影。

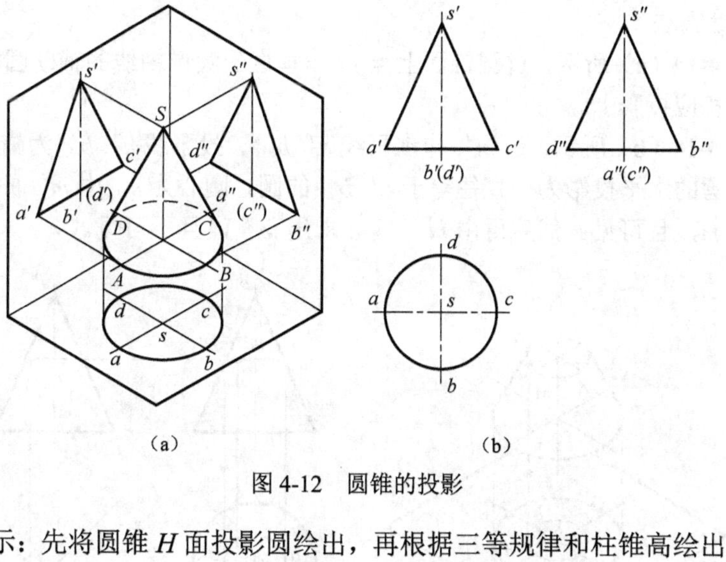

（a）　　　　（b）

图 4-12　圆锥的投影

（3）绘图提示：先将圆锥 *H* 面投影圆绘出，再根据三等规律和柱锥高绘出 *V*、*W* 面的等腰三角形投影。

（4）投影规律：圆锥的投影规律为当圆锥的轴线垂直某一个投影面时，则圆锥在该投影面上投影为与底面全等的圆形，另两个投影为全等的等腰三角形。

2．圆锥表面取点

如图 4-13 和图 4-14 所示，已知圆锥表面上点 *M* 的正面投影 m'，求作点 *M* 的其余两个投影。分析：因为 m' 可见，点 *M* 必在圆锥面的前左面，可判定点 *M* 的另两面投影均为可见。

作图方法有两种：

方法 1：辅助线法

分析：如图 4-13（a）所示，过锥顶点 S 和点 M 作一直线 SA，与底面交于点 A。点 M 的各个投影必在此 SA 的相应投影上。

作法：如图 4-13（b）所示，过 m' 作 $s'a'$，然后求出其水平投影 sa。由于点 M 属于直线 SA，根据点在直线上的从属性质可知 m 必在 sa 上，求出水平投影 m，再根据 m、m' 可求出 m''。

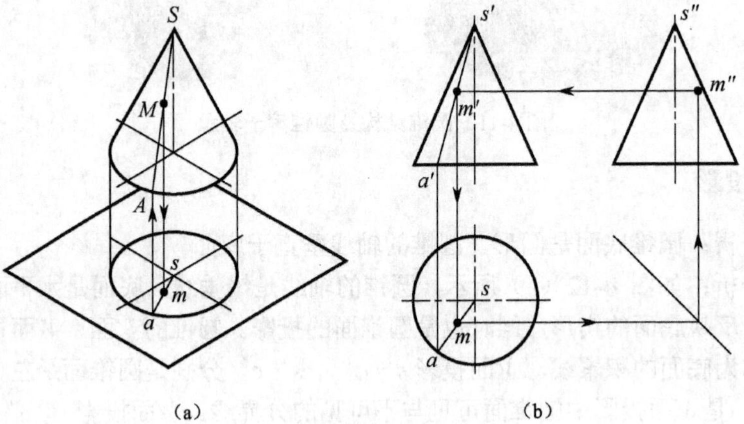

图 4-13　辅助线法在圆锥表面取点

方法 2：辅助圆法

分析：如图 4-14（a）所示，过圆锥面上点 M 作垂直于圆锥轴线的辅助圆，点 M 的三面投影必在辅助圆的相应投影上。

作法：如图 4-14（b）所示，过 m' 作水平线 $a'b'$，投影线 $a'b'$ 为辅助圆的 V 面投影的积聚线。辅助圆的水平投影为一直径等于 $a'b'$ 的圆，圆心为 s，由 m' 的长对正线与此圆相交，即可求出 m，且可见。然后再由 m' 和 m 求出 m''，且不可见。

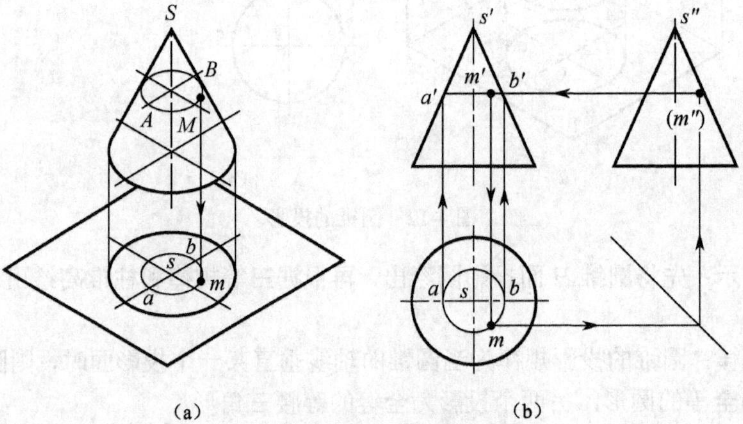

图 4-14　辅助圆法在圆锥表面取点

4.2.3　球

球表面由球面围成。球面上通过球心的任一圆称为球面的素线，如图 4-15 所示。

图 4-15　球体结构与球轴承

1．球的投影

（1）立体分析：完整的球体由一个封闭的球面组成。

（2）投影分析：如图 4-16 所示，*V* 面投影是球前、后半球的转向轮廓素线 *A* 圆（平行于 *V* 面）的投影。*H* 面投影是平行于 *H* 面的转向轮廓素线 *B* 圆的投影；*W* 面投影是平行于 *W* 面的转向轮廓素线 *C* 圆的投影。这三条圆素线的另两面投影，都与相应圆的对称中心线重合，不应画出。

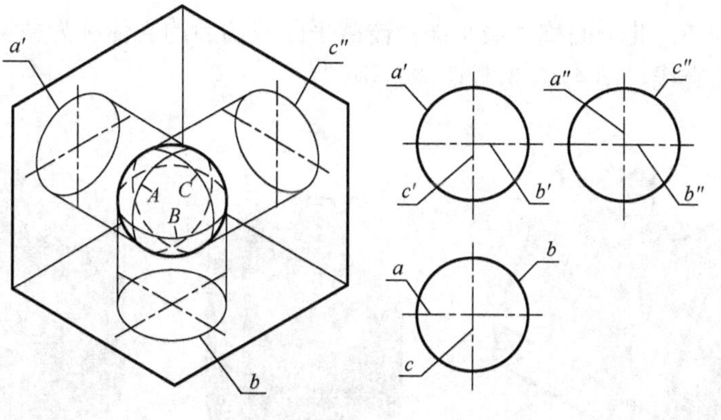

（a）　（b）

图 4-16　圆球的投影

（3）绘图提示：先绘出三个圆的对称中心线，且圆心保持三等规律，再以相等的半径逐个画圆。

（4）投影规律：球的投影规律为球在三投影面上的投影都是圆，且直径相等。这三个圆分别表示球面三个转向轮廓素线的投影。

2．球表面取点

方法：辅助圆法。

分析：球面的三个投影都没有积聚性，其表面取点需采用辅助圆法，即过该点在球面上作一个平行于任一投影面的辅助圆。

如图 4-17（a）所示，已知球面上点 *M* 的水平投影，求作其余两个投影。

作法：过点 *M* 作一平行于正面的辅助圆，则辅助圆的水平投影为过 *m* 的直线 *ab*，正面投影为直径等于 *ab* 长度的圆。自 *m* 向上引长对正线，在 *V* 面投影上与辅助圆投影相交于两点。又由于 *m* 可见，故点 *M* 必在上半个圆周上，据此可确定位置偏上的交点即为 *m'*，再由 *m*、*m'*

可求出 m''，如图 4-17（b）所示。

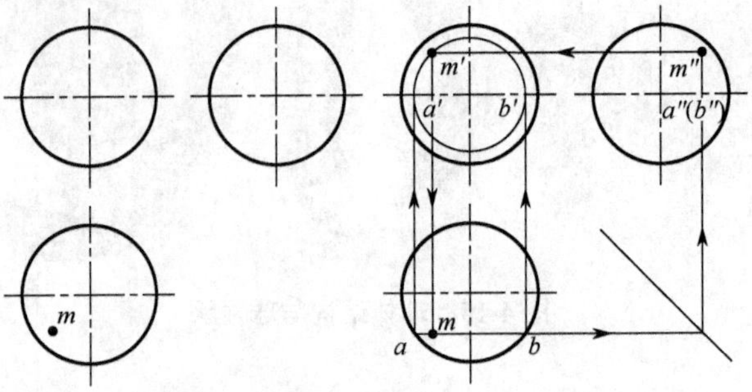

（a）　　　　（b）

图 4-17　圆球面上点的投影

4.3　平面与立体相交的投影

立体被平面截切，此平面称为截平面；被截平面截切后的立体称为截切体；截平面与立体表面的交线称为截交线，图 4-18 为截切体示例。

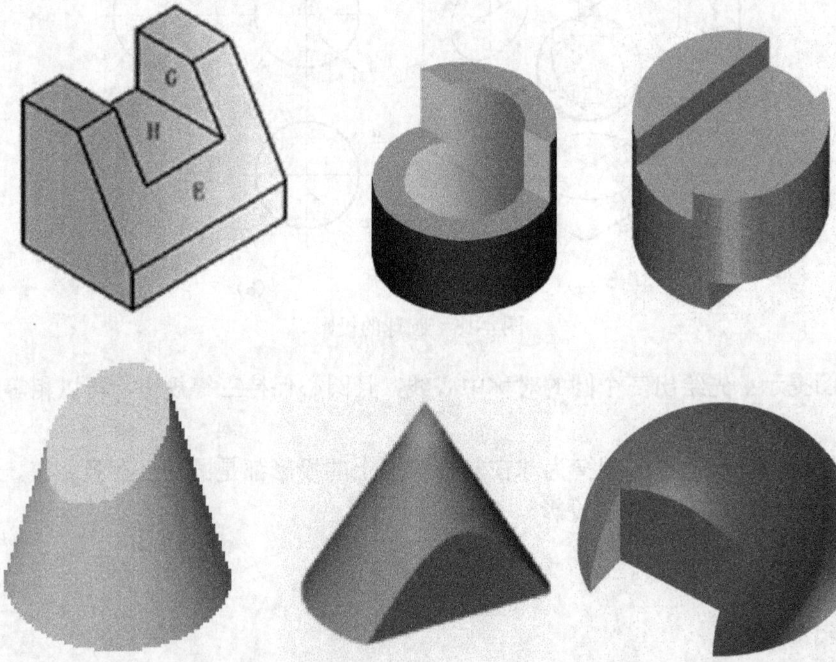

图 4-18　截切体示例

绘制截切体的投影，就是在基本体投影的基础上，进一步求作截交线的投影。截交线既在截平面上，又在立体表面上，截交线是截平面和立体表面的共有线，截交线上的点都是截平面与立体表面上的共有点。截交线是封闭的平面图形。

因为截交线是截平面与立体表面的共有线，所以求作截交线投影的实质，就是求出截平面与立体表面共有点的投影。

4.3.1　平面立体截交线的投影

平面立体的截交线是多边形，多边形的各顶点是截平面与被截棱线的交点，如图 4-19 所示。如立体被一个平面截断几条棱，那么截交线就是几边形；多个平面截切时，还要把截平面间的交线表达出来。进一步分析截平面与投影面的相对位置，确定截交线的投影特性。求作截平面与被截各棱交点的投影，然后依次连接可得平面立体截交线的投影。

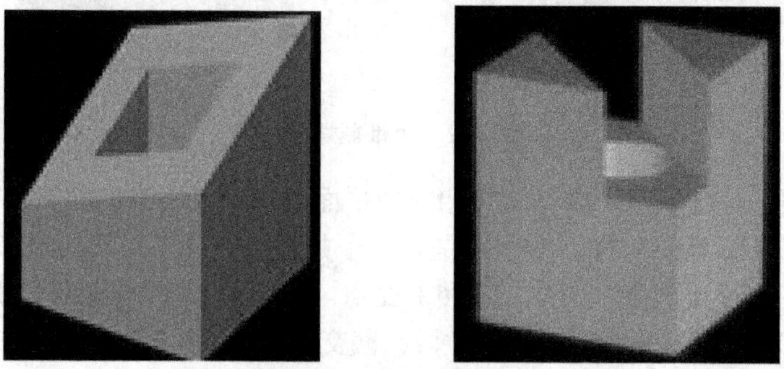

图 4-19　棱柱截切体示例

1. 棱柱的截切

【例 4-1】求作平面截切正五棱柱的截交线的投影。

分析：由图 4-20（a）可知，正五棱柱的截交线是五边形，其五个顶点是截平面与五条棱的交点。因为截平面为正垂面，所以截交线的 *V* 面投影积聚成线，截交线的 *H* 面、*W* 面投影均为与实形类似的五边形。

作法：标出截交线的 *V* 面投影 1′、2′、(3′)、4′、(5′)，并作“长对正”线，在 *H* 面投影中对应所在棱得 1、2、3、4、5，再根据三等规律，即可求得其 *W* 面投影 1″、2″、3″、4″、5″，连接点 4″ 5″，即得截交线的 *W* 面投影；因为棱柱的左、上部被切去，所以截交线的 *H*、*W* 面投影均可见。点 4、5 各自所在的棱的 H 面投影不可见，故画成虚线。

附：正五边形的作法，如图 4-20（b）所示。

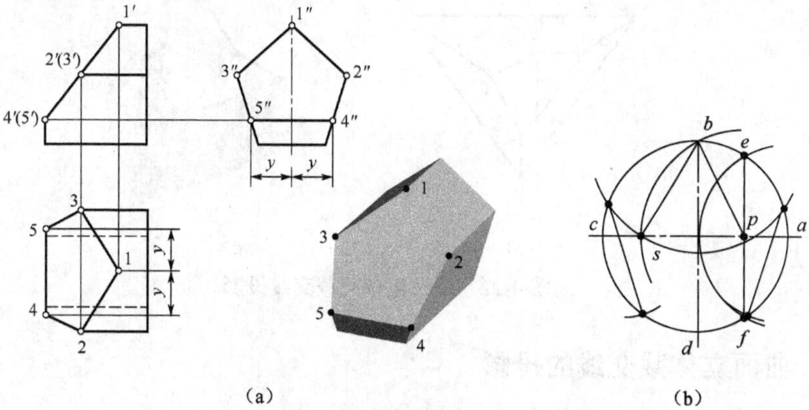

（a）　　（b）

图 4-20　正五棱柱的截交线投影及正五边形的作法

2．棱锥的截切

如图 4-21 所示为棱锥截切体示例。

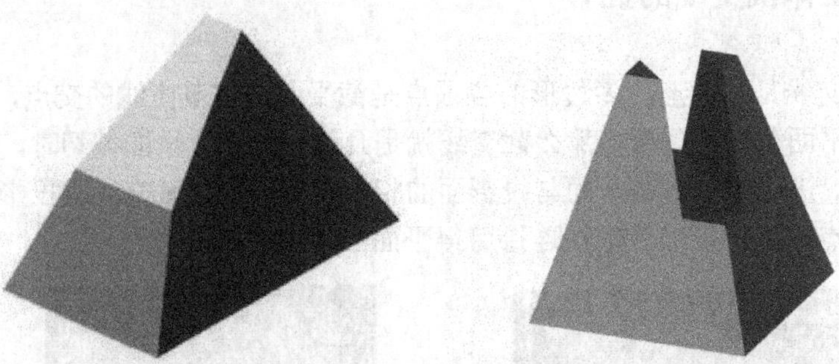

图 4-21　棱锥截切体示例

【例 4-2】如图 4-22 所示，求作两个相交的平面截切正三棱锥的截交线的投影。

分析：由图 4-22 所示可知，截交线是有一个共用边的三角形和四边形。共用边是两个截平面的交线，另三个顶点是截平面与三条棱的交点。因为两个相交的截平面为水平面和正垂面，所以截交线的 *V* 面投影积聚成相交的两线段；截交线的 *H* 面投影为三角形的实形和类似于实形的四边形。*W* 面投影为积聚线和类似于实形的四边形。

作法：标出截交线的 *V* 面投影 1′、2′、(3′)、4′、5′，由 1′、5′ 作“长对正”线在 *H* 面投影得 1、5，由（3′）、4′ 作“高平齐”线在 *W* 面投影得 3″、4″。再根据三等规律，即可求得其 *W* 面投影 1″、5″ 3、4。由 2′ 作辅助线（如 *S*′ 2′）方可求得 2、2″。连接各点，即得截交线的 *W* 面投影。因为棱锥的左、上部被切去，所以截交线的 *H*、*W* 面投影均可见。

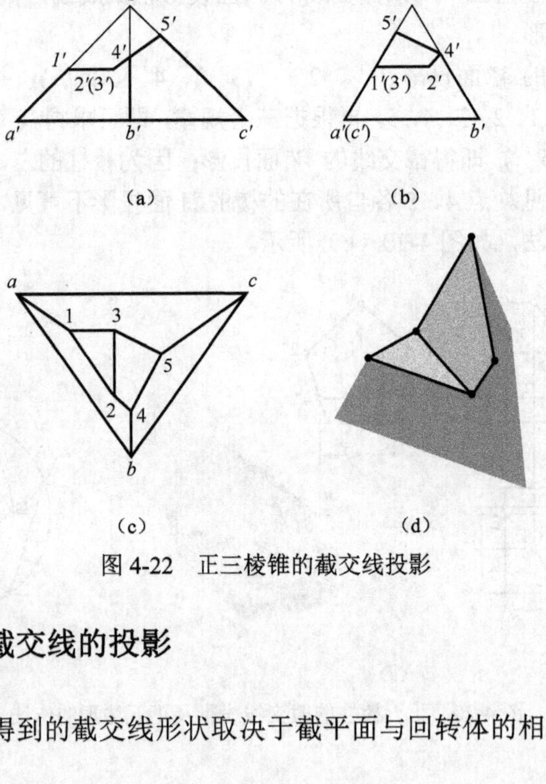

图 4-22　正三棱锥的截交线投影

4.3.2　曲面立体截交线的投影

平面截切回转体所得到的截交线形状取决于截平面与回转体的相对位置及回转体表面形

状。当截平面与回转体的轴线垂直时，任何回转体的截交线都是圆，此圆称纬圆。

1. 圆柱截交线的类型及投影

表 4-1　平面截切圆柱的三种截交线及投影

截平面	截交线	轴测图	投影图
平行于轴线	矩形	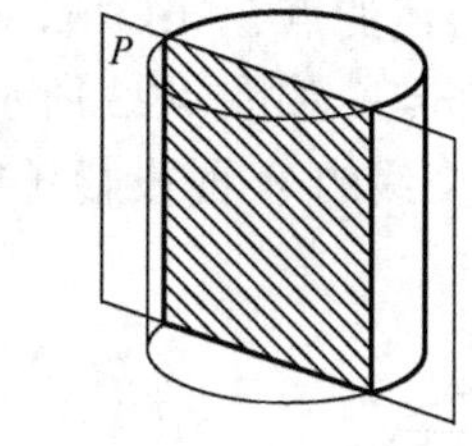	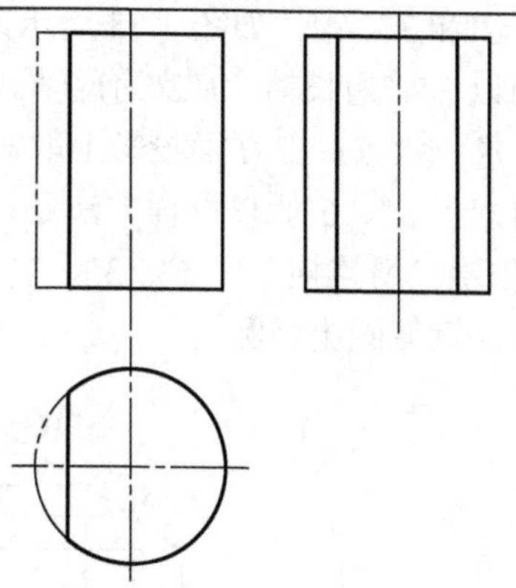
垂直于轴线	圆	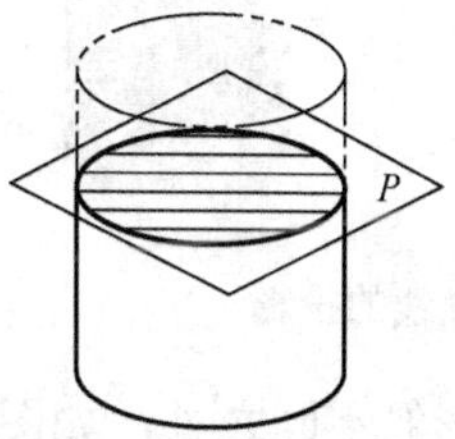	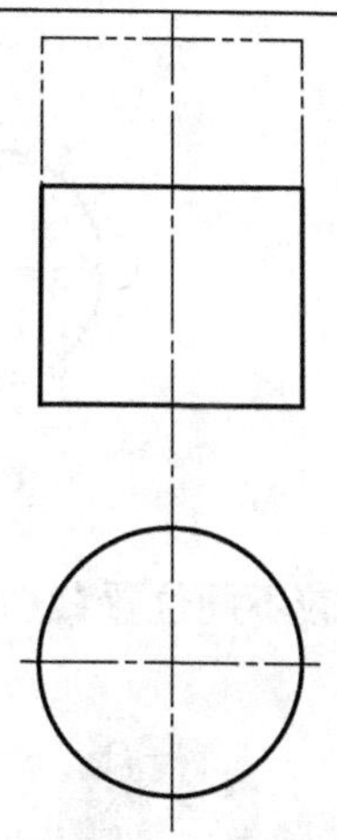
倾斜于轴线	椭圆	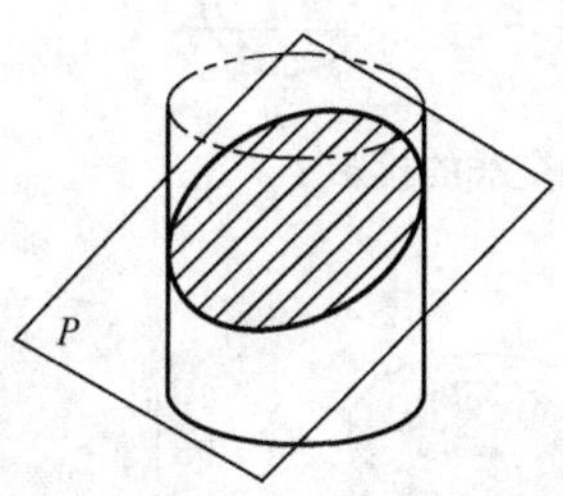	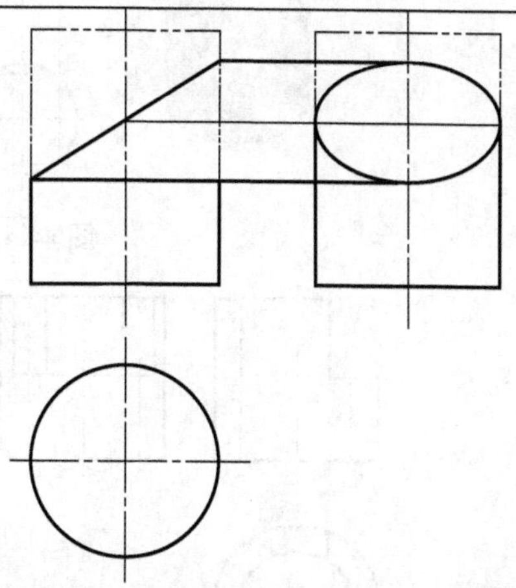

【例 4-3】 正垂面截切圆柱的截交线的投影（参见表 4-1 第三种）。

分析：截平面倾斜于圆柱轴线，如图 4-23 所示，截交线的形状为椭圆。因截平面为正垂面，截交线的 *V* 面投影积聚为线段；截交线的 *H* 面投影重合在圆柱面的积聚圆上；*W* 面投影为类似于截交线的实形的椭圆（若截平面与圆柱轴线成 45° 相交时，则 *W* 面投影为圆）。

作图步骤：

（1）求特殊点：截交线椭圆的长短轴端点也是最低、最高、最前、最后点。它们的 *H* 面、*V* 面投影可利用积聚性直接求得：1、2、3、4 和 1′、2′、3′、4′，再根据三等规律求得 *W* 面投影 1″、2″和 3″、4″。如图 4-23 所示，1″2″和 3″4″互相垂直，且 3″4″>1″2″，所以截交线的 *W* 面投影中以 3″4″为长轴，1″2″为短轴。

（2）求一般点：在 *H* 面投影上取对称于水平中心线的点 5、6，“长对正”得到 *V* 面投影 5′（6′），再求出 5″、6″。以同样方法还可作出其他若干点，如图 4-23 所示。

3）依次光滑连接 1″、5″、3″、7″、2″…即得截交线的 *W* 面投影（也可根据椭圆长、短轴用四心圆法近似画出椭圆）。

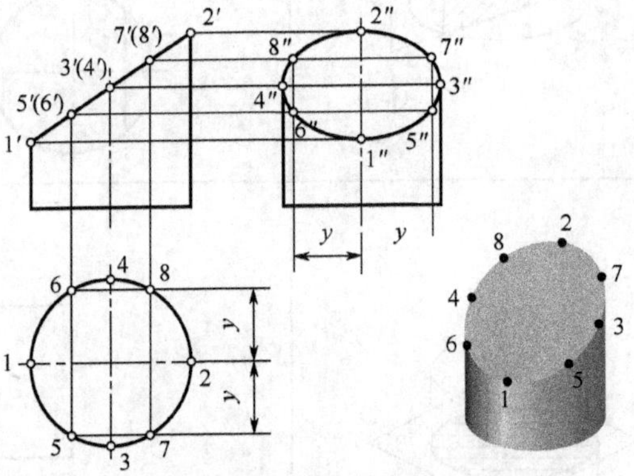

图 4-23　圆柱截交线的投影

【例 4-4】比较不同位置截切圆柱套筒时，投影的不同之处，如图 4-24～图 4-26 所示。

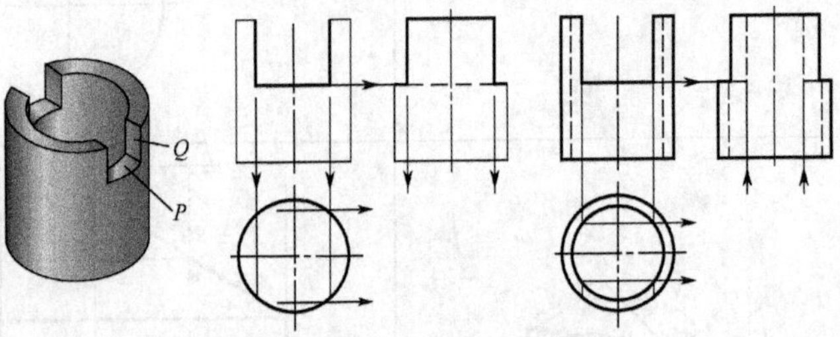

图 4-24　圆柱截交线的投影 1

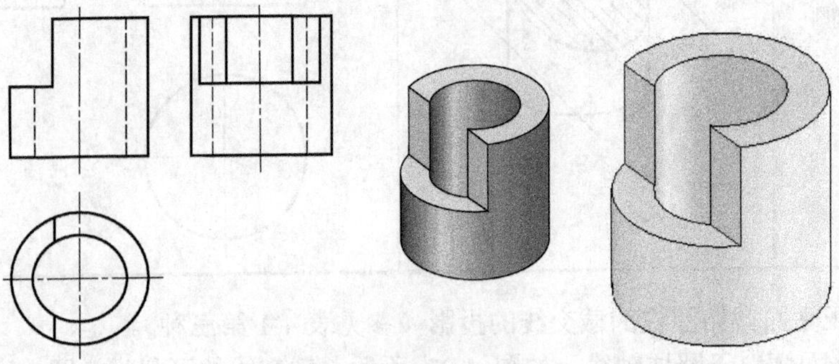

图 4-25　圆柱截交线的投影 2

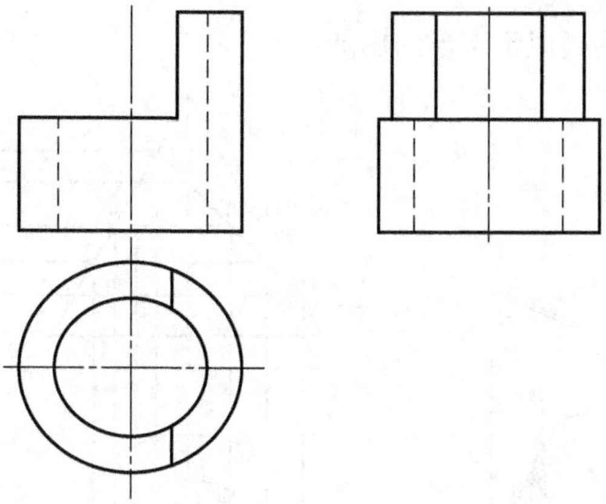

图 4-26　圆柱截交线的投影 3

2. 圆锥截交线的类型及投影

平面与圆锥相交所产生的截交线形状，取决于平面与圆锥轴线的位置。表 4-2 为平面截切圆锥的五种截交线。截交线的形状不同，其作图方法也不同。截交线为直线时，只需求出直线上两点的投影，连线即可；截交线为圆时，应找出圆的圆心和半径；截交线为椭圆、抛物线和双曲线时，需作出截交线上特殊点和一般点的投影。

表 4-2　平面截切圆锥的五种截交线及投影

截平面	垂直于轴线	过锥顶	与轴线倾斜		与轴线平行
			与所有素线相交	平行于一条素线	
截交线	圆	三角形	椭圆	抛物线 直线段	双曲线 直线段
轴测图	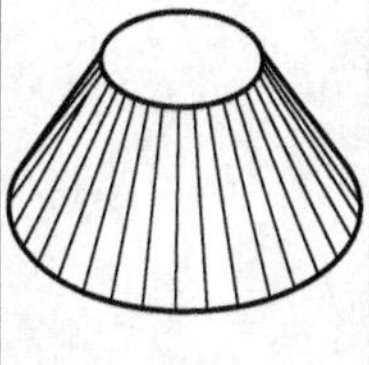	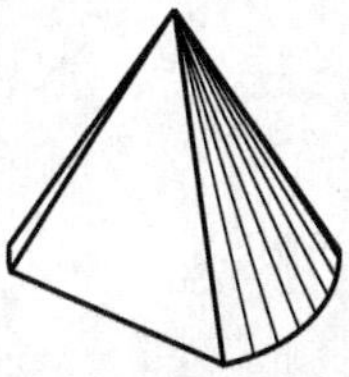	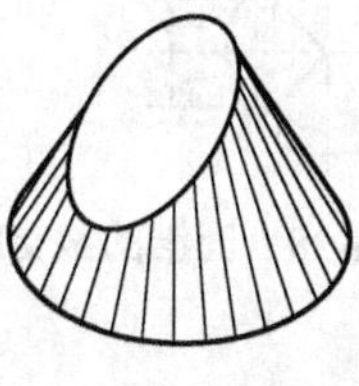	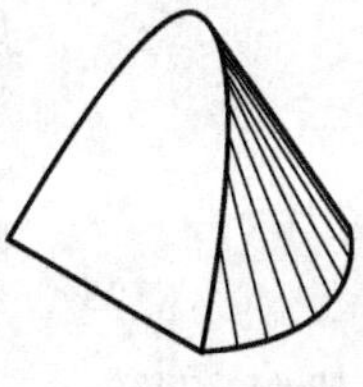	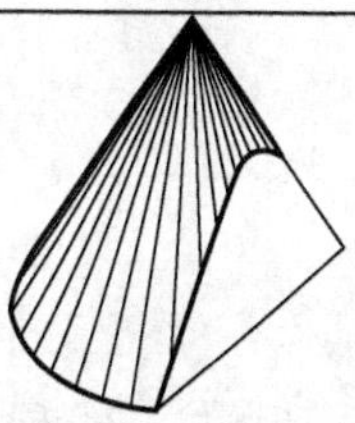
投影图	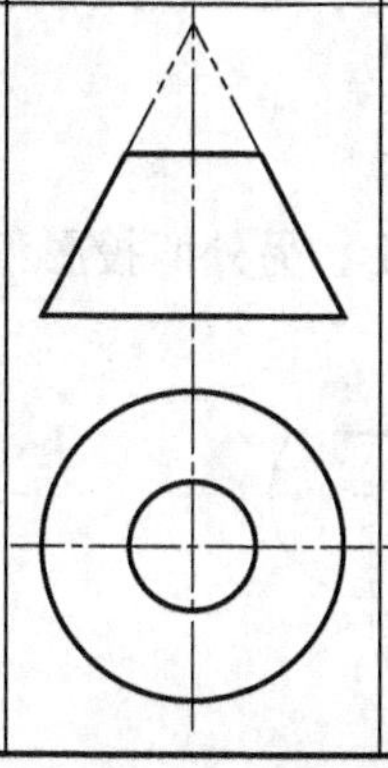	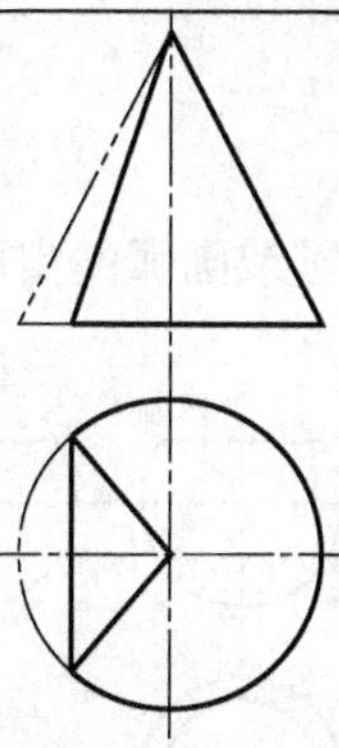	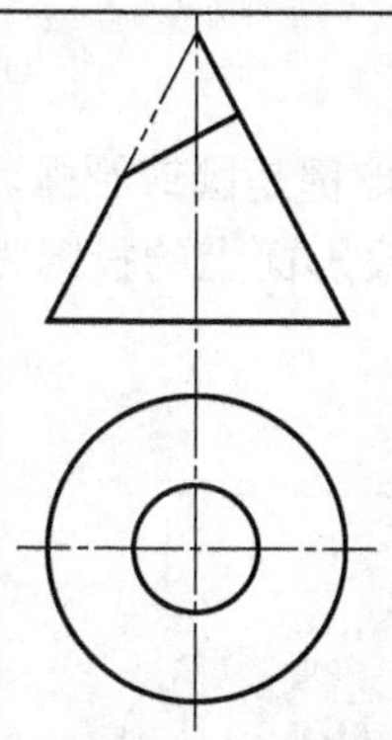	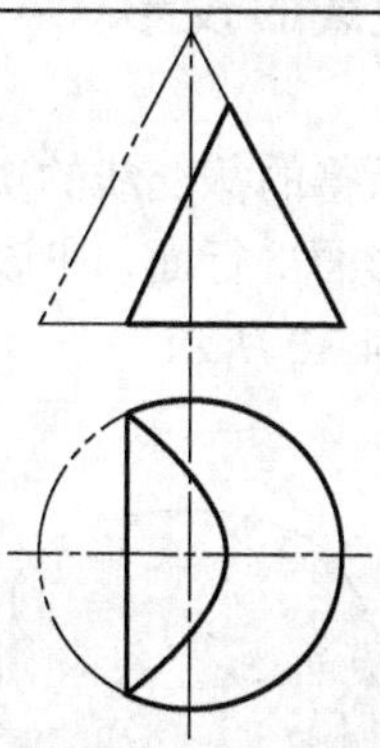	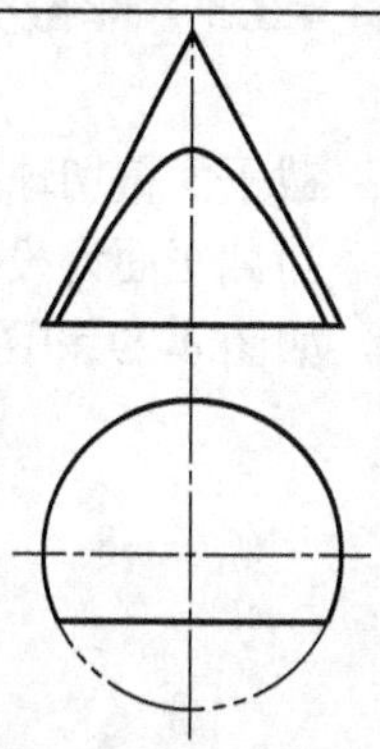

【例 4-5】 正垂面截切圆锥的截交线的投影（参见表 4-2 第三种）。

如图 4-27 所示，圆锥被正垂面截切，截交线为椭圆。截交线的 V 面投影积聚为一直线，

其 H 面投影和 W 面投影为类似于实形的椭圆。

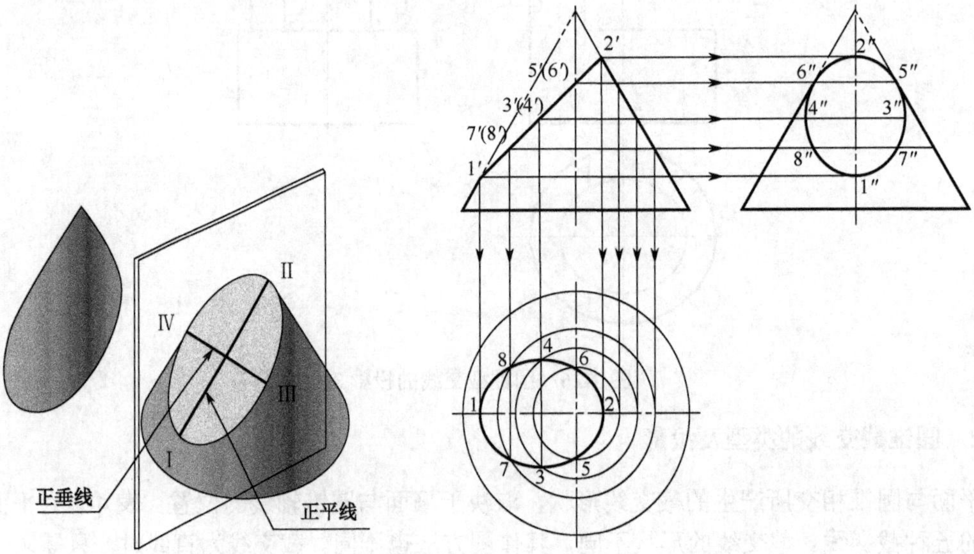

图 4-27　圆锥的截交线

【例 4-6】比较不同位置截切圆锥的截交线，如图 4-28 所示。

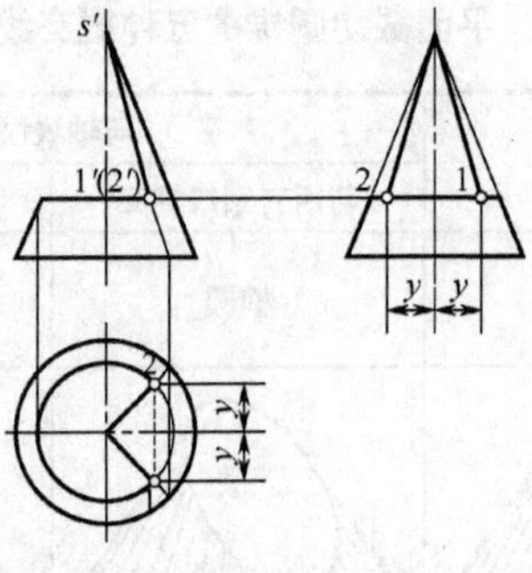

图 4-28　圆锥的截交线投影

4.3.3　球截交线的投影

截平面截切球所得的截交线的实形都是圆或圆弧。

当截平面为投影面平行面，在该投影面上的投影为圆或圆弧的实形，另外两投影积聚成直线，如图 4-29 和图 4-30 所示。

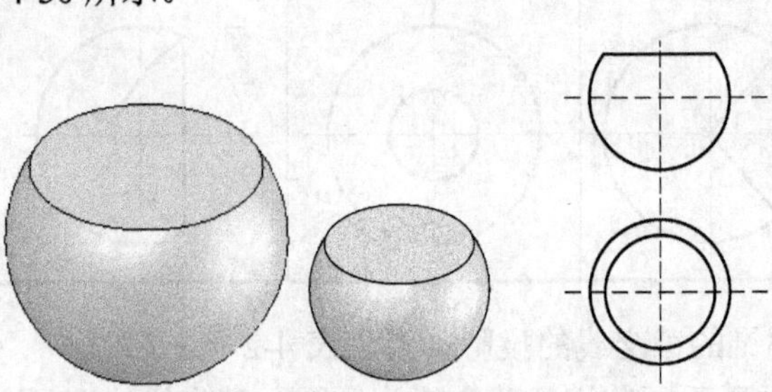

图 4-29　水平面截切球

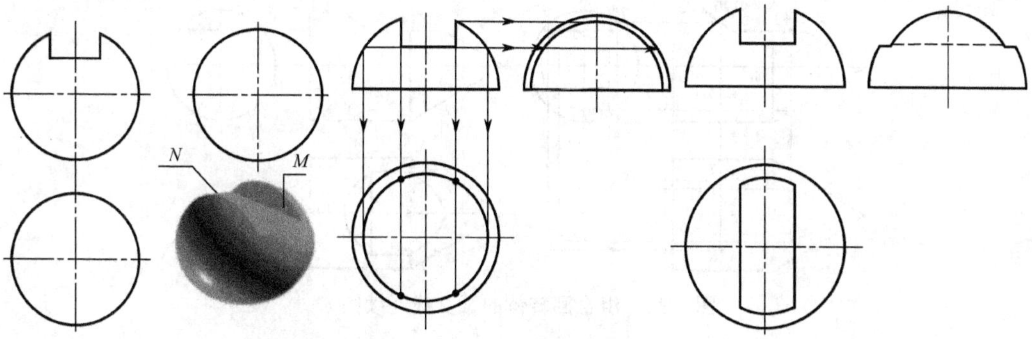

图 4-30　平行面组合截切球

当截平面为投影面垂直面，则截交线在该投影面上的投影为直线；截平面倾斜于其余两面，投影均收缩为椭圆，如图 4-31 所示。若截平面与投影面倾斜 45°，则该面投影为圆。

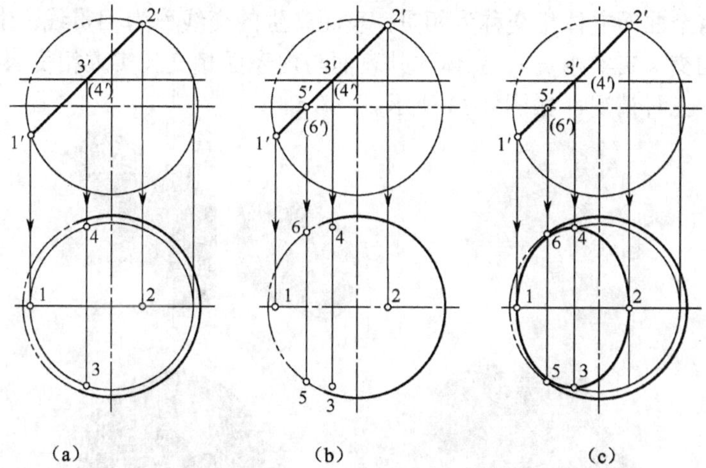

图 4-31　垂直面截切球

4.3.4　综合截切示例

零件常由几个回转体组合并截切而成。求组合回转体的截交线时，首先要分析构成机件的各基本体与截平面的相对位置、截交线的形状、投影特性，然后逐个画出各基本体的截交线的投影。注意，同一个截平面形成一个封闭的轮廓；多个截平面截切时，截平面间是否有交线；判断截切后立体及截交线投影的可见性，如图 4-32 所示。

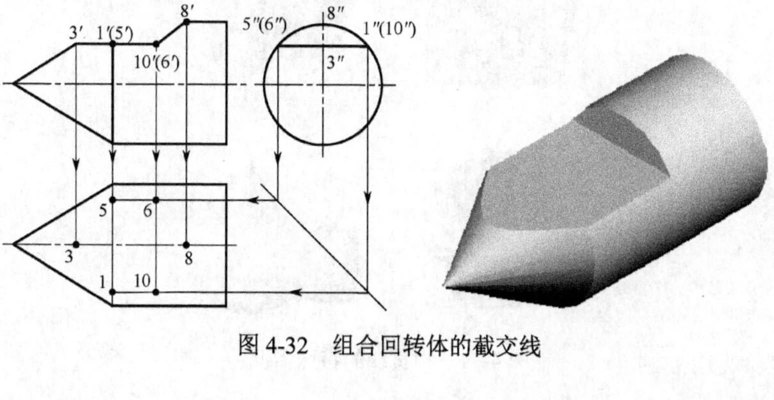

图 4-32　组合回转体的截交线

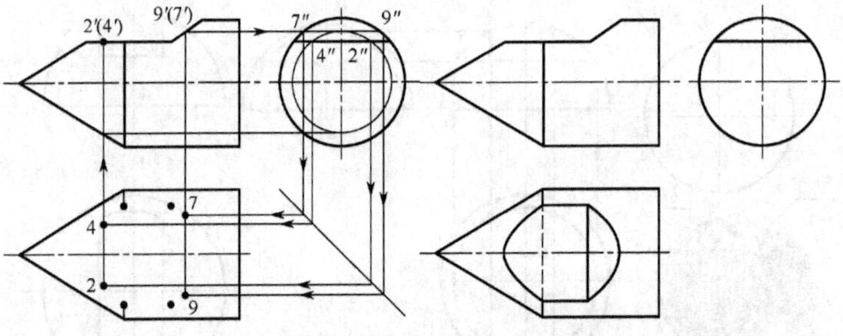

图 4-32　组合回转体的截交线（续图）

4.4　立体与立体相交的投影

一般来说，两个曲面立体相交称为相贯，表面产生的交线称为相贯线。生产中常见立体的外表面与外表面相交（实实相贯）、立体的外表面与内表面相交（实虚相贯）、内表面与内表面相交（虚虚相贯）三种情况，如图 4-33 所示。

图 4-33　曲面立体相贯及相贯线

相贯线一般为封闭的空间曲线，特殊情况下是直线或平面曲线，如图 4-34 所示。

图 4-34　相贯线的特殊情况

按相贯的两立体类型不同，相贯类型分为圆柱与圆柱、圆柱与圆锥、圆锥与圆锥、圆柱与球、圆锥与球相贯五种，如图 4-35 所示。

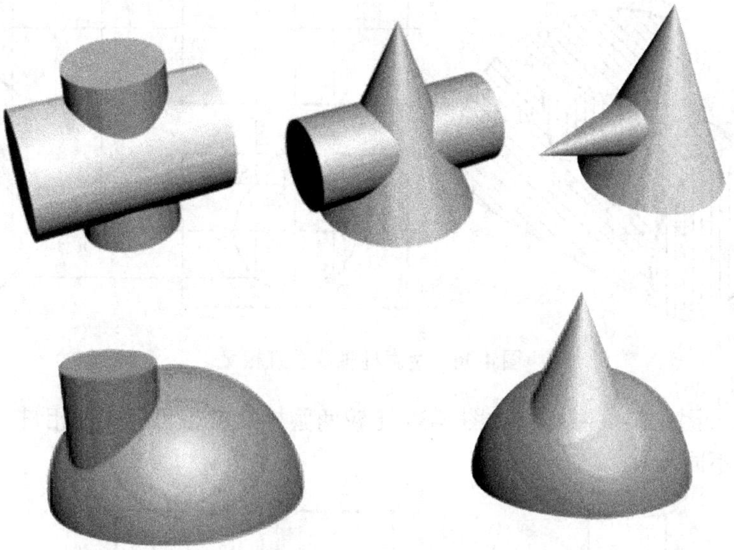

图 4-35　相贯的类型

相贯线是两立体表面的分界线，也是两立体表面的共有线，相贯线上的点是两立体表面的共有点。求两个曲面立体相贯线的实质就是求它们表面的共有点。作图时，依次求出特殊点和一般点，判别其可见性，然后将各点光滑连接起来，即得相贯线。

4.4.1　圆柱与圆柱相贯

1. 轴线垂直相交的两圆柱相贯线的投影

【例 4-7】如图 4-36 所示，直径不等的两圆柱垂直相贯。

分析：直径不等的两圆柱轴线垂直相交，相贯线为前后左右对称的空间曲线，且绕小圆柱一周。小圆柱轴线垂直于 H 面，所以相贯线的 H 面投影为圆，大圆柱轴线垂直于 W 面，所以相贯线的 W 面投影为两线框共用的一段圆弧，只有 V 面投影需要求作。

作图步骤：

（1）求特殊点：在 H 面投影中标出点 1、2、3、4，分别是相贯线的最左、最右、最前、最后点；V 面投影中 1′、2′ 对应标出；W 面投影中 3″、4″ 对应标出；然后根据三等规律在 W 面求得 1″、2″和 V 面投影求得 3′、4′。

（2）求一般点：先在 H 面投影上取对称于水平中心线的点 5、6、7、8，按“宽相等”在 W 面标出 5″（6″）、7″（8″）；再按“长对正、高平齐”作出 5′（7′）、6′（8′）。

（3）依次光滑连接 V 面的各点，得相贯线前后重合的 V 面投影。

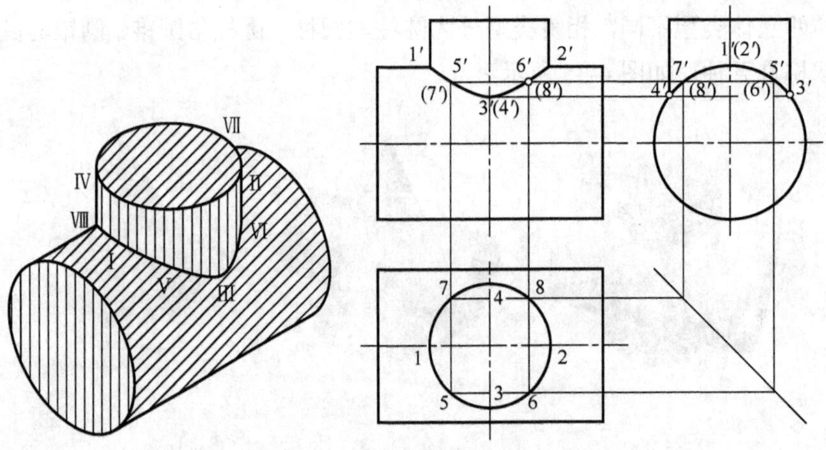

图 4-36　两圆柱轴线垂直相交

【例 4-8】结合图 4-37、图 4-38、图 4-39 比较两圆柱实实相贯、实虚相贯、 虚虚相贯三种情况的相同点与不同点。

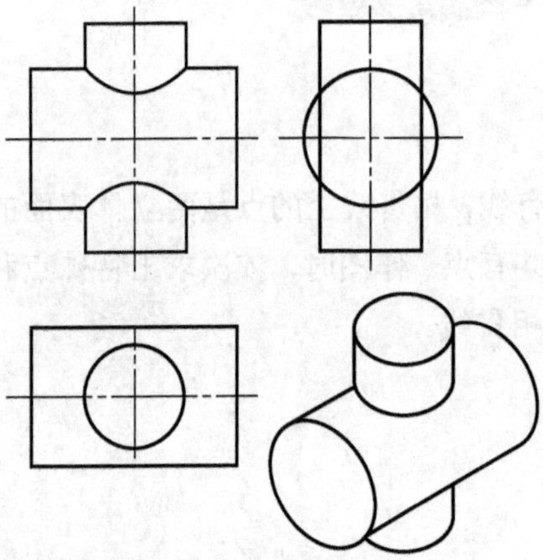

图 4-37　圆柱垂直相贯

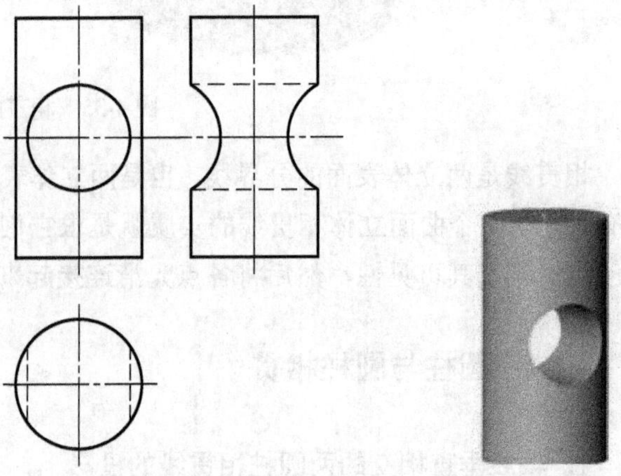

图 4-38　内、外圆柱表面垂直相贯

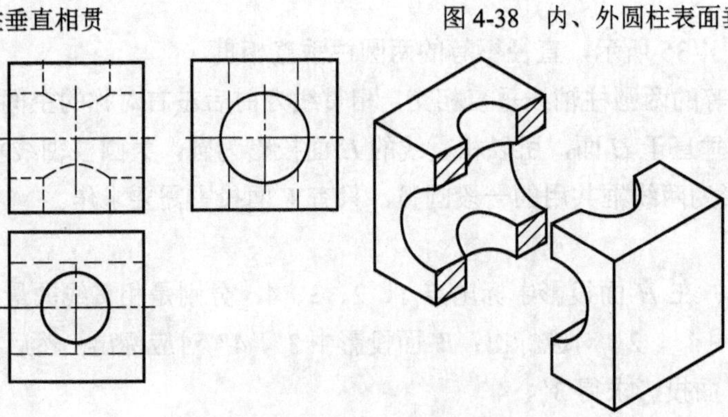

图 4-39　圆柱内孔垂直相贯

2．直径大小对垂直相交的两圆柱相贯线的影响（表 4-3）

表 4-3 直径大小对相贯线的影响

类型	水平圆柱直径较大	两圆柱直径相等	水平圆柱直径较小
相贯线	上下两条空间曲线	两个互相垂直的椭圆	左右两条空间曲线
投影图	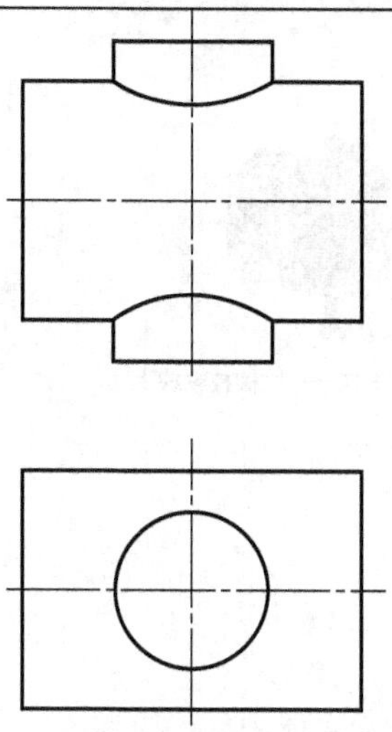	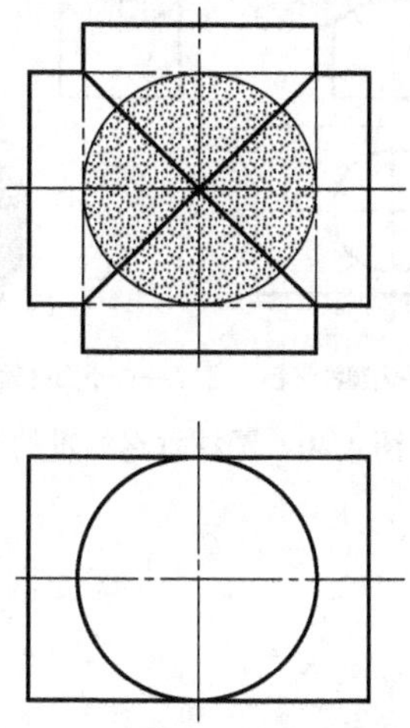	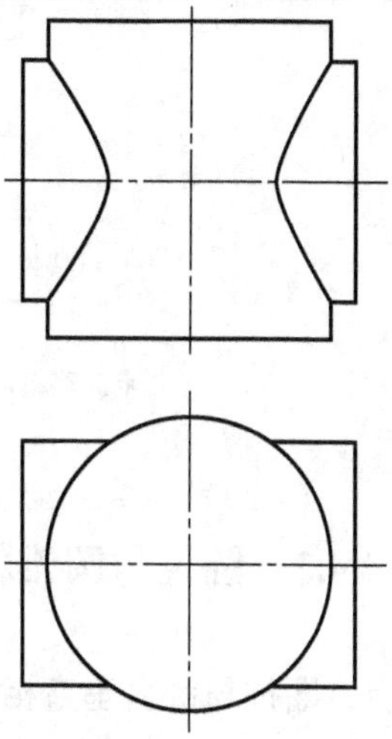

3．轴线位置变化对垂直交叉的两圆柱相贯线的影响（表 4-4）

表 4-4 轴线位置变化对相贯线的影响

类型	两轴线垂直交叉		
	全 贯		互 贯
投影图	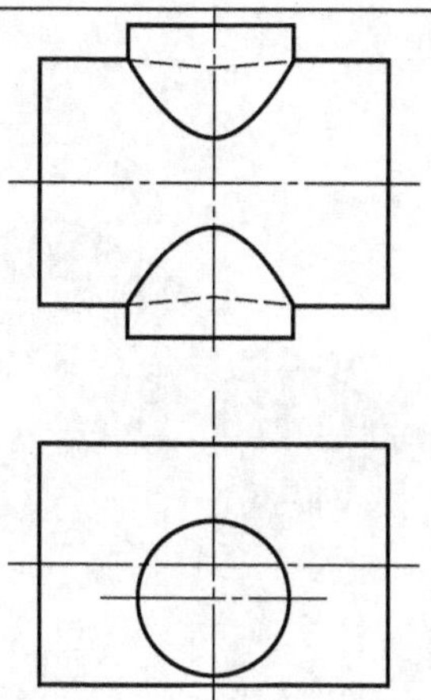	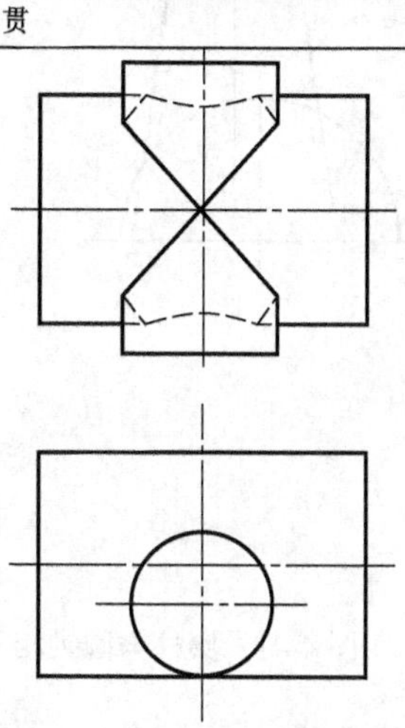	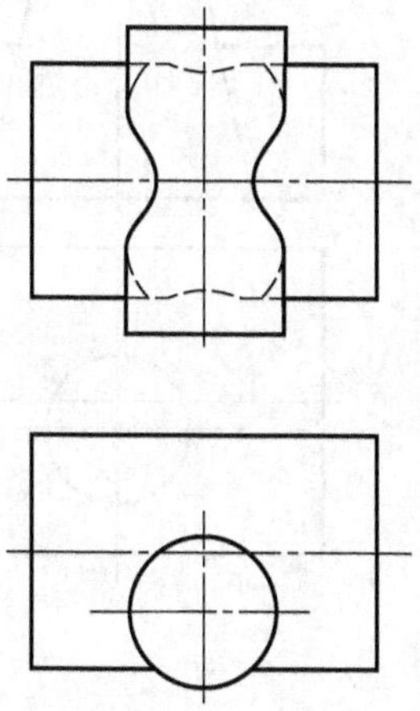

4．简化画法

在不引起误解时，投影图中的相贯线可简化成圆弧或直线。如图 4-40 所示，轴线正交且平行于 V 面，可用大圆柱半径画出圆弧近似代替相贯线的 V 面投影，圆弧凸向大圆柱的轴线，圆弧的圆心在小圆柱的轴线上。

具体作法：以两圆柱 V 面转向轮廓线的交点为圆心，以大圆柱半径在小圆柱的轴线上找圆心，仍用大圆柱半径在 V 面转向轮廓线的两交点间画弧。

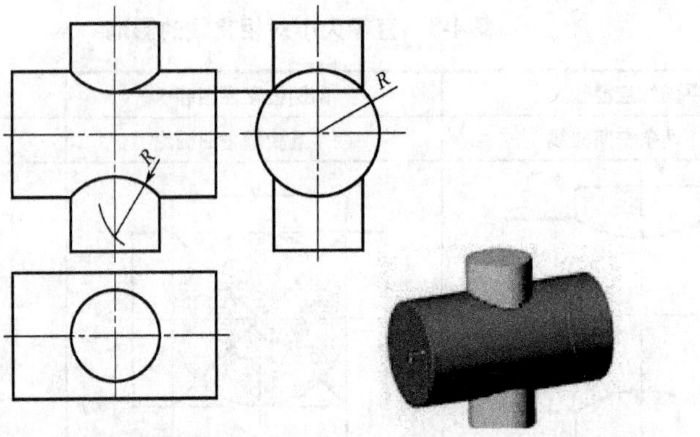

近似画法：半径——大圆柱半径　圆心——小圆柱轴线上　凹向——大圆柱轴线上

图 4-40　圆柱垂直相贯的简化画法

4.4.2　圆柱与圆锥相贯

1. 圆柱与圆台垂直相贯

【例 4-9】轴线垂直交叉的半圆柱与圆台的相贯。

分析：如图 4-41 所示，圆柱与圆台的轴线垂直交叉，相贯线是左右对称的封闭的空间曲线。相贯线的 W 面投影是（随圆柱面积聚为半圆上的）一段圆弧；需要求作相贯线的其余两面投影。

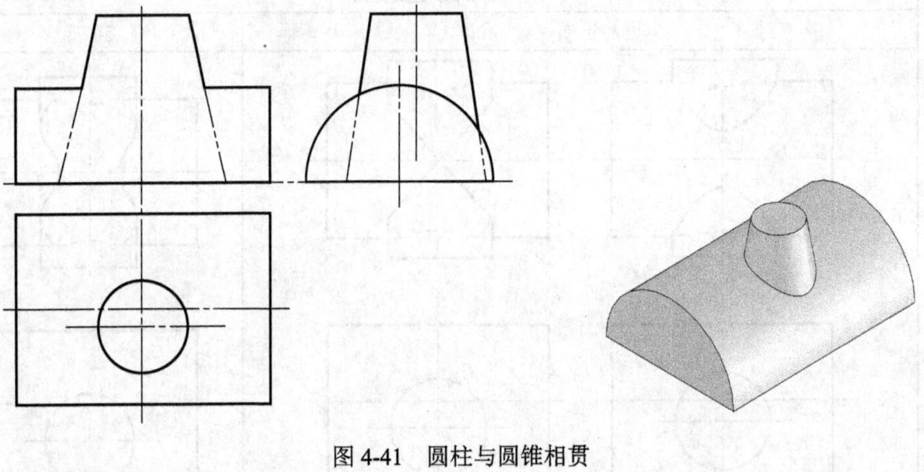

图 4-41　圆柱与圆锥相贯

作图步骤：

（1）求特殊点：如图 4-42 所示，从 W 面投影中可看到，圆台的四条转向轮廓线和圆柱的投影圆相交于点 1″、3″、2″（4″），四点从属于圆台的转向轮廓线，利用三等规律，由 W 面投影求出 V 面投影和 H 面投影。

从 W 面投影中还可直接标出相贯线的最高点 5″（6″）两点，即半圆柱投影半圆的最高点；利用圆台的辅助圆法求出 5、6，利用三等规律，进一步求得（5′）、（6′）。

注意，在 V 面投影中，2′ 与（5′），4′ 与（6′）不重合。

（2）求一般点：如图 4-43 所示，在相贯线的 W 面投影上，相距较远的特殊点之间标出重影点 7″、(8″)，利用圆台的辅助圆法作出 *H* 面投影 7、8，利用三等规律，进一步求得 *V* 面投影 7′、8′。

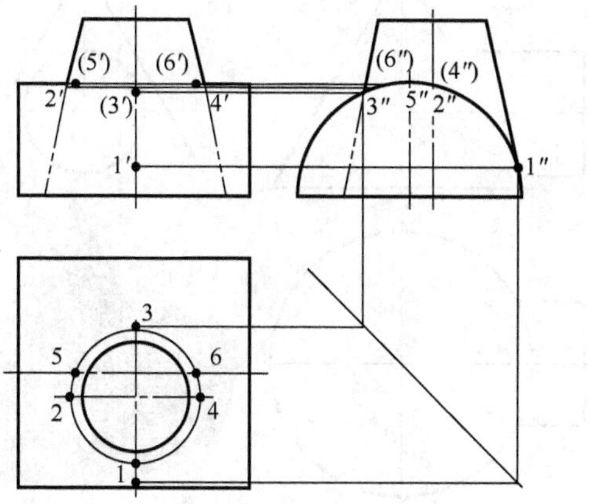

图 4-42　求特殊点

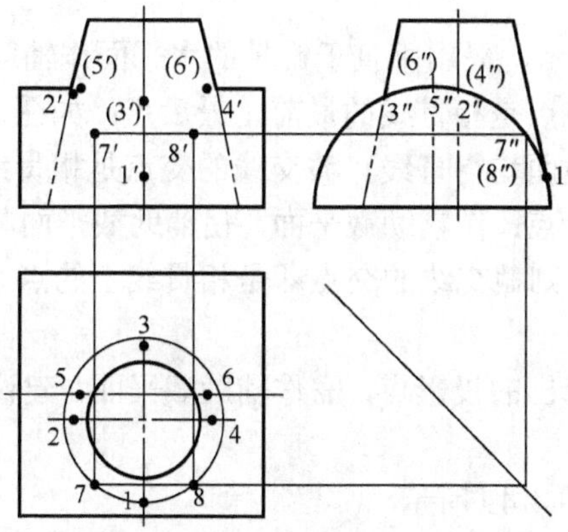

图 4-43　求一般点

（3）判断可见性，依次光滑连接：如图 4-44 所示，相贯线的 *H* 面投影全可见，*V* 面投影以 2′、4′ 两点为分界点，前段可见用粗实线连接，后段不可见用虚线连接。由放大图可见，圆柱的最高轮廓线应画到 6′，并注意可见性的变化。

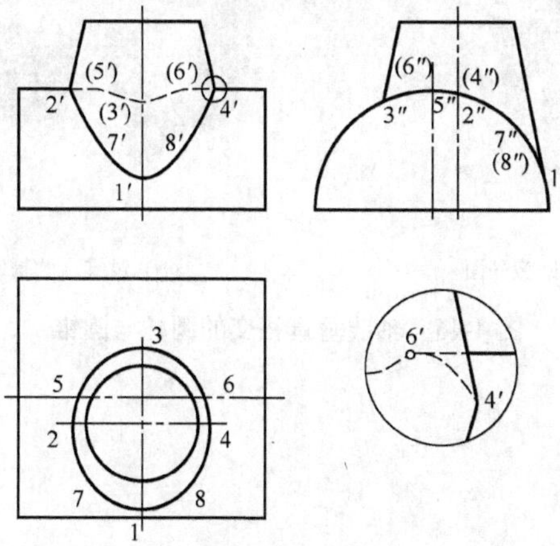

图 4-44　光滑连接

【例 4-10】轴线垂直相交的圆柱与圆锥相贯，如图 4-25 所示。

图 4-45　圆柱与圆锥相贯

分析：如图 4-46（a）所示，采用垂直于锥轴的水平面作辅助截平面，截切圆锥得圆、截切圆柱得两直线，截交线的交点是相贯线的最前、最后点；如图 4-46（b）所示，采用过锥顶的辅助截平面，截切锥面、柱面均得直线。截交线的交点是相贯线的最高、最低点。

辅助截平面法求相贯线上点：作辅助截平面，使辅助截平面与两回转体都相交，画出辅助截平面与两回转体的截交线，则截交线的交点即是相贯线上的点。此点是三面共点，既在截平面上，又在两回转体表面上。

对于相贯线上不能直接标出的投影点，需作辅助截平面。建议所选辅助截平面截得的截交线应是圆或直线，简单易画。

绘图步骤：如图 4-47～图 4-49 所示。

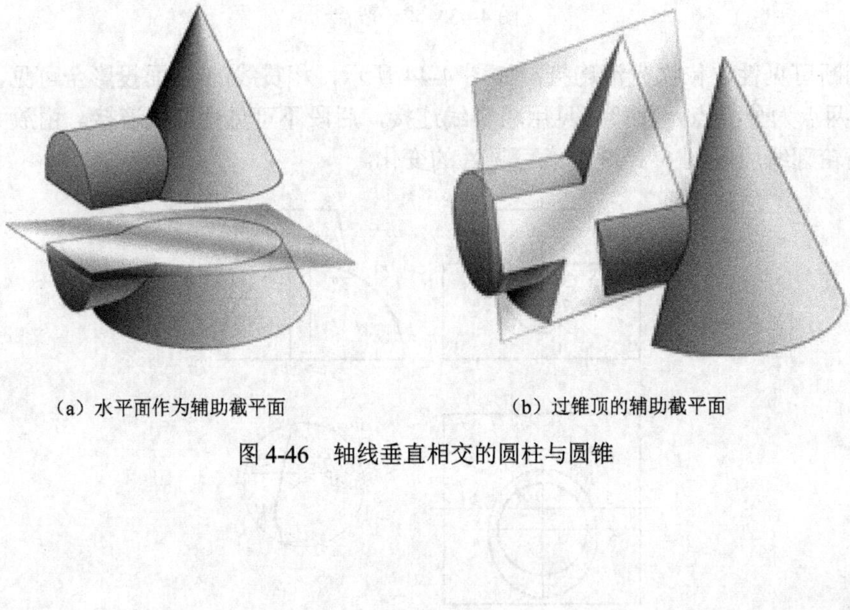

（a）水平面作为辅助截平面　　（b）过锥顶的辅助截平面

图 4-46　轴线垂直相交的圆柱与圆锥

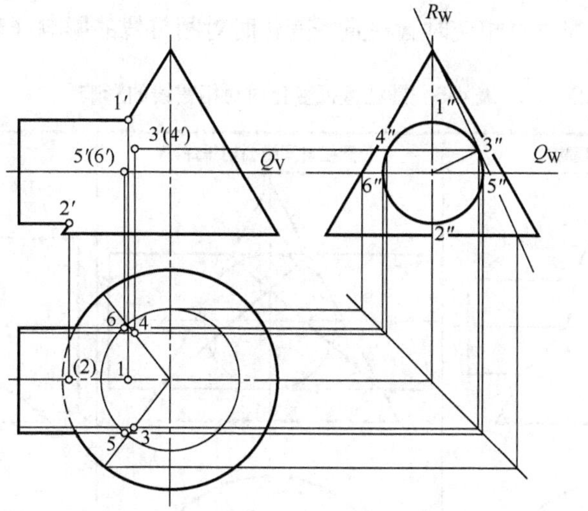

图 4-47　求特殊点

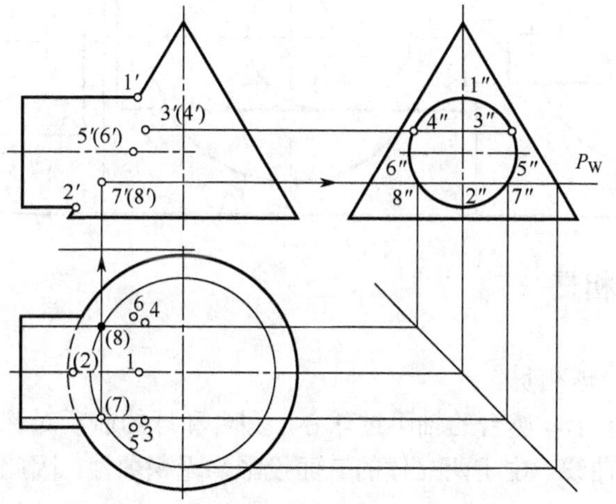

图 4-48　求一般点

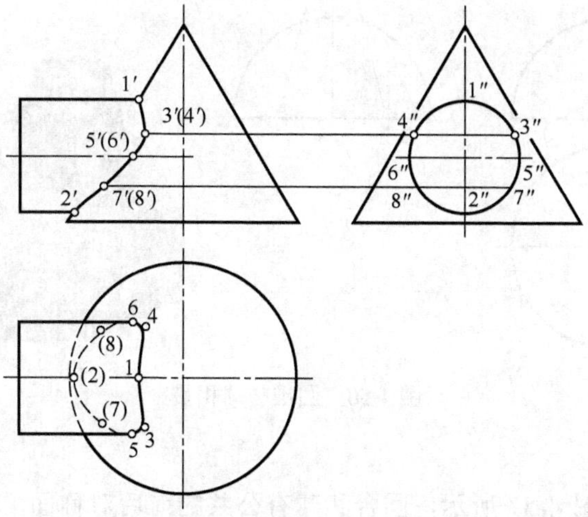

图 4-49　光滑连接

2．圆柱与圆锥轴线垂直相交时圆柱直径变化时对相贯线的影响（表 4-5）

表 4-5　圆柱直径变化时对相贯线的影响

直径	圆柱贯穿圆锥	圆柱与圆锥公切于球	圆锥贯穿圆柱
投影图	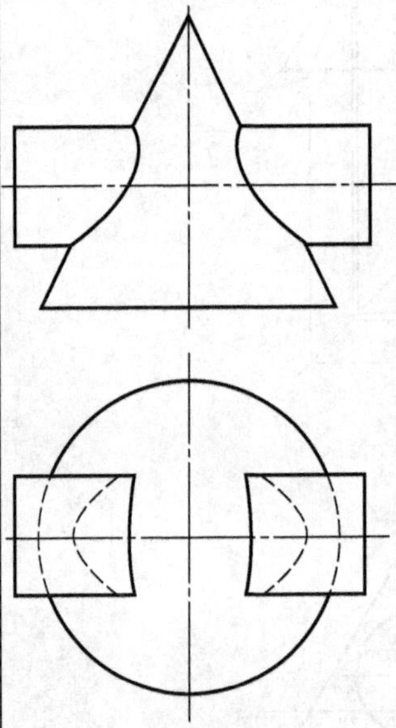	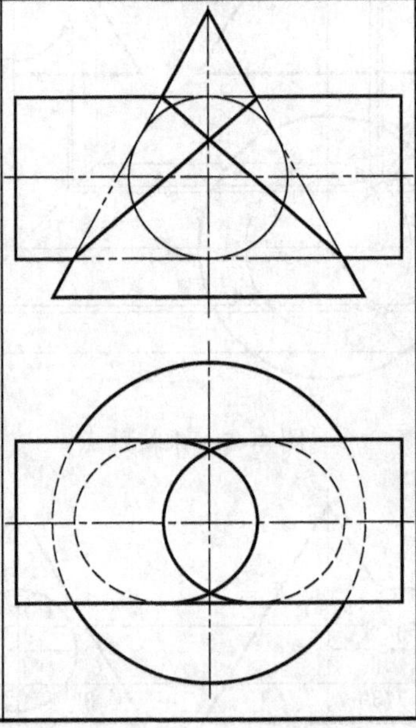	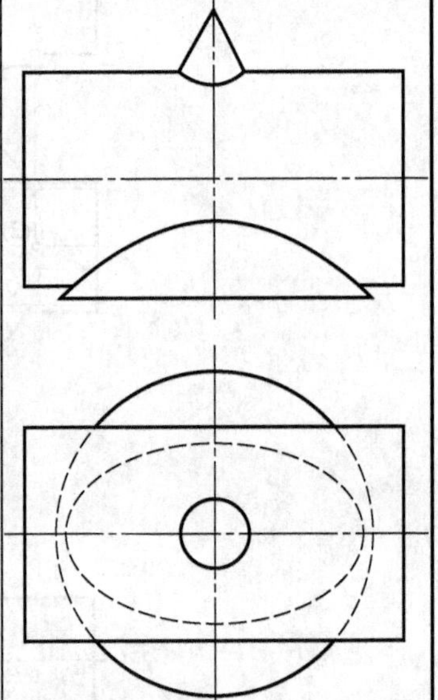

4.4.3　圆锥与球相贯

【例 4-11】圆台与半球相贯。

分析：如图 4-50 所示，圆台的轴不过球心，圆台和球的前后对称面共同，故相贯线是一条前后对称的封闭空间曲线。由于两立体的三面投影均无积聚性，因此需辅助截平面法求相贯线投影。

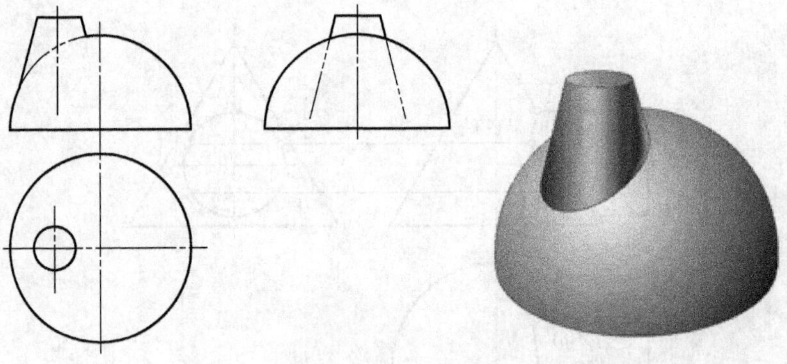

图 4-50　圆锥与球相贯

作图步骤：

（1）求特殊点：如图 4-51 所示，圆台和球有公共的前后对称面，故二者的 V 面转向轮廓线相交，因此，交点的 V 面投影 1′、2′ 可直接标出，再利用三等规律求出 1、2 和 1″、2″。最前点和最后点，可通过锥顶和圆台的最前、最后轮廓线作侧平面，在 W 面投影上球的截交线半圆与圆台最前、最后轮廓线的交点为 3″、4″，再利用三等规律求出 3′ 、4′ 和 3、4。

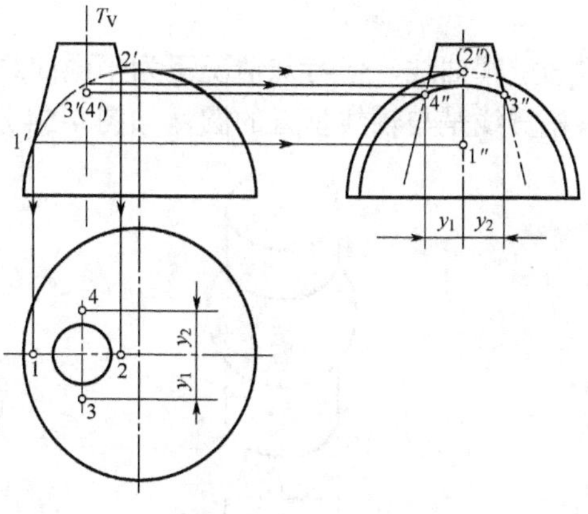

图 4-51　求特殊点

（2）求一般点：如图 4-52 所示，在相距较远的特殊点之间作水平面，截切圆台、球均得圆，该两圆 H 面投影的交点就是相贯线上一般点，标作 5、6，再根据三等规律求出 5′ 、6′ 和 5″、6″。

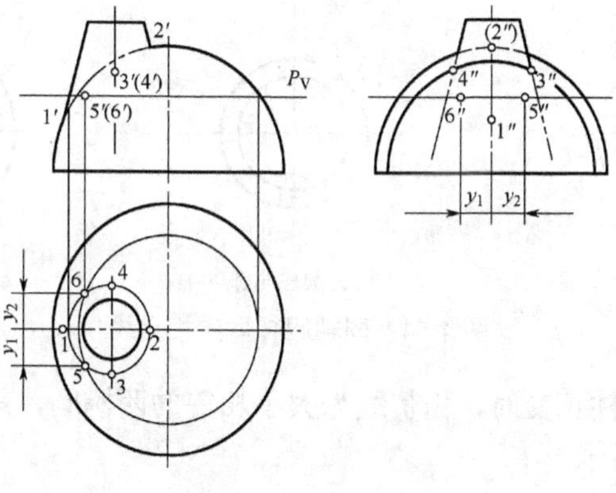

图 4-52　求一般点

（3）判断可见性，依次光滑连接：相贯线的 V 面投影因前后对称而重合，只需连接前面可见部分各点；相贯线的 H 面投影全可见，依次连接；相贯线的 W 面投影以两点 3″、4″为分界点，分界点的下段可见，上段不可见，分别用粗实线、虚线依次连接，如图 4-53 所示。

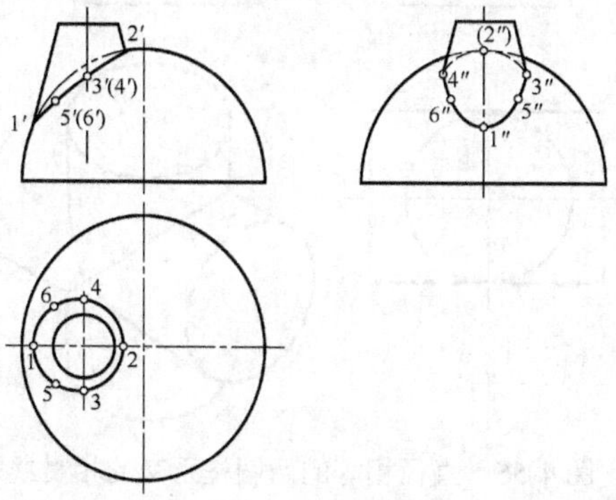

图 4-53　光滑连接

4.4.4 相贯线的特殊情况

曲面立体的相贯线一般为空间曲线，但特殊情况下为平面曲线或直线。

（1）曲面立体共轴时，相贯线是与轴线垂直的圆，如图 4-54 所示。

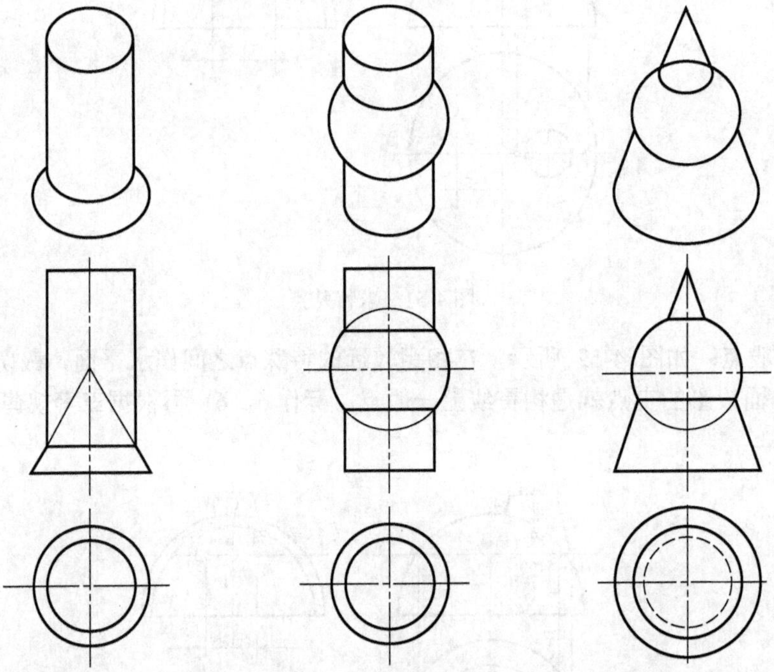

（a）圆柱与圆锥　　（b）圆柱与圆球　　（c）圆锥与圆球

图 4-54　同轴回转体的相贯线

（2）直径相等的两圆柱正交时，相贯线为大小相等的两椭圆，其 V 面投影为通过两轴线交点的两直线，如图 4-55 所示。

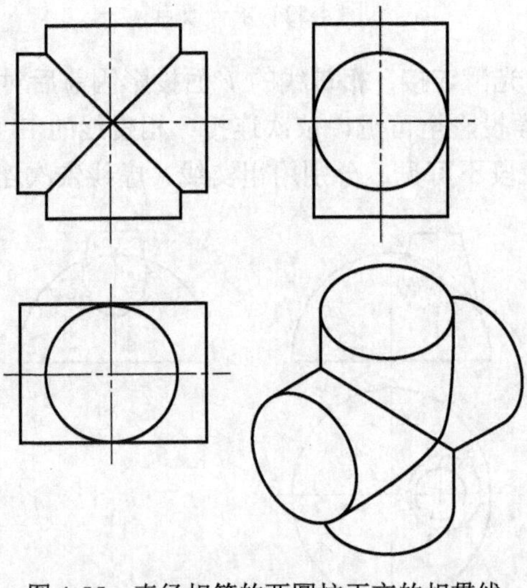

图 4-55　直径相等的两圆柱正交的相贯线

（3）轴线平行的两圆柱相交时，相贯线为平行于轴线的两条直线，如图 4-56 所示。

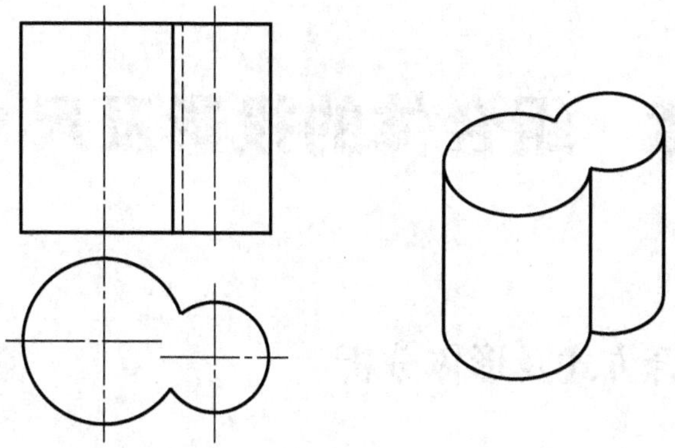

图 4-56　两圆柱平行相贯

第 5 章　组合体的投影及尺寸注法

5.1　组合体的组合方式及形体分析

5.1.1　组合体的概念

任何复杂的机器零件，都可看成是由若干基本体按一定的连接方式组合而成的。基本体包括棱柱、棱锥、圆柱、圆锥、球和圆环等。

由基本体组成的复杂形体称为组合体。

如图 5-1 所示，轴承座是由空心圆柱、支撑板、肋板和底板四部分组成的。

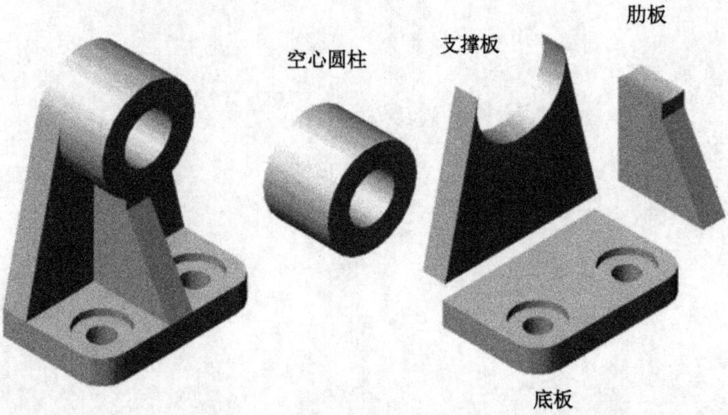

图 5-1　轴承座

5.1.2　组合体的组合方式

组合体的组合方式有叠加和切割两种形式，常见的组合体多是这两种方式的综合。

（1）叠加式：由几个基本体叠加而形成的组合体称为叠加式组合体，如图 5-2（a）所示组合体由六棱柱与圆柱叠加而成。

（2）切割式：一个基本体被切去部分后形成的组合体称为切割式组合体，如图 5-2（b）所示组合体由六棱柱中间切去一个圆柱体而形成。

（3）综合式：既有叠加又有切割而形成的组合体称为综合式组合体，是组合体最常见的组合形式，如图 5-2（c）所示。

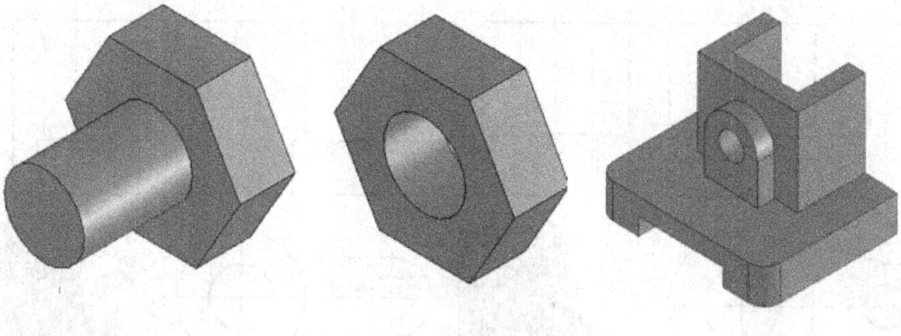

（a）　　（b）　　（c）

图 5-2　组合体的组合方式

无论以何种方式构成组合体，其基本形体的相邻表面都存在一定的相互关系。其形式一般分为平行、相切和相交等情况。

（1）平行。指两基本形体表面间同方向的位置关系，有表面平齐和不平齐两种情况。当表面平齐时，两表面为共面，因而视图上两基本体之间无分界线，如图 5-3（a）主视图所示；当表面不平齐时，则必须画出它们的分界线，如图 5-3（b）所示。

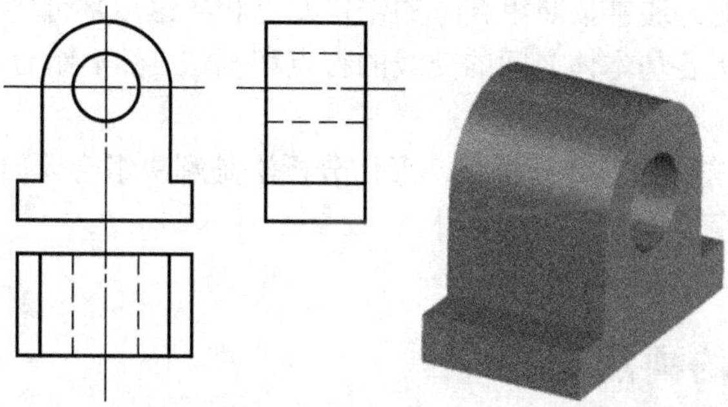

（a）表面平齐

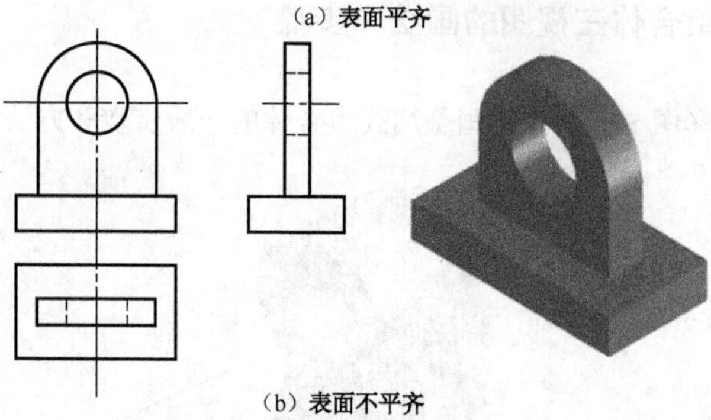

（b）表面不平齐

图 5-3　组合体表面平齐与不平齐

（2）相切。两形体表面相切时，相切处光滑过渡，主、左视图不画切线的投影，如图 5-4（a）所示。

（3）相交。两形体表面相交时，相交处有明显交线，主、左视图应画出交线的投影，如图 5-4（b）所示。

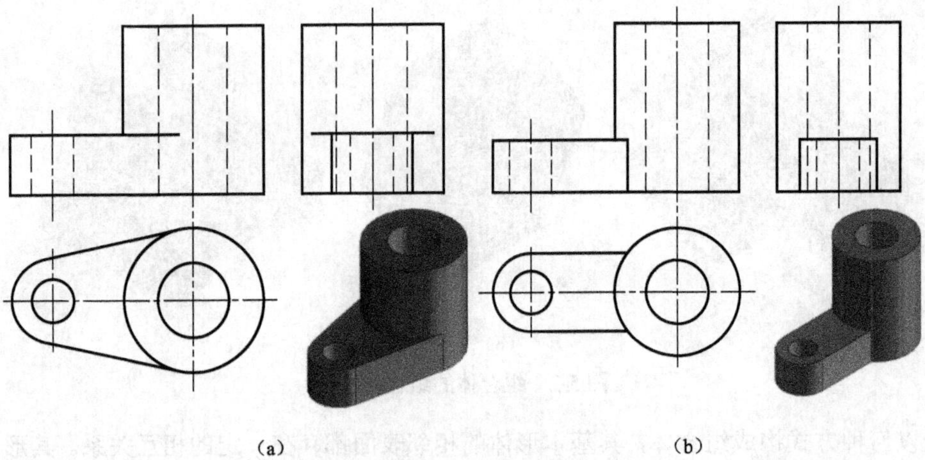

图 5-4　组合体表面相切与相交

5.1.3　组合体的形体分析

画、读组合体的视图时，通常按照组合体的结构特点和各组成部分的相对位置，把组合体分为若干个基本体，并分析各基本体之间的交线的特点和画法，然后组合起来画出视图或想象出其形状。

这种分析组合体的方法称为形体分析法，形体分析法是解决组合体问题的基本方法。

如图 5-1 所示的轴承座可分为四个基本体。

5.2　组合体三视图的画法

5.2.1　叠加式组合体三视图的画法和步骤

仍以轴承座为例（图 5-5），介绍画叠加式组合体的一般步骤和方法。

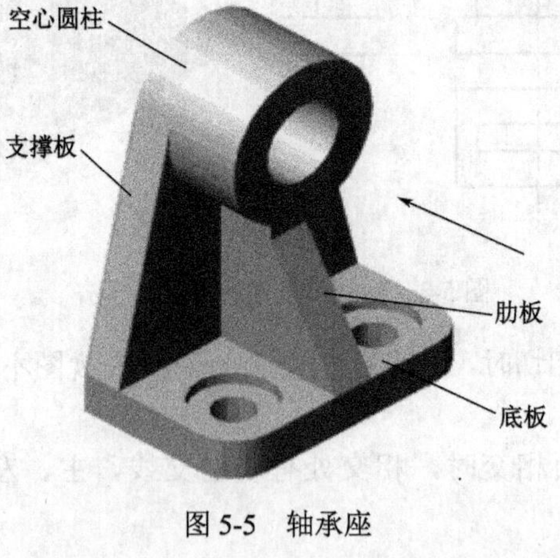

图 5-5　轴承座

1．形体分析

画图前，应先对组合体进行形体分析。明确立体是由哪些形体组成的，分析各部分的结构特点。其次，分析相对位置和组合形式，以及形体间的表面连接关系，从而对该组合体的形体特点有个总的概念。

图示轴承座分解为空心圆柱、支撑板、肋板和底板四个形体。支撑板与肋板放在底板的上面；圆筒放在支撑板与肋板上面。这四个形体左右对称且中心面重合，底座、支撑板与圆筒的后面平齐，肋板在支撑板的前面。

2．选择视图方向

首先确定主视方向。主视方向要求选择反映组合体各部分形状和相对位置特征较为明显的方向；为使投影能得到实形，也便于作图，应使物体主要平面和 V 面平行；还要兼顾其他视图表达的清晰性，虚线尽量少。

图 5-5 中箭头所指的方向作为主视图的投影方向比较合理。

主视方向选定后，俯视、左视方向随之确定了。

3．选比例、定图幅

视图方向确定后，应根据实物的大小和复杂程度，按照国家标准要求选择比例和图幅。在表达清晰的前提下，尽可能选用 1∶1 的比例。图幅的大小应考虑到绘图所占的面积及留足标注尺寸和标题栏等的位置。

4．画底稿，完成三视图

叠加式组合体应按照形体分析法逐个画出各形体的投影，从而得到整个组合体的三视图。具体画图步骤如图 5-6 所示。

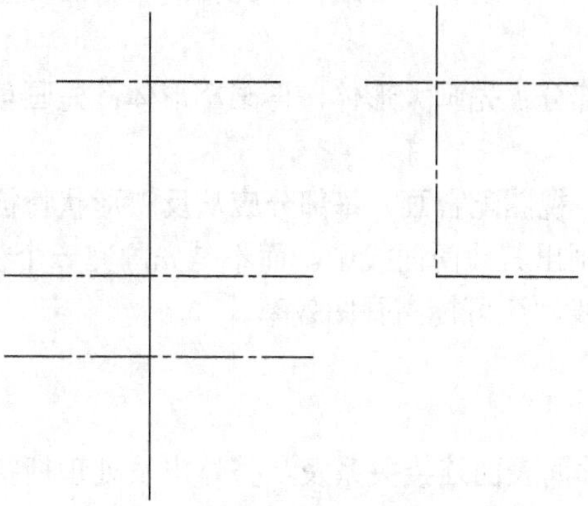

（a）布置视图：画基准线、主要轮廓线

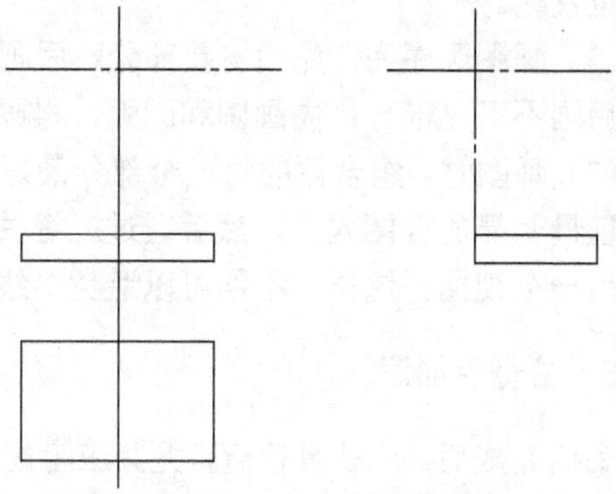

（b）画底板的主要轮廓

图 5-6　叠加式组合体的画图步骤

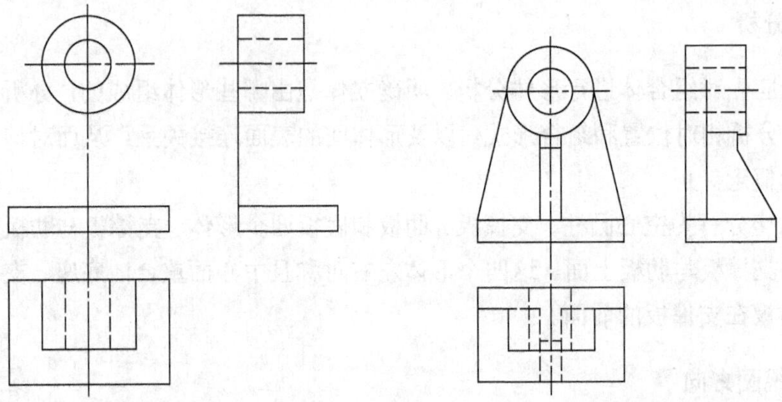

（c）画空心圆柱　　（d）画支撑板及肋板

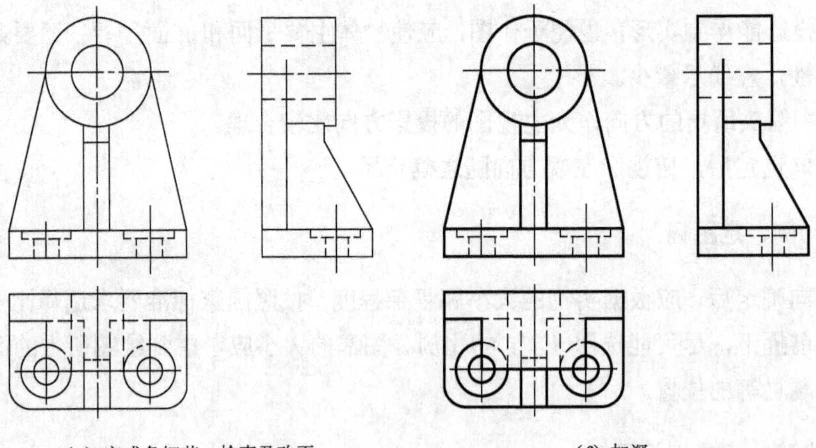

（e）完成各细节，检查及改正　　（f）加深

图 5-6　叠加式组合体的画图步骤（续）

为正确、迅速地画出组合体的三视图，应注意以下几点。

（1）首先布置视图，画出作图基准线，即对称中心线、主要回转体的轴线、底面及重要端面的位置线。

（2）画图顺序为：先画主要部分，后画次要部分；先画大形体，再画小形体；先画可见部分，后画不可见部分；先画圆和圆弧，再画直线。

（3）画图时，组合体的每一个部分最好是三个视图配合画，每部分应从反映形状特征和位置特征最明显的视图入手，然后通过三等关系，画出其他两面投影。而不是先画完一个视图，再画另一个视图。这样，不但可以避免多线、漏线，还可提高画图效率。

5．检查后加深

底稿完成后，应认真检查，尤其应考虑各形体间表面连接关系及从整体出发处理衔接处图线的变化。确认无误后，按标准线型加深。

5.2.2　切割式组合体三视图的画法和步骤

切割式组合体是由一个基本体被切去某些部分后形成的。图 5-7 所示的组合体是一个四棱

柱切去 *A*、*B*、*C*、*D* 四部分后形成的。

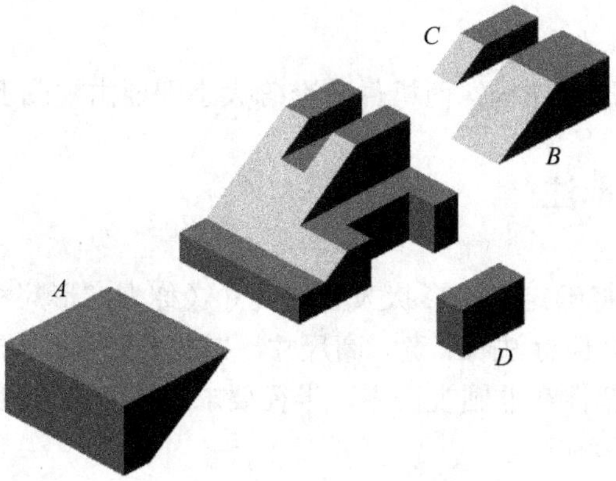

图 5-7　切割式组合体

画切割式组合体的三视图时，应先画出切割前其完整基本体的三视图，然后按照切割过程逐个画出被切部分的投影，最后得到切割体的三视图。类似于叠加式组合体画法，对于被切去形体也应从反映形状特征的视图入手，然后通过三等关系，画出其他两面投影。画图步骤如图 5-8 所示。

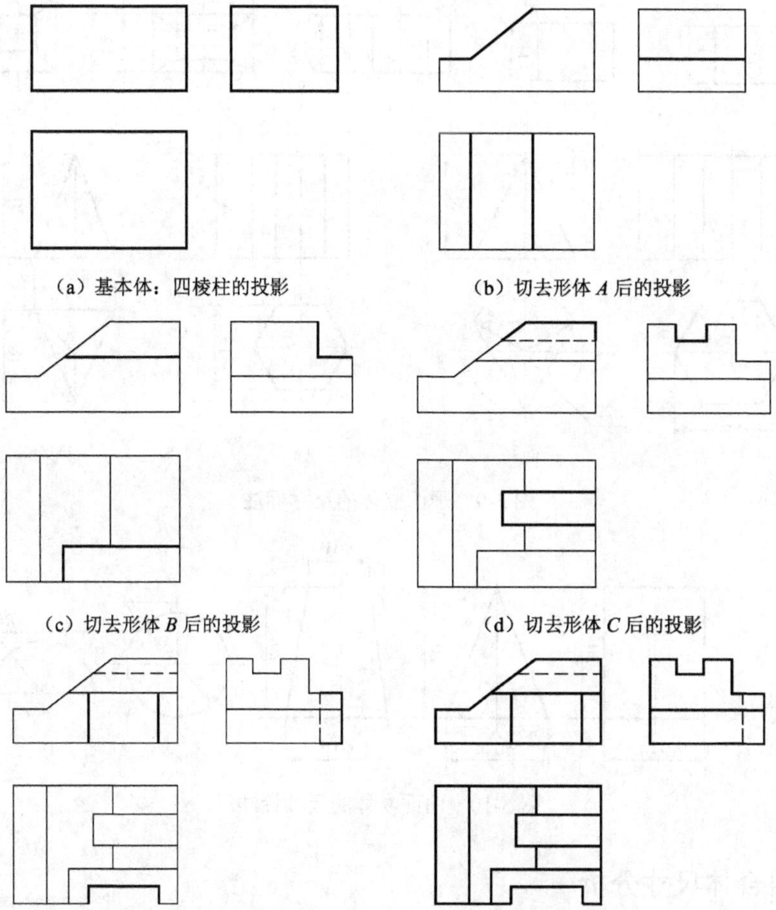

（a）基本体：四棱柱的投影　　（b）切去形体 *A* 后的投影

（c）切去形体 *B* 后的投影　　（d）切去形体 *C* 后的投影

（e）切去形体 *D* 后的投影　　（f）检查、加深

图 5-8　切割式组合体的画图步骤

5.3 立体的尺寸注法

三视图表达了机件的形状结构，而机件的准确大小则要由视图上所标注的尺寸来确定。

5.3.1 基本体尺寸标注

基本体的尺寸标注是将确定立体形状大小的尺寸（称为定形尺寸），标注在反映形体特征最明显的视图中。平面立体应标注长、宽、高尺寸，如图 5-9 所示；曲面立体应标注轴向尺寸、径向尺寸。注意，直径推荐标在非圆视图中，半径要求标在圆弧视图中。标注球面尺寸时，加注 $S\phi$ 或 SR，如图 5-10 所示。

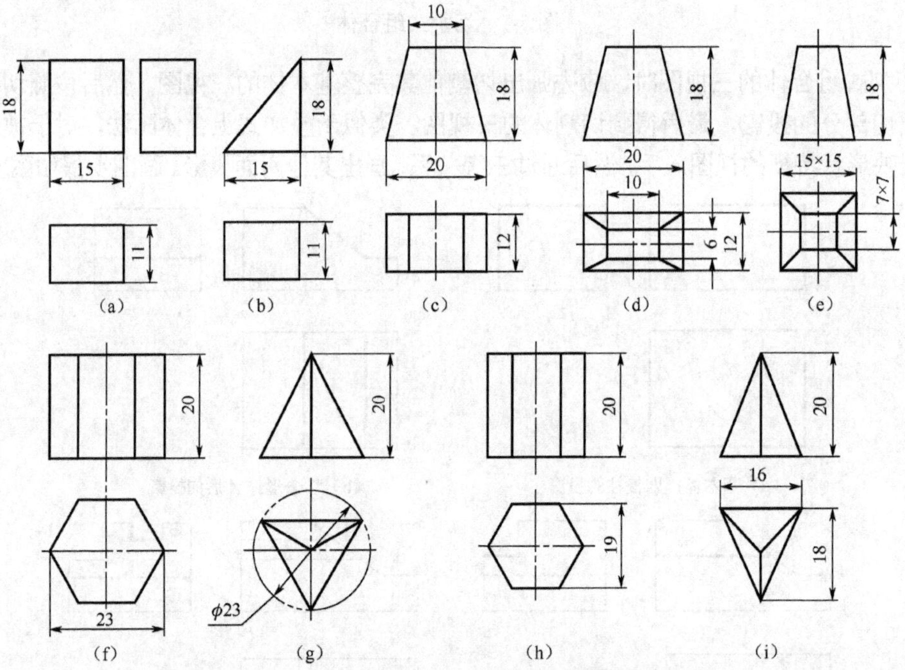

图 5-9　平面立体的尺寸标注

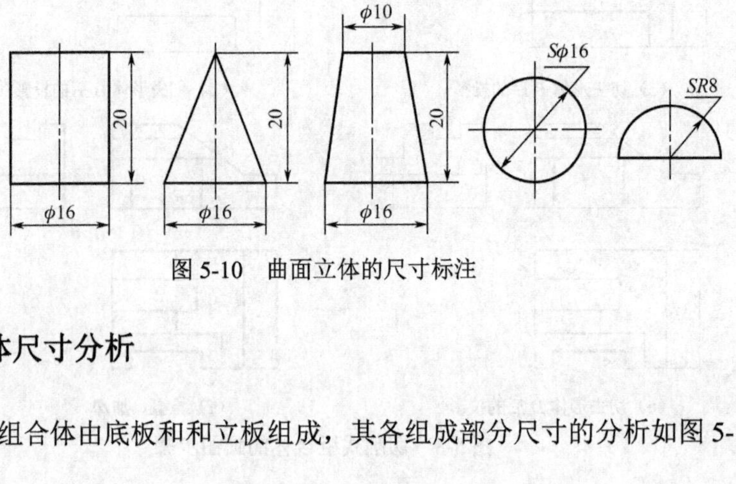

图 5-10　曲面立体的尺寸标注

5.3.2 组合体尺寸分析

图 5-11 所示的组合体由底板和和立板组成，其各组成部分尺寸的分析如图 5-12 所示。

由此可见，为了确定组合体的形状和大小，应注出以下三种类型的尺寸。

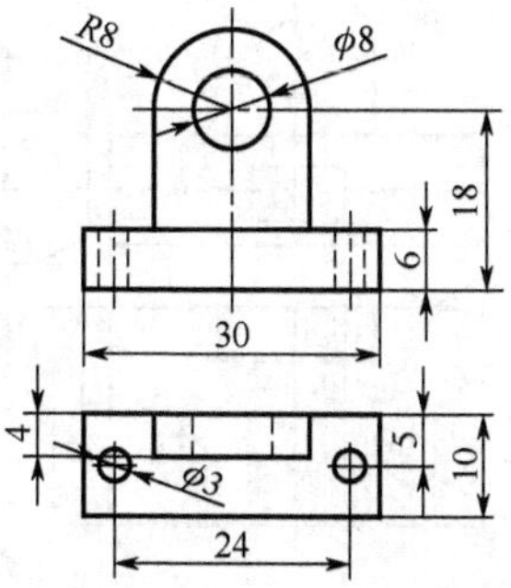

图 5-11　组合体视图及尺寸

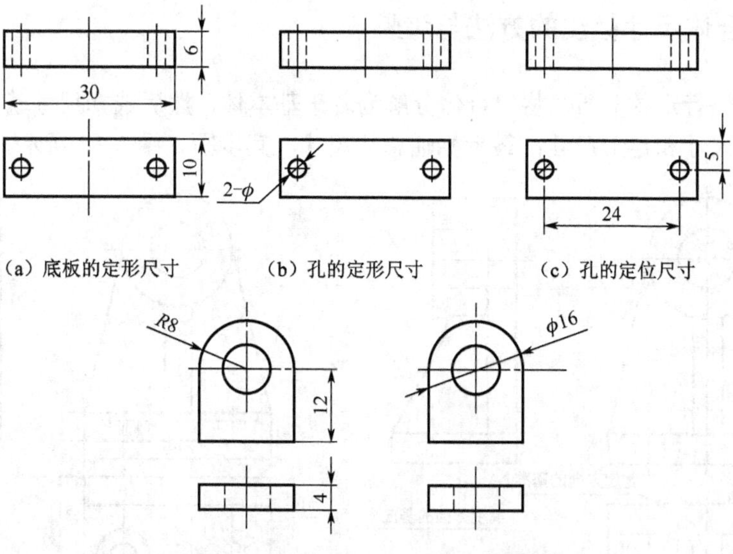

（a）底板的定形尺寸　（b）孔的定形尺寸　（c）孔的定位尺寸

（d）立板的定形尺寸　（e）孔的定形尺寸

图 5-12　组合体的尺寸分析

1. 定形尺寸

确定组合体各部分形状大小的尺寸，称为定形尺寸。

2. 定位尺寸

确定组合体各部分之间相对位置的尺寸，称为定位尺寸。

3. 总体尺寸

确定组合体外形的总长、总宽、总高的尺寸，称为总体尺寸。

5.3.3　尺寸基准

标注尺寸的起点称为尺寸基准。组合体有长、宽、高三个方向，要求每个方向至少有一个尺寸基准。基准的确定应根据组合体的结构特点，一般选择对称平面、底面、重要端面及回转体的轴线等，同时还应考虑测量的方便和准确，如图 5-13 所示。

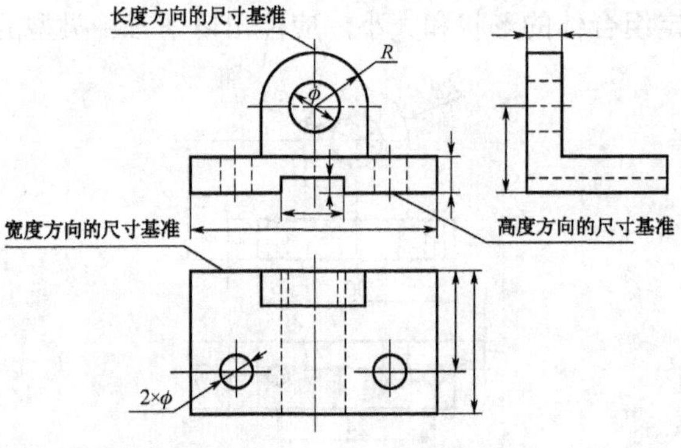

图 5-13　尺寸基准的确定

5.3.4　组合体尺寸标注的方法与步骤

标注前首先进行形体分析，将组合体分解为若干基本体，然后选择尺寸基准，逐一标注出各基本体的定位尺寸和定形尺寸；最后标注总体尺寸，其步骤如图 5-14 所示。

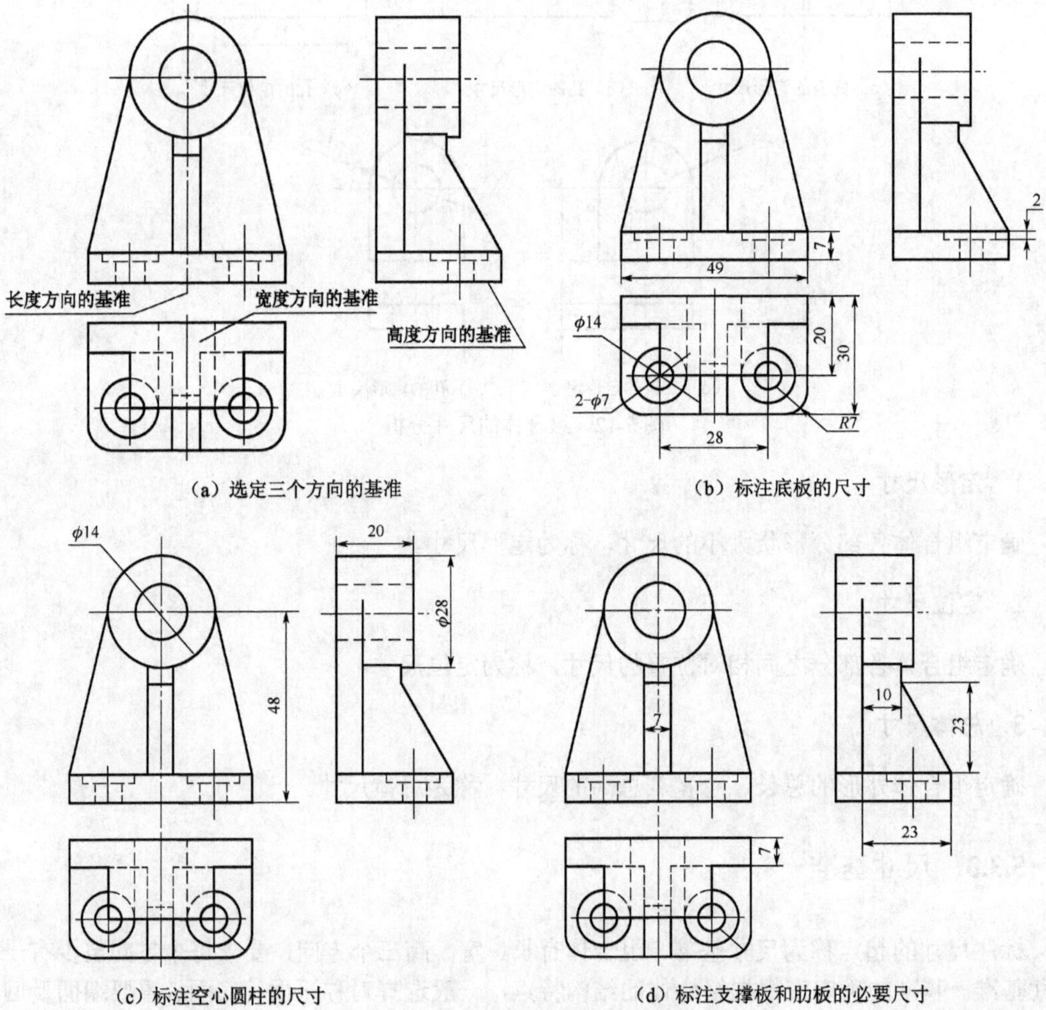

（a）选定三个方向的基准　　（b）标注底板的尺寸

（c）标注空心圆柱的尺寸　　（d）标注支撑板和肋板的必要尺寸

图 5-14　组合体尺寸标注的步骤

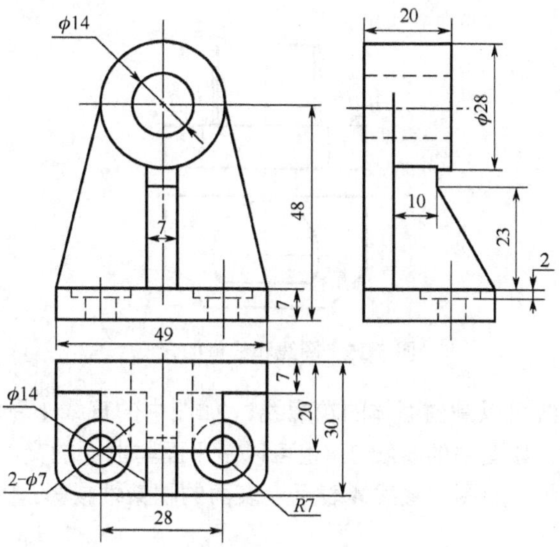

（e）标注总体尺寸，检查调整

图 5-14 组合体尺寸标注的步骤（续）

5.3.5 尺寸布置的要求

组合体的尺寸标注除了要求完整、准确地标注出三个方向的定形、定位、总体尺寸，还要注意尺寸位置的布置，以便于阅读。应注意以下几点。

（1）尺寸尽量不要标在视图里面。长度尺寸尽量标在主、俯视图之间；宽度尺寸尽量标在主、俯视图之间；高度尺寸尽量标在主、俯视图之间。

（2）同一形体的定形、定位尺寸尽量集中，并尽量标在反映该形体形状特征和位置特征较明显的视图上。

（3）同方向平行并列尺寸，按小尺寸在内，大尺寸在外，间隔均匀，依次向外布置，以免尺寸界限与尺寸线相交影响读图。

（4）尺寸应尽量避免标注在虚线上。

5.4 读组合体三视图

绘图是运用正投影法将立体画成视图来表达形状结构的过程；读图是根据平面视图，经过投影分析，想象立体形状结构的过程。绘图可以加深对制图规律和技术内容的理解，从而提高读图能力；正确地读图、对图样理解得准确而全面，又能提高绘图能力。

5.4.1 读图的构思方法

1. 分析图线及线框的空间含义

弄清视图上的线和线框的含义是读图的基础。以图 5-15 为例说明。

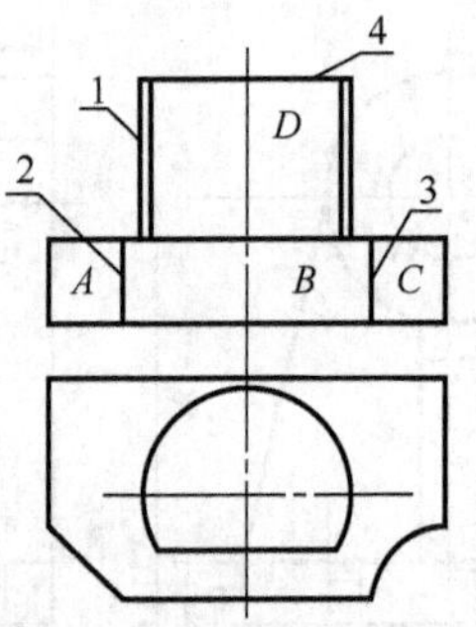

图 5-15　图线和线框的含义

视图中的一条粗实线可以是曲面体的轮廓线，如图中的直线 1 表示圆柱面的最左轮廓线；也可以是两平面的交线；如图中的直线 2；也可以是平面与曲面的交线，如图中的直线 3；还可以是垂直面的积聚投影，如图中直线 4 表示上表面的积聚性投影；圆弧表示圆柱面的积聚性投影。

视图中的每个封闭线框可以是一个表面（平面或曲面），也可以是内孔的投影，如线框 *A*、*B* 和 *D* 表示平面的投影；线框 *C* 表示曲面的投影。

视图上相邻的两个封闭线框表示物体上位置不同的面，如线框 *A* 与 *B* 表示两个相交的表面；线框 *B* 与 *D* 表示的两个表面前后错开。

2．抓住特征视图想象立体形状

最能反映物体形状特征的视图称为形状特征视图，如图 5-16 中的主视图和俯视图。主视图最能反映 A、B 的形状特征，俯视图最能反映 D 的形状特征。

最能反映物体位置特征的视图称为位置特征视图，如图 5-16 中的主、俯视图中各部分的相对位置较为清晰。读图时应善于抓住立体的形状、位置特征。

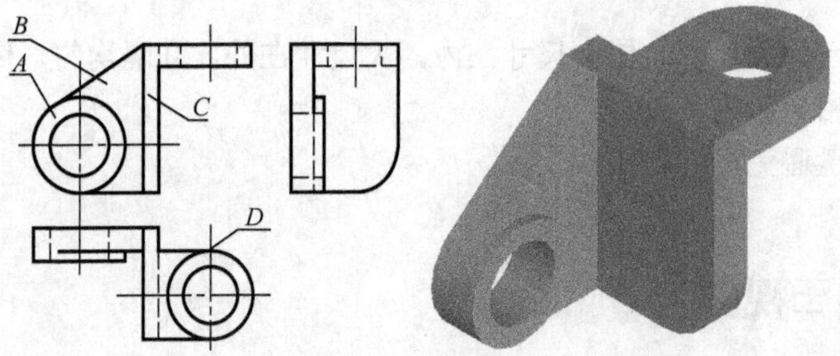

图 5-16　特征视图

3．几个视图联系起来识读

在第 3 章中讲过，由于每个视图是从立体的一个方向投影得到的图形，一般情况下，一个视图无法完全确定立体的形状。

如图 5-17 所示的五组主、俯视图，主视图都相同，对应不同的俯视图，空间形状也就不同。

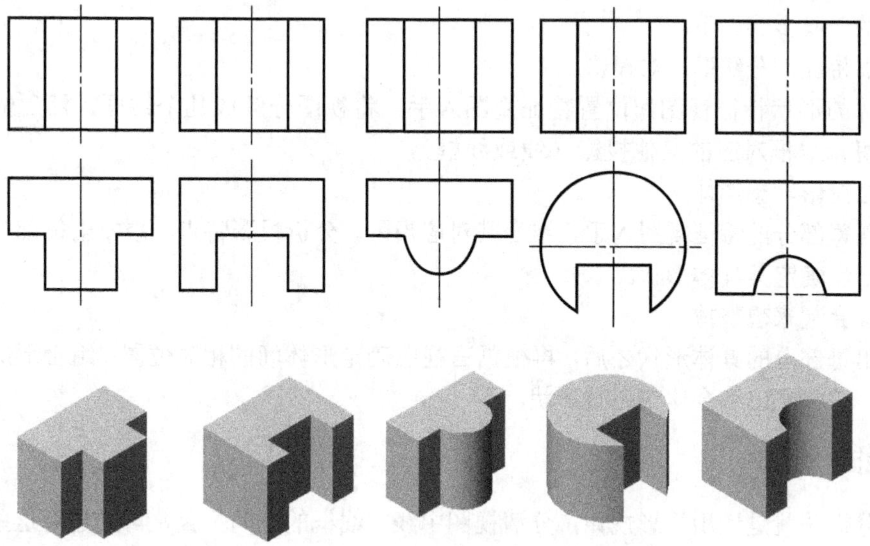

图 5-17 一个视图不能确定立体的形状

有时，即使两视图都相同，立体的形状也不能唯一确定，如图 5-18 所示的主、俯视图完全一样，对应不同的左视图，立体分别是长方体经过不同的切割得到的。

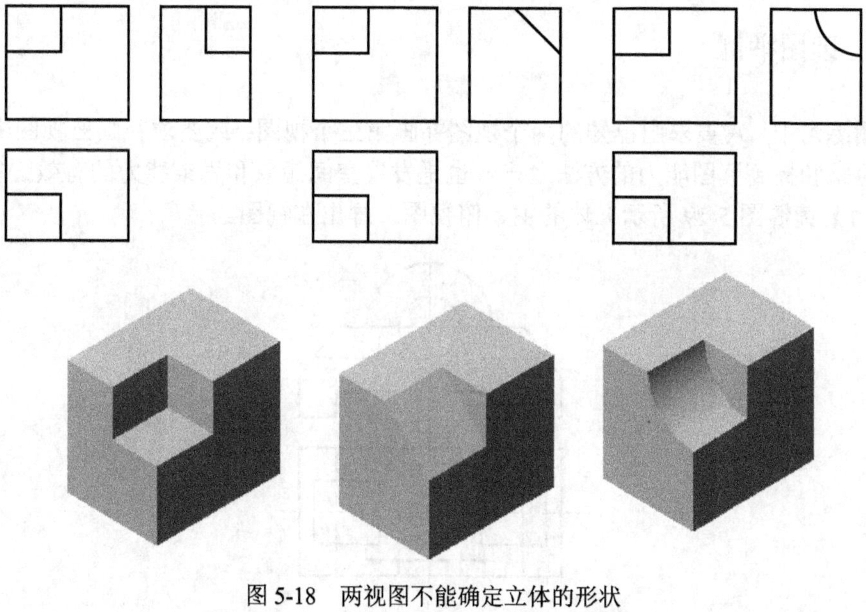

图 5-18 两视图不能确定立体的形状

因此，读图时切不可主观臆断，应将几个视图联系起来识读，才能得到立体的真实形状。

5.4.2 读图的基本方法

1. 形体分析法

形体分析法就是在读图时将视图中的线框分解成几个简单部分，再经过投影分析，想象出每部分的形状，并确定其相对位置、组合形式和表面连接关系，最后综合得出立体的完整形状。

读图的一般步骤如下。

（1）抓特征，分线框，对投影

从立体的形状特征视图和位置特征视图入手，将视图分解成几个线框，然后依据三等规律，找出每一线框对应的其他投影（线或线框）。

（2）按投影，想形体

从体现每部分的特征视图入手，结合其对应投影，分析投影特点，想象出每部分所属的基本体，进一步确定其具体形状。

（3）综合起来想整体

想象出每部分的具体形状之后，再根据三视图确定形体间的相对位置、组合形式和表面连接关系等，综合想出组合体的完整形状。

2．线面分析法

线面分析法就是运用投影规律，分清视图中线、线框的空间位置，再通过对这些线、线框的投影分析想象出其形状，进而综合想象出立体的整体形状。此种方法常用于切割式组合体的读图或针对视图中疑难的线或线框。读图步骤同形体分析法。

读图时以形体分析法为主，分析组合体的大致形状与结构，线面分析法为辅，分析视图中难以看懂的线与线框，两者常结合运用。

5.4.3　读图举例

在读图练习中，常要求由已知的两个视图补画第三个视图；或要求补画三视图中所缺的图线，这是检验和提高读图能力的方法之一，也是发展空间想象和思维能力的有效途径。

【例 5-1】读懂图 5-19 所示立体的主、俯视图，画出左视图。

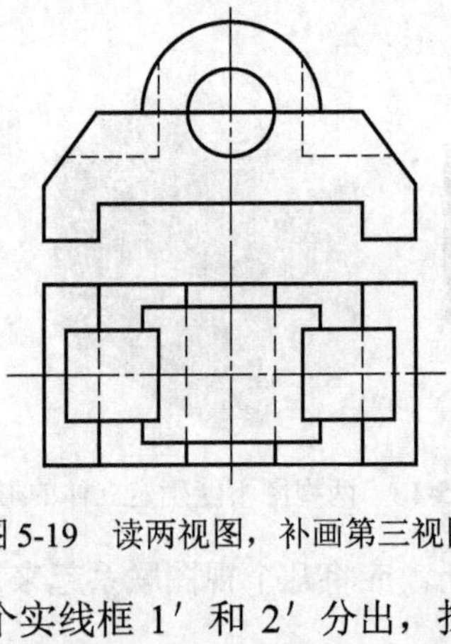

图 5-19　读两视图，补画第三视图

分析：首先，将主视图的两个实线框 1′ 和 2′ 分出，找出这两个线框在俯视图中对应的投影，根据这些投影构想出该立体的基本形状，如图 5-20（a）所示。

然后，观察到俯视图中的线框 3 在主视图上无类似形，据此，其对应的正面投影必为水平虚线 3′；结合 4、4′ 可想象出这是在基本形状上切去了一块，同样右侧对称切去 ，如图 5-20（b）所示。

构想出整体形状后，按三等规律画出左视图，如图 5-20（c）所示。

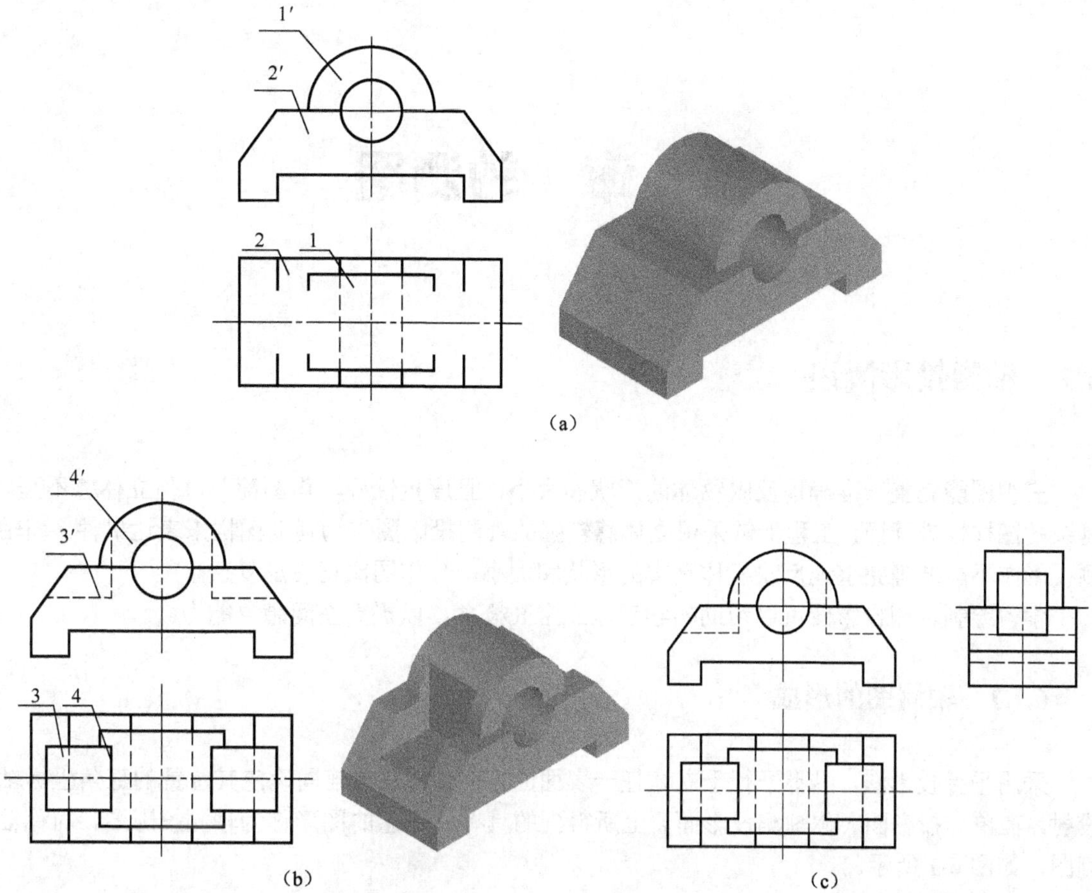

（a）　（b）　（c）

图 5-20　读两视图，补画第三视图的步骤

第 6 章　轴测图

6.1　轴测投影概述

三视图能完整、准确地反映物体的形状和大小，且度量性好、作图简单，但立体感不强，复杂的图样较难读懂，工程上常采用立体感较强的轴测投影图作为辅助图样来表达机件。但轴测投影图不能准确完整地反映机体真实的形状和大小，且作图比正投影复杂。

学习绘制轴测投影图可以帮助初学者建立空间概念，以提高空间想象能力。

6.1.1　轴测图的形成

采用平行投影法，沿不平行于立体任一表面的方向，将立体连同确定其位置的直角坐标轴投射，在单一投影面（称轴测投影面）上所得到的具有立体感的图形称为轴测投影图，简称轴测图，如图 6-1 所示。

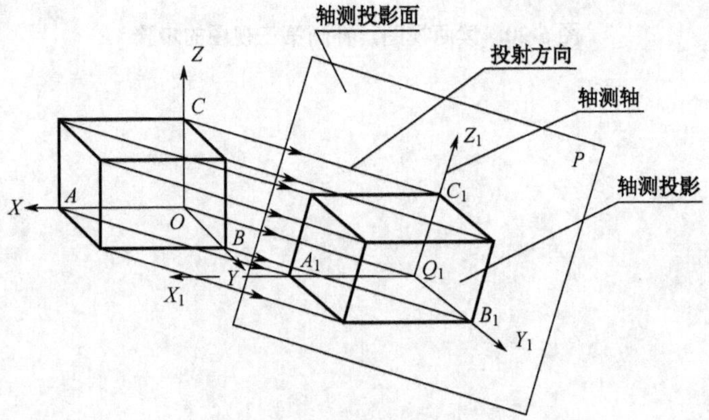

图 6-1　轴测图的形成

在轴测投影中，空间坐标轴 X、Y、Z 在轴测投影面上的投影 X_1、Y_1、Z_1 称为轴测轴（可简写为 X、Y、Z）。

轴测轴之间的夹角 $\angle X_1O_1Y_1$、$\angle Y_1O_1Z_1$、$\angle X_1O_1Z_1$ 称为轴间角。

立体在轴测轴上的投影尺寸与对应的空间真实尺寸之比，称为轴向伸缩系数，分别用 p、q、r 表示 X_1、Y_1、Z_1 的轴向伸缩系数。

6.1.2　轴测图的投影特性

（1）立体上相互平行的线段，其轴测投影仍平行；立体上平行于坐标轴的线段，其轴测投影仍平行于相应的轴测轴，且同一轴向所有线段的轴向伸缩系数相同。

（2）立体上不平行于坐标轴的线段，可用坐标法确定其两个端点，连线画出。

（3）立体上不平行于轴测投影面的平面图形，轴测投影为类似形，如长方形的轴测投影为平行四边形，圆形的轴测投影为椭圆。

（4）轴测图中只画可见轮廓线，避免用虚线表达。

6.1.3　轴测图的种类

1．按投影方向与轴测投影面是否垂直，轴测图分为以下几种。

（1）正轴测图：轴测投影方向垂直于轴测投影面时的轴测图。

（2）斜轴测图：轴测投影方向倾斜于轴测投影面时的轴测图。

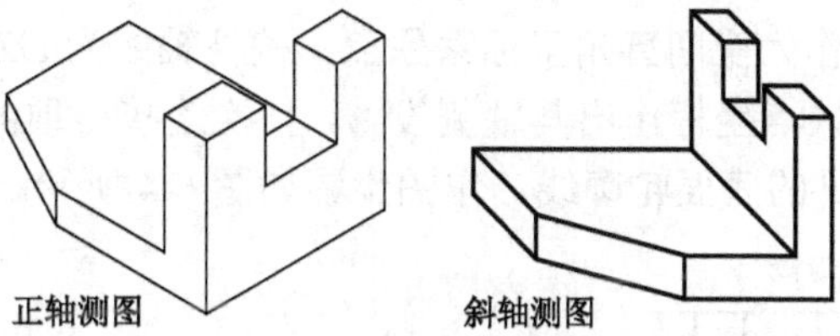

图 6-2　两类轴测图比较

2．按轴向伸缩系数的不同，轴测图分为以下几种。

（1）正（或斜）等测轴测图：$p=q=r$，简称正（斜）等测；

（2）正（或斜）二等测轴测图：$p=r\neq q$，简称正（斜）二测；

（3）正（或斜）三等测轴测图：$p\neq q\neq r$，简称正（斜）三测。

工程上常用正等测和斜二测两种轴测图。

6.2　正等测的画法

6.2.1　正等测的参数

如图 6-3 所示，正等测的轴间角均为 120°，且规定 O_1Z_1 轴垂直向上。三个轴向伸缩系数相等，经推算 $p=q=r=0.82$；为作图简便，推荐采用 $p=q=r=1$ 的简化轴向伸缩系数画图，即轴向尺寸按立体的实际长度画图。按简化轴向伸缩系数画出的图形比实物放大了 $1/0.82\approx1.22$ 倍。

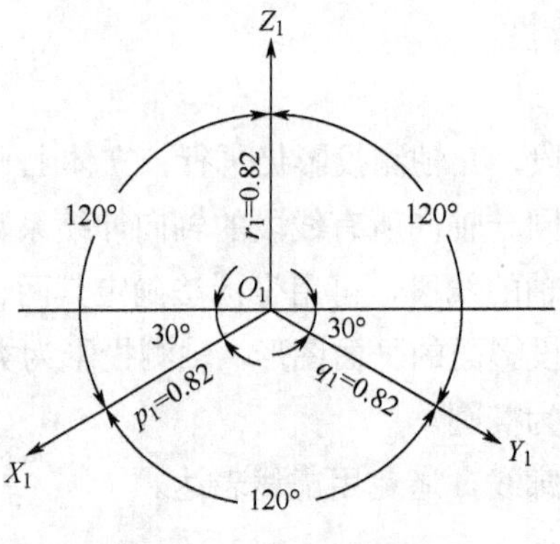

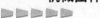

图 6-3　正等测的参数

6.2.2　平面立体的正等测画法

1．正六棱柱的正等测画法

分析：由于正六棱柱前后、左右对称，为了减少不必要的作图线，从顶面开始作图比较方便。因此选择顶面的中心作为空间直角坐标系原点，棱柱轴线为 *OZ* 轴，顶面的两条对称线作为 *OX*、*OY* 轴。然后用六顶点坐标作出其轴测投影，依次连接得顶面；从六个顶点向下平行于 *Z* 轴作出各棱线；连接可见的底面轮廓线。作图步骤如图 6-4 所示。

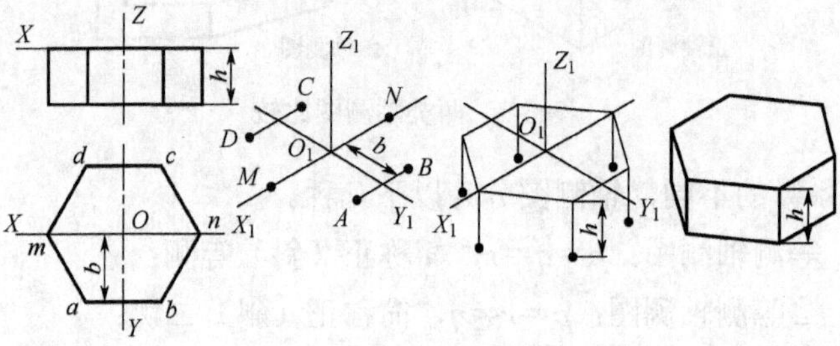

图 6-4　正六棱柱的正等测

2．三棱锥的正等测画法

分析：由于三棱锥的侧面为一般位置平面，因此作图时先作出底面和锥顶的轴测投影，然后连接各棱线即可。作图步骤如图 6-5 所示。

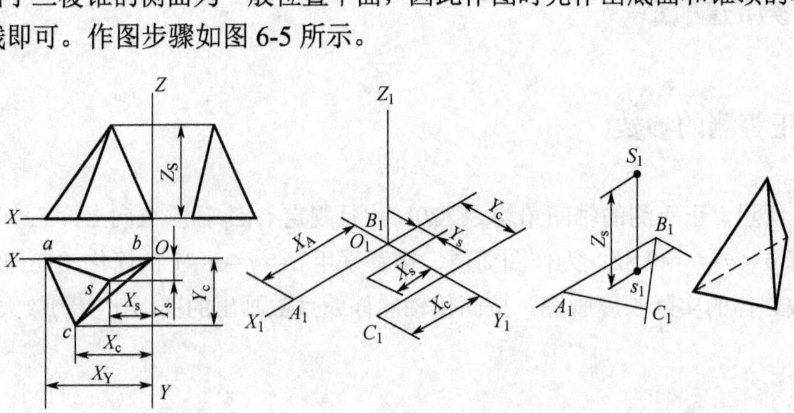

图 6-5　三棱锥的正等测

小结：平面立体的正等测画图前，首先根据视图分析立体的形体特征，找出其主要表面；其次在视图上标出坐标轴；然后根据坐标在轴测轴上确定各顶点的位置，通常是先画顶面，有时先画前面或左面；依次连接可见轮廓线和轮廓线的可见部分。

6.2.3　曲面立体的正等测画法

曲面立体的正等测图关键在于掌握圆的正等测画法。立体上平行 H、V、W 三投影面的圆，在正等测中投影均为椭圆，但这三个椭圆的长短轴方向不同，如图 6-6 所示（与圆相切的正方形的轴测投影为与椭圆相切的菱形）。

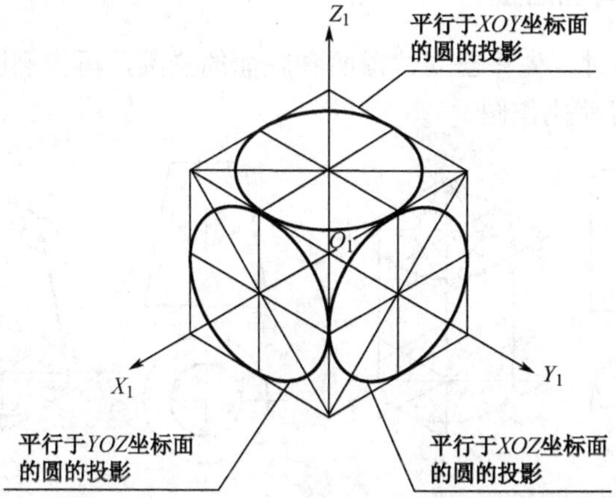

图 6-6　平行于三投影面的圆的正等测

分析图 6-6 可知，轴测投影椭圆长轴与菱形的长对角线重合；短轴与菱形的短对角线重合。进一步观察，椭圆的长短轴和轴测轴的关系如表 6-1 所示。

表 6-1　轴测投影椭圆的长短轴和轴测轴的关系

圆所在平面	椭圆长轴	椭圆短轴
平行于 H 面	垂直 Z_1 轴成水平位置	沿 Z_1 轴
平行于 V 面	垂直 Y_1 轴向右上方倾斜	沿 Y_1 轴
平行于 W 面	垂直 X_1 轴向左上方倾斜	沿 X_1 轴

1. 圆的正等测画法

一般采用“四心法”作圆的正等测椭圆。“四心法”指找到四个圆心、用四段圆弧近似代替椭圆。以平行于 H 面的圆为例，说明圆的正等测椭圆的画法，作图步骤如图 6-7 所示。

（1）画出轴测轴 X_1、Y_1、Z_1，按圆的外切正方形画出菱形，如图 6-7（a）所示。

（2）分别以 A、B 为圆心，AC 为半径，画出两段大弧，如图 6-7（b）所示。

（3）连 AC 和 AD 分别交长轴于 M、N 两点，如图 6-7（c）所示。

（4）分别以 M、N 为圆心，MD 为半径，在 D、E 间和 F、C 间画出两段小弧，如图 6-7（d）所示。

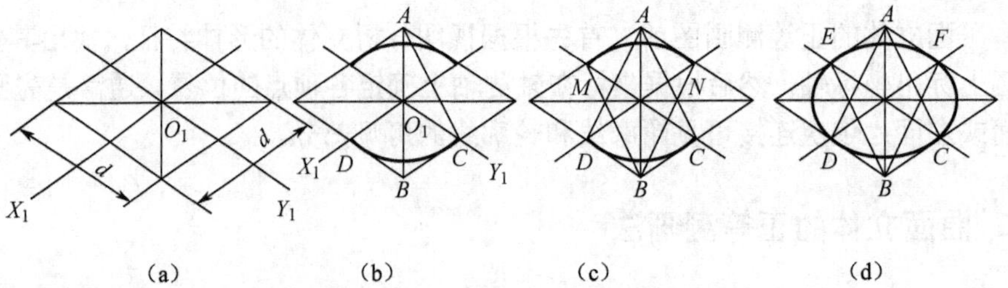

图 6-7 “四心法”作圆的正等测

平行于 V 面的圆、平行于 W 面的圆的正等测椭圆的画法与图 6-7 类似。

2. 圆柱和圆台的正等测画法

如图 6-8 所示，作图时，先作出立体顶面和底面的椭圆，再作椭圆的公切线即可。画同轴的椭圆时，应用移心法可简化作图。

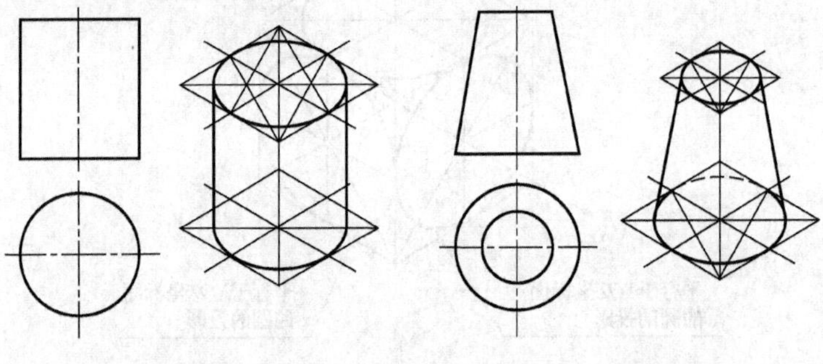

(a) 圆柱　　(b) 圆台

图 6-8 圆柱和圆台的正等测

3. 圆角的正等测画法

圆角相当于四分之一的圆，因此，圆角的正等测是近似椭圆的四段圆弧中的一段。其简化画法如图 6-9 所示。

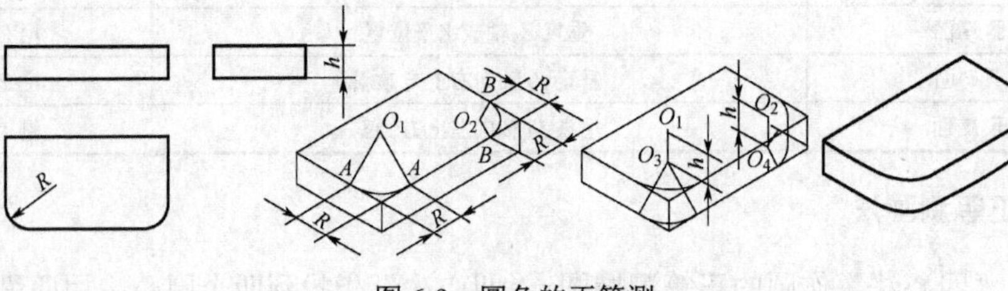

图 6-9 圆角的正等测

6.3 斜二测的画法

6.3.1 斜二测的参数

如图 6-10 所示，斜二测图的 $X_1 \perp Z_1$ 轴，Y_1 与 X_1、Z_1 的夹角均为 135°，且规定 O_1Z_1 轴垂

直向上。轴向伸缩系数分别为 $p_1=r_1=1$，$q_1=0.5$。

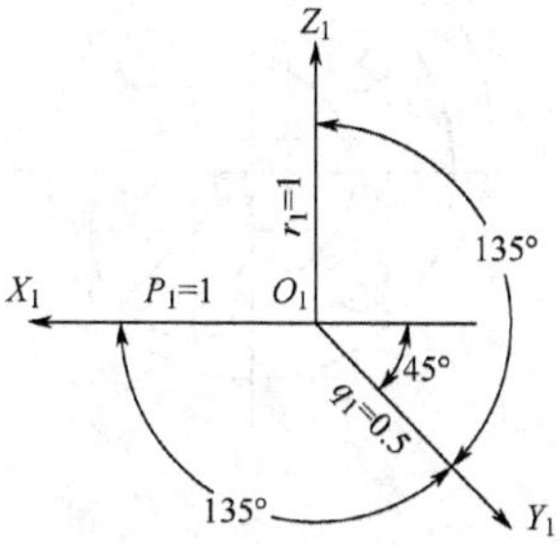

图 6-10　斜二测的参数

6.3.2　斜二测的画法

斜二测的优势是立体上平行于 *XOZ* 坐标面的平面在斜二测图的投影反映实形，因为 $X_1 \perp Z_1$ 轴，和空间 $X \perp Z$ 轴状态一样。所以，平行于 *XOZ* 坐标面放置的圆平面，采用斜二测投影仍然为圆，也就是在斜二测 $X_1O_1Z_1$ 投影面上直接画等大的圆即可。

1．圆台的斜二测

作图步骤如图 6-11 所示。注意，圆台后方的内外曲面轮廓只画出可见的圆弧。

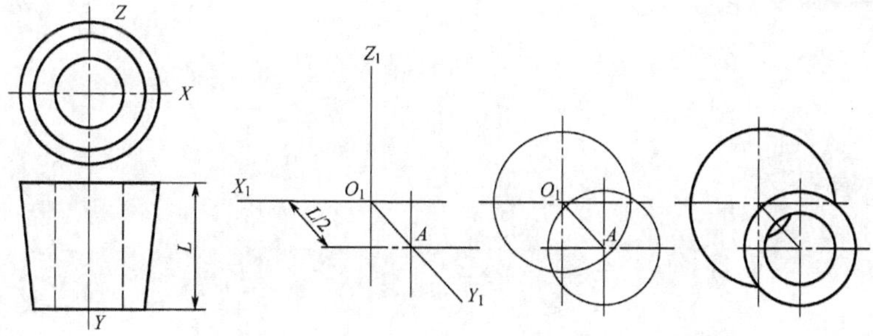

图 6-11　圆台的斜二测画法

2．圆盘的斜二测

分析：圆盘类机件的形状特点是在相互平行的平面上有多个圆。如果采用正等测图，则椭圆数量过多而烦琐，如果采用斜二测图，作图时选择各圆平面平行于坐标面 *XOZ*，圆盘的轴线与 *Y* 轴重合，作图则简便，步骤如图 6-12 所示。

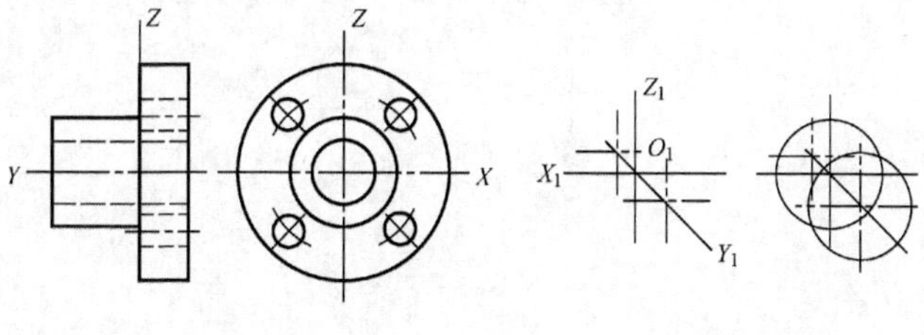

（a）　（b）　（c）

图 6-12　圆盘的斜二测画法

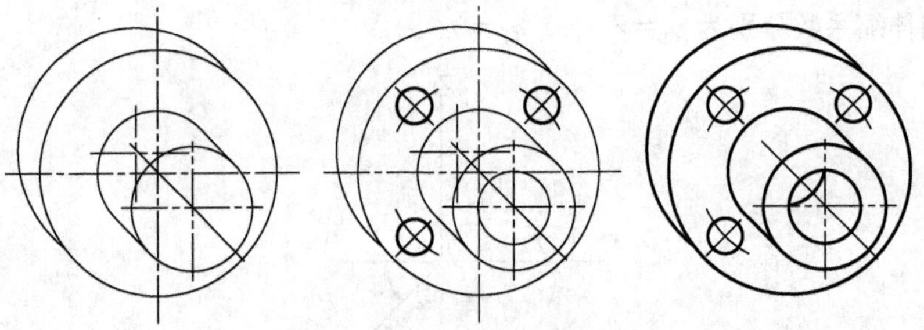

（d）　　（e）　　（f）

图 6-12　圆盘的斜二测画法（续图）

第 7 章　机件的基本表达方法

7.1　视图的分类及投影规定

根据国家标准规定，用正投影法将机件向投影面投影所得的图形称为视图，它主要用于表达机件的外部形状和结构。视图分为基本视图、向视图、局部视图和斜视图。

7.1.1　基本视图

国家标准规定，用正六面体的六个面作为六个基本投影面，将机件置于正六面体中，用正投影法分别向六个基本投影面投影所得的六个视图称为基本视图，如图 7-1 所示。

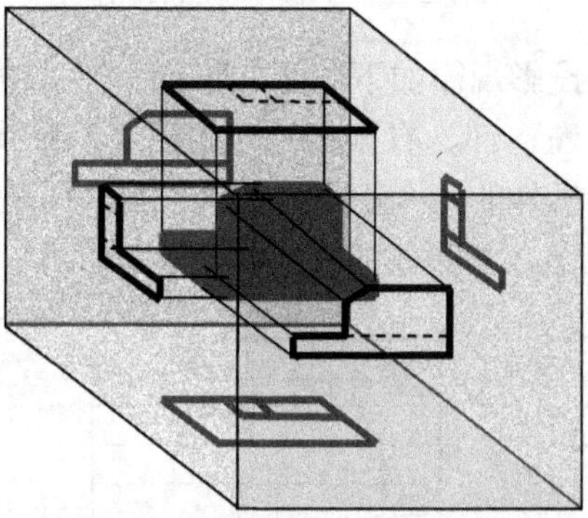

(a)

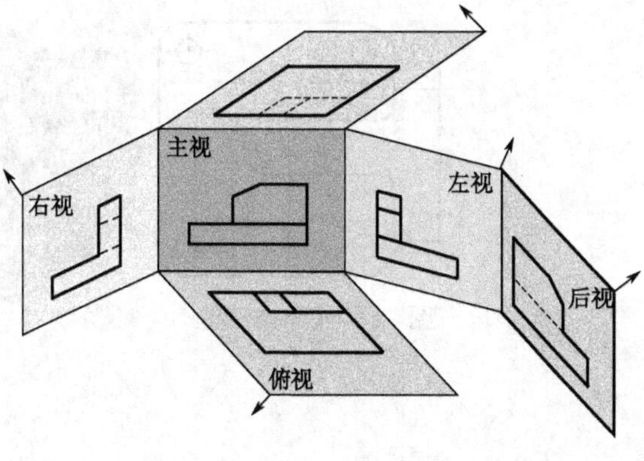

(b)

图 7-1　六个基本投影面及其展开

（1）六个基本视图的名称及投影方向规定如下。

主视图：由前向后投影所得的视图；后视图：由后向前投影所得的视图；

俯视图：由上向下投影所得的视图；仰视图：由下向上投影所得的视图；

左视图：由左向右投影所得的视图；右视图：由右向左投影所得的视图。

（2）六个基本投影面的展开方法如下。

V 面保持不动，其他投影面按照图 7-1 中箭头方向展开到与 *V* 面成同一平面。展开后六个基本视图的配置关系如图 7-2 所示。

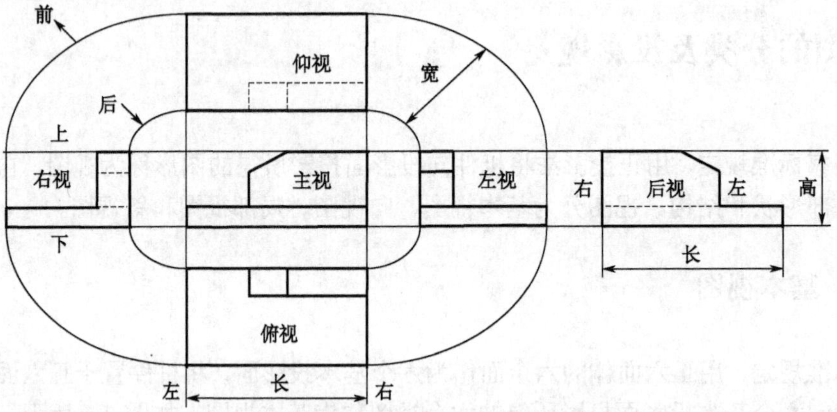

图 7-2　六个基本视图的配置

（3）六个基本视图之间的投影规律如下。主、俯、后、仰长相等（其中主、俯、仰长对正），主、左、后、右高平齐，俯、左、仰、右宽相等，如图 7-2 所示。

实际应用中，一般无须将机件的六个基本视图全画出，而是遵循完整表达机件结构形状的原则，选用必要的几个基本视图，如阀体的视图如图 7-3 所示。

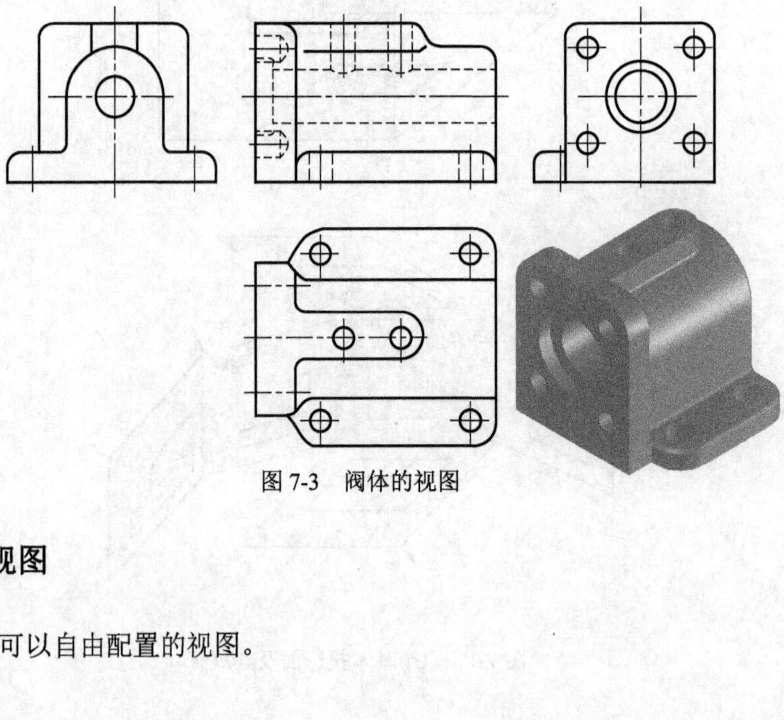

图 7-3　阀体的视图

7.1.2　向视图

向视图是指可以自由配置的视图。

在实际制图时，考虑到各视图在图纸的合理布局，基本视图不按国家标准规定位置配置时，可采用向视图由制图者灵活布置，因此，向视图必须进行标注：在向视图的上方标注字母（大写），投影方向在相应视图附近用箭头指明，并标注相同字母，如图 7-4 所示的向视图。

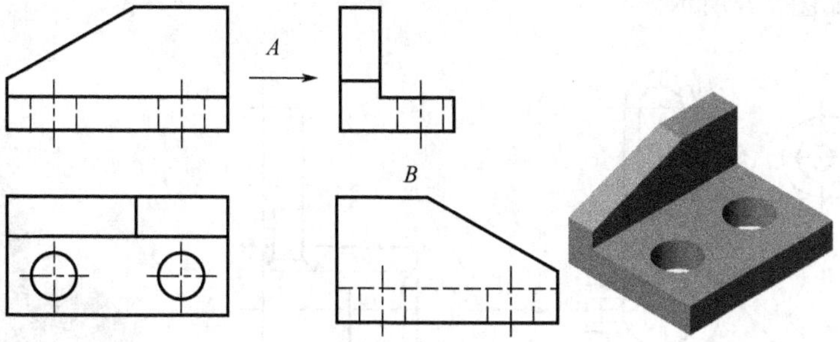

图 7-4 向视图

7.1.3 局部视图

将机件的某一局部向基本投影面投影所得的图形称为局部视图。

局部视图常用于表达机件上复杂局部的结构形状，使该局部结构更清晰明确，如图 7-5 所示。

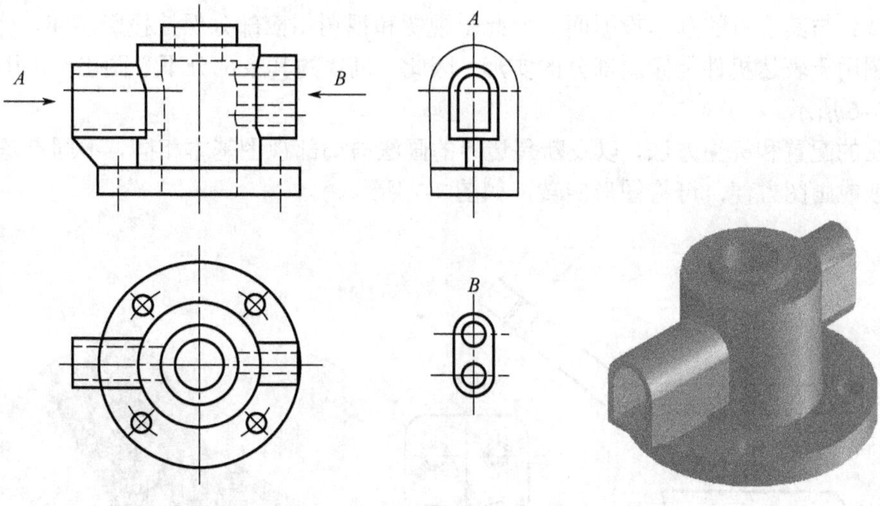

图 7-5 局部视图

局部视图的画法和标注：

（1）局部视图的断裂边界用波浪线画出，如图 7-5 中 *A* 所示。当所表达的局部结构完整，且外形轮廓线自行封闭时，波浪线可省略不画，如图 7-5 中 *B* 所示。

（2）局部视图上方标注字母（大写），投影方向在相应视图附近用箭头指明，并标注相同字母。

（3）为读图方便，局部视图应尽量配置在箭头所指方向，并与相应视图保持投影关系。若为合理布图，也可灵活布置局部视图。

7.1.4 斜视图

将机件的倾斜局部向与其平行的辅助投影面上投影所得的图形称为斜视图，用以表达该倾斜局部的实形，如图 7-6 所示。

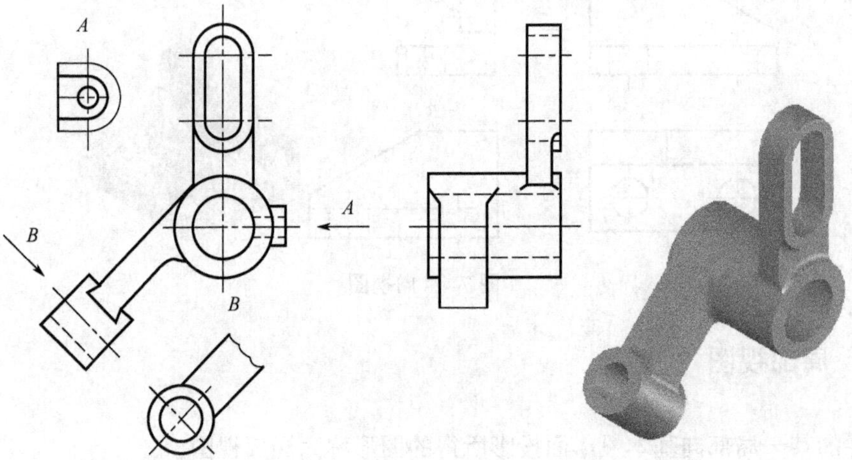

图 7-6 斜视图

注意，辅助投影面非六个基本投影面且垂直于一个基本投影面，投影后将辅助投影面沿投影方向旋转到与其垂直的基本投影面，如此斜视图和视图相应部分保持投影规律，作图简便。

斜视图用于表达机件上倾斜部分的实形，因此，机件的其余部分不必画出，可用波浪线断开，如图 7-6 所示。

斜视图的配置和标注方法，以及断裂边界的画法与局部视图基本相同，不同点是有时为合理利用图纸或画图方便，可将图形旋转，如图 7-7 所示。

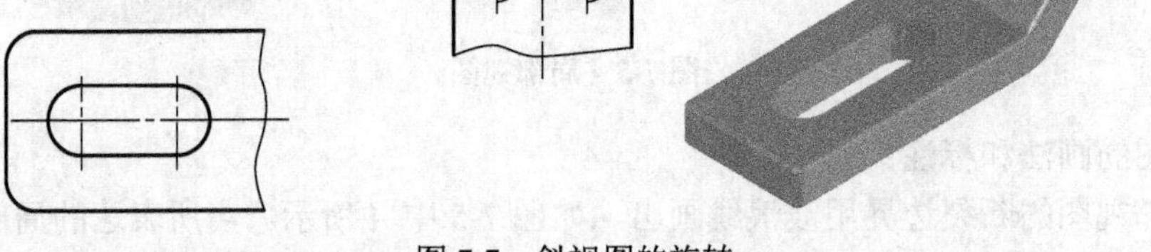

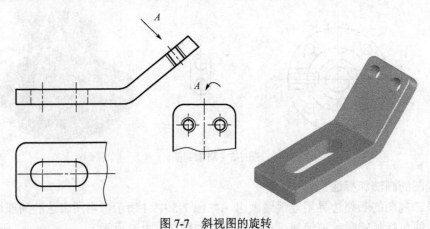

图 7-7 斜视图的旋转

7.2 剖视图的分类及投影规定

视图中，机件的内部形状用虚线表示，如图 7-8 所示。当机件内部形状较为复杂时，视图上就出现较多虚线，使图形不清晰，给读图带来困难，也不便于画图和标注尺寸。制图标准中图样画法中规定采用剖视的画法来表达机件的内部形状。

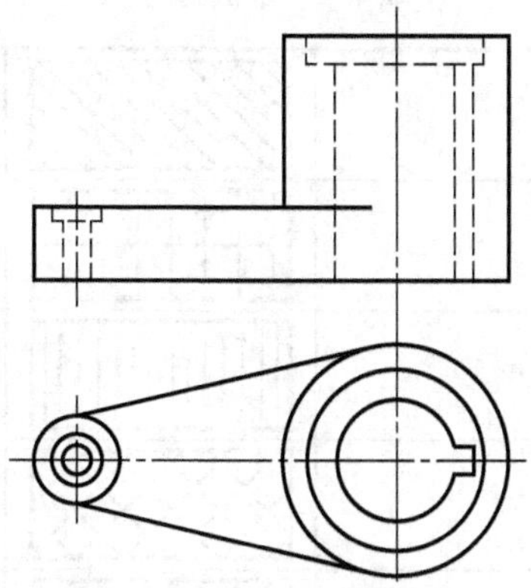

图 7-8　支架的视图

7.2.1　剖视图的基本概念

1．剖视图的形成

如图 7-9 所示，假想用剖切面（多为平面）剖开机件，移去观察者和剖切面之间的部分，将其余部分的可见轮廓投影的图形称剖视图，简称剖视。

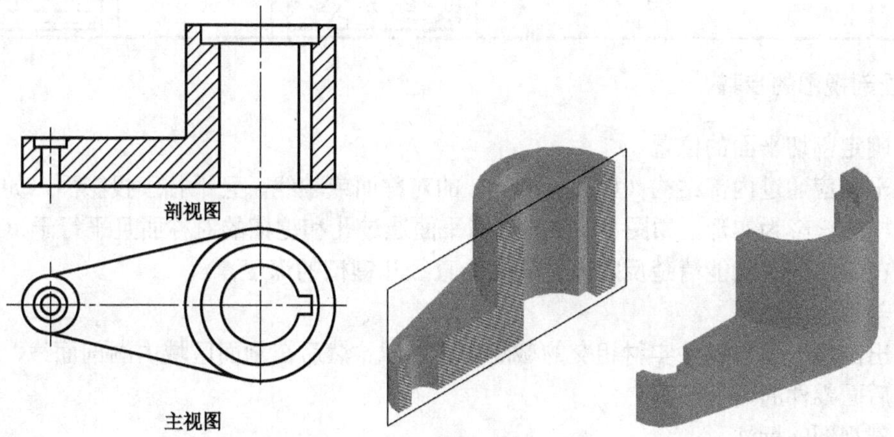

图 7-9　剖视图的形成及画法

2．剖面符号

用假想剖切面剖开机件时，剖切面切割机件实材的部分称为剖切区域。画剖视图时，为区分机件的空心部分和实材部分，在剖切区域中要画出剖面符号，如图 7-9 中所示的主视图。

机件的材料不同，其剖面符号也不同，应采用国家标准（GB/T 4457.5—2013）所规定的符号，如表 7-1 所示。

机械图样中，金属材料使用最多，其剖面符号采用相互平行的细实线表示，这种剖面符号可称为剖面线。推荐剖面线与剖面区域的主要轮廓或对称线成 45° 角，图形逐渐弯曲也可采用

30° 等。同一图样上同一零件的所有剖面区域的剖面线要求倾斜方向一致、间隔相同。

表 7-1 剖面符号

金属材料（已有规定剖面符号者除外）	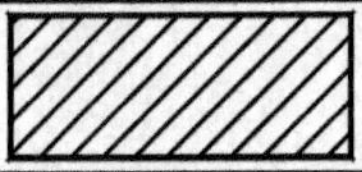	胶合板（不分层数）	
线圈绕组元件	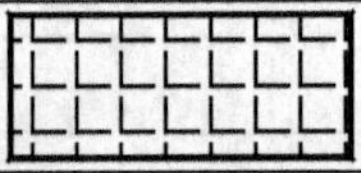	基础周围的混凝土	
转子、电枢、变压器和电抗器等的叠钢片		混凝土	
非金属材料（已有规定剖面符号者除外）		钢筋混凝土	
型砂、填砂、粉末冶金、砂轮、陶瓷刀片、硬质合金刀片等	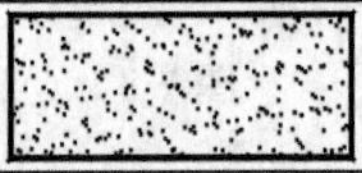	砖	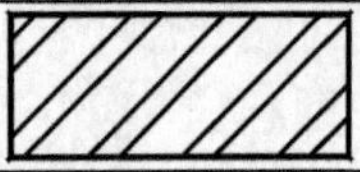
玻璃及供观察用的其他透明材料		格网（筛网、过滤网等）	
木材 纵剖面		液体	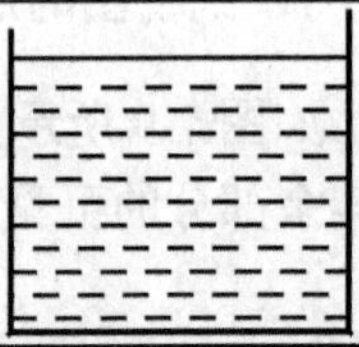
木材 横剖面			

3．画剖视图的步骤

（1）确定剖切平面的位置

剖切平面应通过内部结构（如孔、槽等）的对称面或轴线，且平行于投影面，如此，剖切的内部结构的投影为实形，如图 7-9 中的剖切平面通过孔和键槽的对称面且平行于 V 面，这样剖切后，在主视图上就能清楚反映出台阶孔的直径和键槽的深度。

（2）剖视图的画法

先画出剖切平面与零件实材相交的截断面轮廓线，然后在剖面区域内画剖面线，最后画出剖切平面后面零件的可见轮廓。

（3）剖视图的标注

剖切位置用短粗线和箭头表示在相应的视图上。短粗线（线宽 1～1.5d，长约 5 mm）表示剖切平面的位置，箭头表示投影方向；名称用“×—×”（大写字母）标注在剖视图的上方，在剖切位置旁标注相同字母，如图 7-10 所示。

简化或省略标注的情况：

① 当一个剖切平面通过机件的对称面，且按投影关系配置剖视图，中间又没有其他图形隔开时，可省略标注。

② 当剖视图按投影关系配置，中间又没有其他图形隔开时，可省略箭头，如图 7-10 中的 *A-A* 剖视表示投影方向的箭头也可省略。

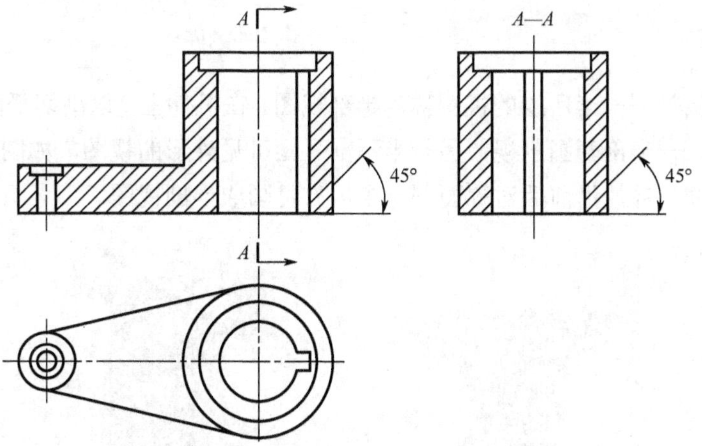

图 7-10　剖视图的标注

4．画剖视图的注意事项

（1）由于剖切是假想的，非剖切的视图仍绘制完整的机件，如图 7-11 中俯视图只画一半是错误的。

（2）凡剖视图中已经表达清楚的内部结构，在其他视图中相对应的虚线省略不画。

（3）剖切平面后的可见轮廓线在剖视图中必须画出；剖切平面后的不可见轮廓线不画，如图 7-11 所示。

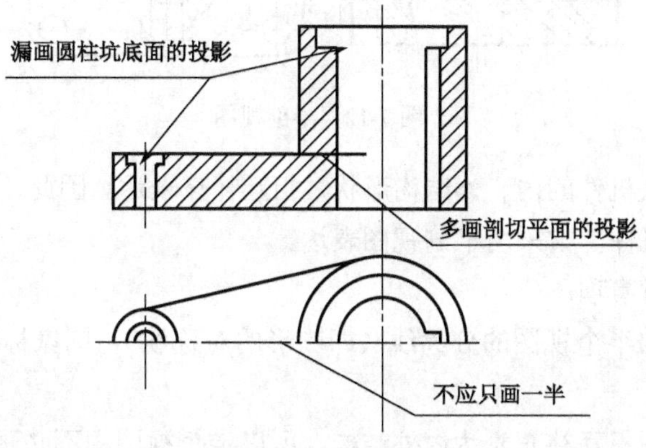

图 7-11　剖视图常见错误

7.2.2　剖视图的分类

按机件被剖切的范围不同，剖视图分为全剖视图、半剖视图、局部剖视图三种。

1．全剖视图

假想在一个方向上将机件整体剖开所得的剖视图称为全剖视图，主要用于表达外形简单的不对称或单方向对称机件，如图 7-10 所示。

2．半剖视图

机件的内形只剖开一半所绘的视图称为半剖视图。在机件上，以剖切平面和与之垂直的对称面的交线为界，一半剖开画剖视，另一半不剖只画可见外形的视图，如图 7-12 所示的主视图，以左右对称线为界，沿前后对称面剖一半，方可画成半剖视图。

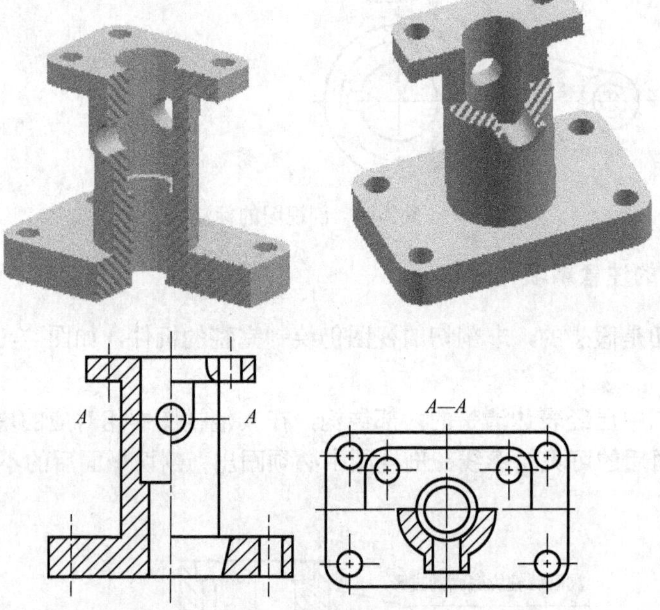

图 7-12　半剖视图

半剖视图同时反映机件的内、外结构形状，相互补充表达。因此，对于内、外形状都需要表达的多方向对称的机件，常采用半剖视图表达。

画半剖视图的注意事项：

（1）半个剖视图与半个视图的分界线（即图形的对称线），国家标准规定采用细点画线，而不是粗实线等。

（2）因为半剖视图相互补充表达内外结构，所以半个视图中不必画虚线表达内形。

（3）对称分布的孔的轴线都需用细点画线表示其位置，无论是否剖到。

（4）半剖视图的标注方法同全剖视图。

3．局部剖视图

用剖切平面剖开机件局部内形所得的剖视图，称为局部剖视图。

如图 7-13 所示，机件内、外形状都需要表达，由于该机件不对称，不能采用半剖视图；若采用全剖视图，则未将其内形表达完全，又失去外形。而在三处分别剖开局部内形，将主、俯视图画成局部剖视图，这样既能表达清楚内部结构又能保留必要的外形。

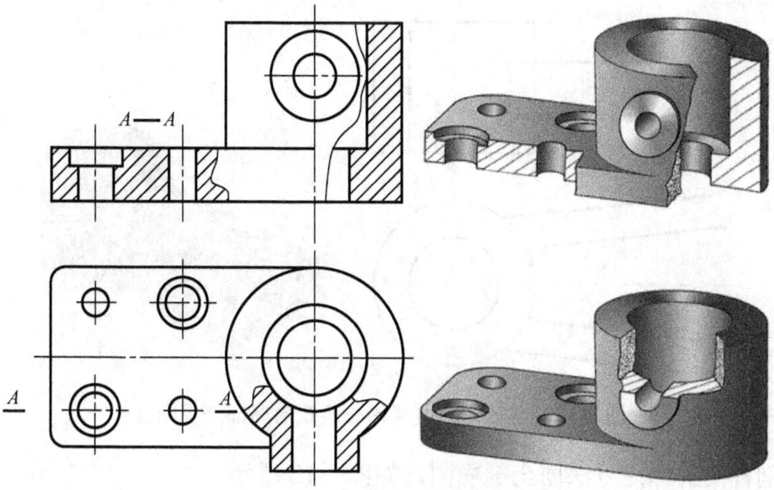

图 7-13　局部剖视图

画局部剖视图的注意事项：

（1）剖切范围应根据表达需要灵活确定，可剖开机件局部的完整内形，也可大于内形的一半，还可小于内形的一半。但在一个视图中的局部剖不宜过多，以免图形显得支离破碎，读图困难。

（2）局部剖与未剖的视图的分界线用波浪线表示。波浪线表示实材的断裂线，故不能超出实材的轮廓线；也不允许波浪线与其他图线重叠，如图 7-14 所示。

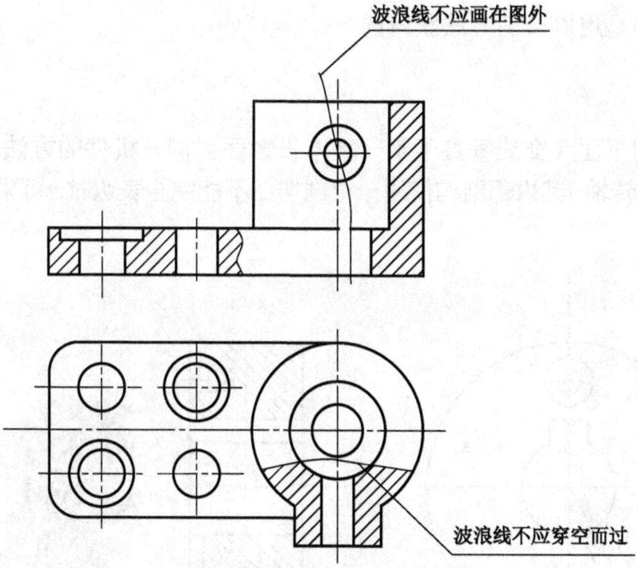

图 7-14　波浪线的错误画法

（3）当剖切的局部是回转体时，可将该局部的轴线替代波浪线作为局部剖与视图的分界线，如 7-15 所示。

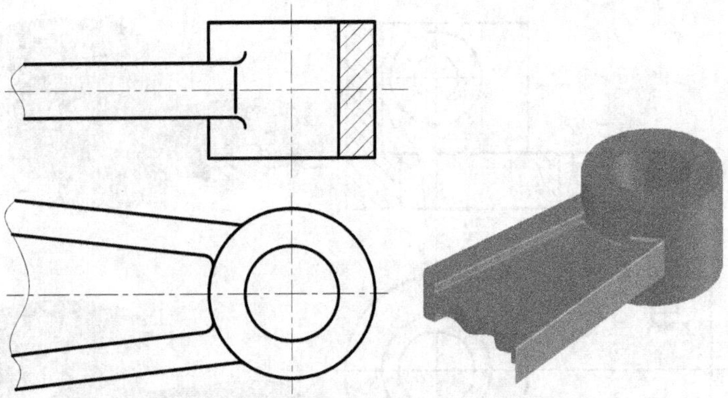

图 7-15　回转体轴线替代波浪线的局部剖视图

（4）局部剖视图的标注方法同全剖视图，如图 7-13 所示。

7.2.3　剖切方法

对于内形较多且不共有对称面的机件，画剖视图时，应根据其特点和表达的需要选用不同的剖切方法，国家标准规定了 5 种剖切方法。

1．单一剖

用一个与某一基本投影面相平行的平面剖开机件的方法称为单一剖。前述全剖视图、半剖视图及局部剖视图都是用单一剖方法获得的。

2．旋转剖

用两相交的剖切平面（交线垂直于某一基本投影面）剖开机件的方法称为旋转剖。

机件主体具有回转轴，其内部结构仅用一个剖切面不能完全表达时，可采用旋转剖。如图 7-16 所示。

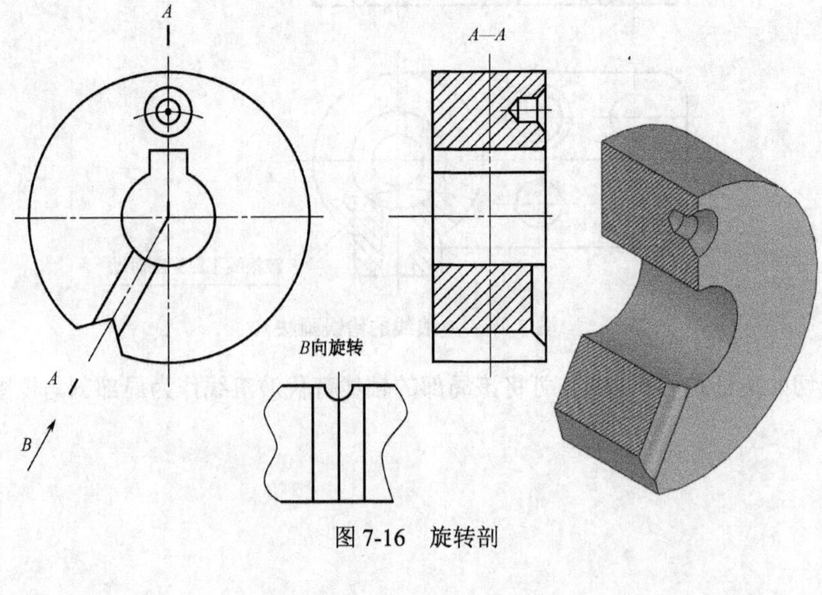

图 7-16　旋转剖

画旋转剖视图的注意事项：

（1）画图前必须先标注剖切位置；在不致引起误解时，投影方向和字母可省略，如图 7-16 和图 7-17 所示。

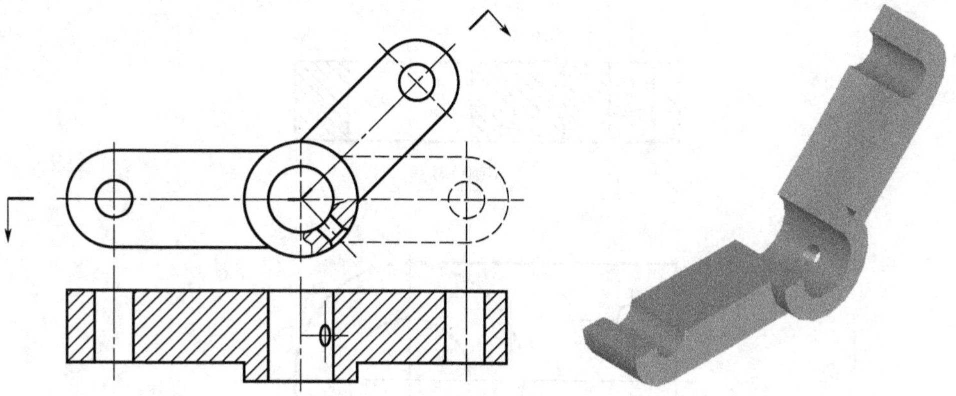

图 7-17　旋转剖及剖切面后的结构的画法

（2）按剖切位置剖开机件，先将倾斜剖切面上的结构旋转，至与另一剖切面平齐，再按三等规律作图。

（3）剖切平面后的结构不旋转，仍按原位置投影，如图 7-16 中的油孔的俯视投影为椭圆。

3．阶梯剖

用多个平行的剖切平面剖开机件的方法称为阶梯剖，如图 7-18 所示。

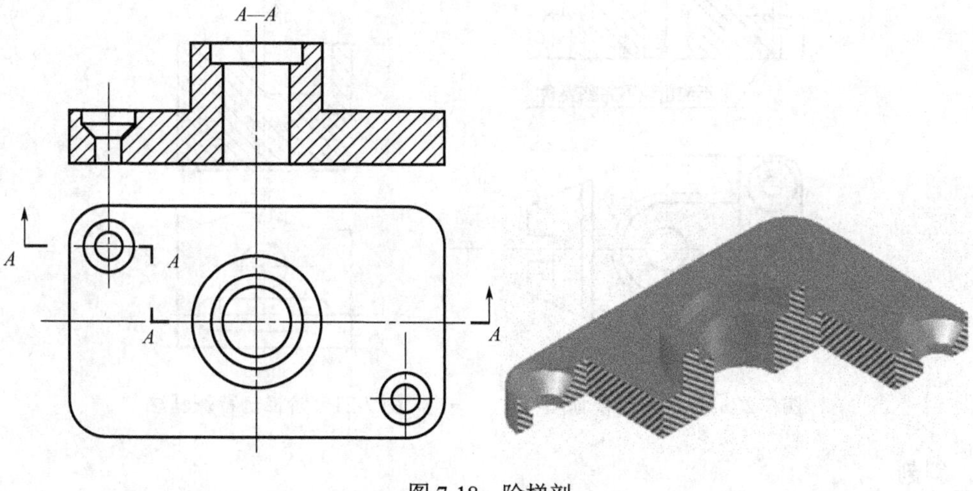

图 7-18　阶梯剖

当机件上有较多孔、槽，且它们的轴线或对称面不在同一平面内，可采用多个相互平行的剖切平面剖到全部内形时，可采用阶梯剖。

画阶梯剖视图的注意事项：

（1）阶梯剖视图的剖切位置必须标注，且剖切平面的转折处不得与图上的轮廓线重合；在不致引起误解时，可省略字母和箭头，如图 7-18 所示。

（2）剖切后假想将多个剖切面移至平齐，再进行投影，所以阶梯剖视图中不画转折处的投影线，如图 7-19 所示。

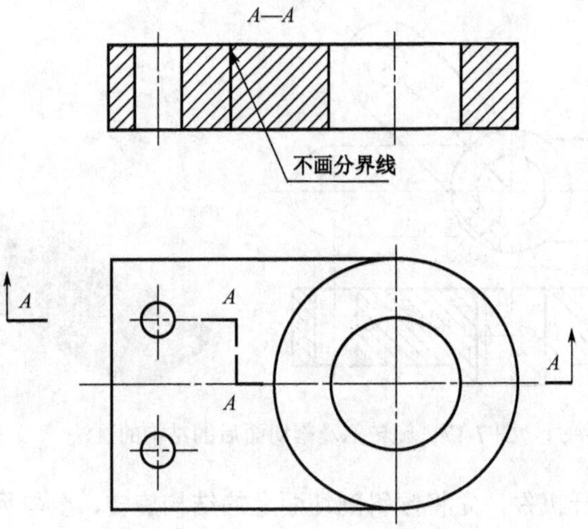

图 7-19　阶梯剖错误画法

（3）阶梯剖视图中要求内形结构全剖，如图 7-20 所示。只有当两个内形在视图上对称线或轴线重合时，允许以对称线或轴线为界各剖画一半，如图 7-21 所示。

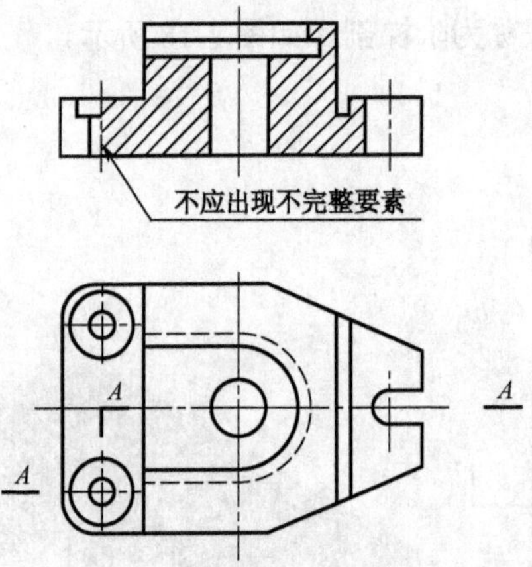

图 7-20　阶梯剖错误画图

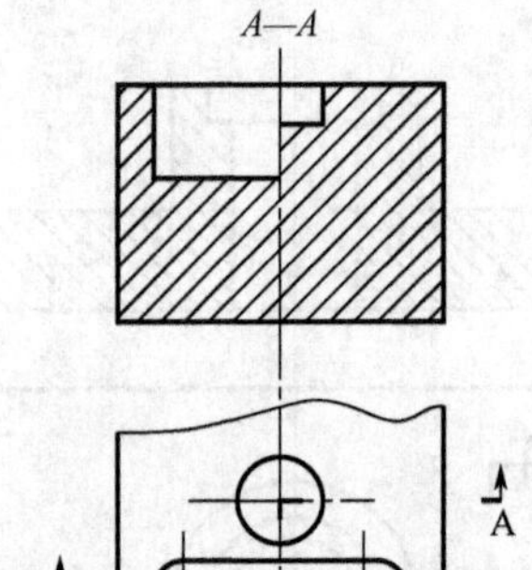

图 7-21　阶梯剖特殊画法

4．斜剖

用不平行于任一基本投影面的剖切平面剖开机件的方法称为斜剖，用于表达机件上倾斜的内部结构，如图 7-22 所示。

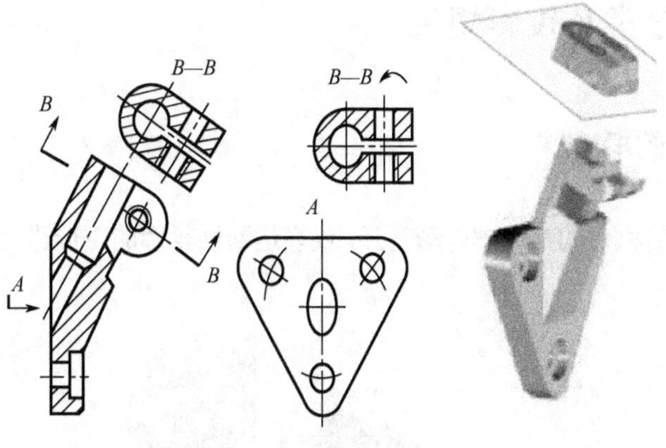

图 7-22　斜剖的画法

画斜剖视图的注意事项：

（1）剖切平面应垂直于某基本投影面，剖开后将其翻转到与基本投影面重合，再画出所剖内部结构。

（2）斜剖最好配置在箭头所指方向，且保持投影关系；必要时可旋正画。

5. 复合剖

当机件内部结构形状较复杂，只用阶梯剖或旋转剖等不能表达清楚时，可采用组合的剖切平面剖开机件的方法称为复合剖，如图 7-23 所示。

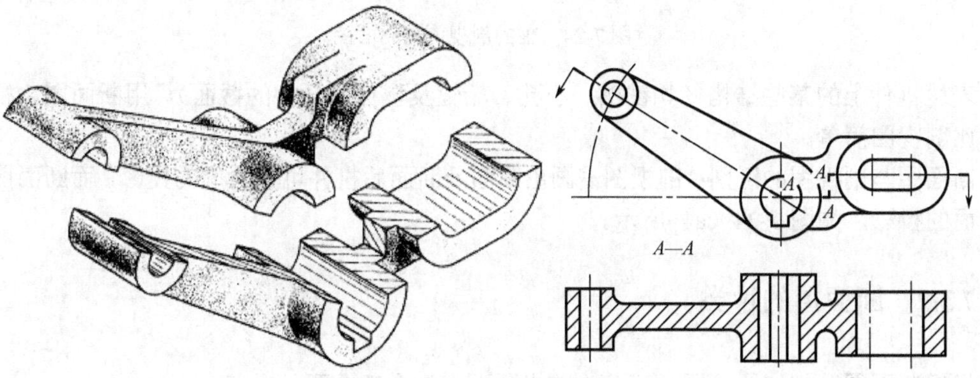

图 7-23　复合剖的画法

画复合剖视图的注意事项：

（1）复合剖的剖切位置必须标注，且剖切平面的转折处不得与图上的轮廓线重合；在不致引起误解时，可省略字母和箭头，如图 7-23 所示。

（2）复合剖中也可用圆柱面参与剖切。

（3）采用复合剖画剖视图时，一般需要用展开画法。

7.3 断面图的分类及投影规定

7.3.1 断面图的概念

假想用剖切平面将机件的某局部内形剖开，仅表达断面轮廓的图形称为断面图，如图 7-24（a）和图 7-24（b）所示。

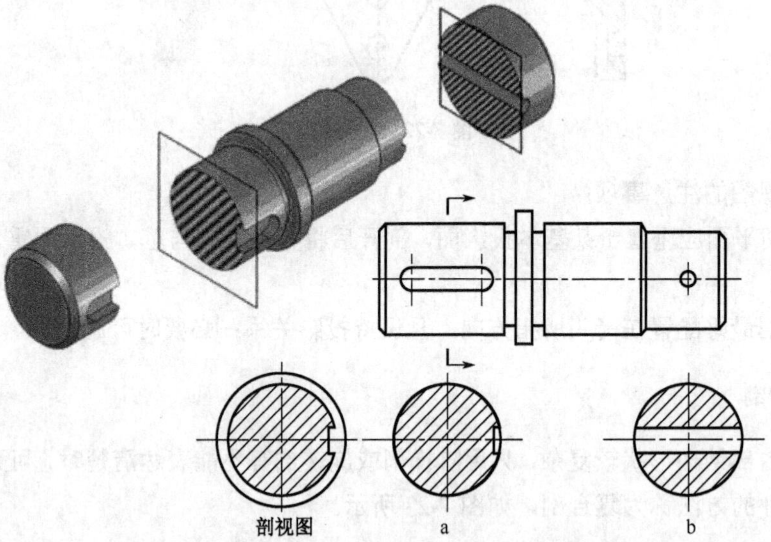

图 7-24 轴的剖视图与断面图

表达机件上的某些结构（如键槽、小孔、轮辐及型材、杆件的截面），用断面图比视图清晰、比剖视图简单。

断面图与剖视图的区别：剖视图需画出断面及断面后机件可见轮廓的投影，而断面图只画出断面的投影，如图 7-24（a）所示。

7.3.2 断面图的种类

根据断面图绘制位置不同，可分为移出断面和重合断面两种。

1．移出断面

画在视图之外的断面图称为移出断面，如图 7-24（a）和图 7-24（b）所示。

绘制移出断面的注意事项：

（1）移出断面的轮廓线采用粗实线。

（2）移出断面应尽量配置在剖切位置的延长线上[图 7-24（a）和图 7-24（b）]，若断面图对称可省略标注，否则只省字母；也可配置在投影方向上[图 7-24（a）和图 7-24（b）]，只标字母；必要时可画在其他适当位置，若断面图对称可省略箭头，否则全标。

（3）当剖切平面通过回转面形成的孔或凹坑的轴线时，规定这些结构按剖视图连起来绘制，如图 7-25 所示。

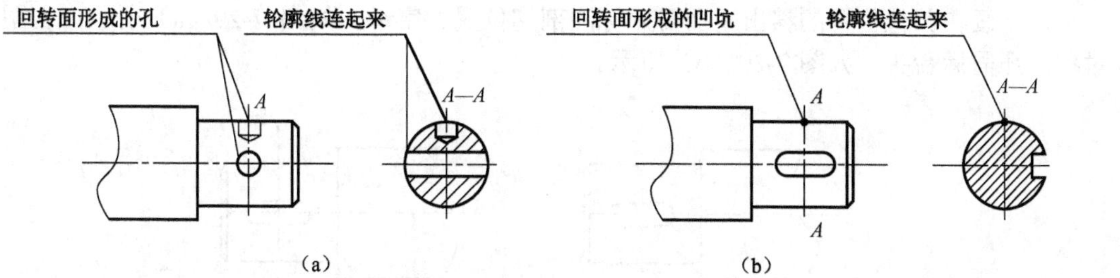

图 7-25　移出断面的特殊画法

（4）当剖切平面通过非圆孔等，导致断面图完全分离成两个时，规定按剖视图连起来绘制，如图 7-26 所示。

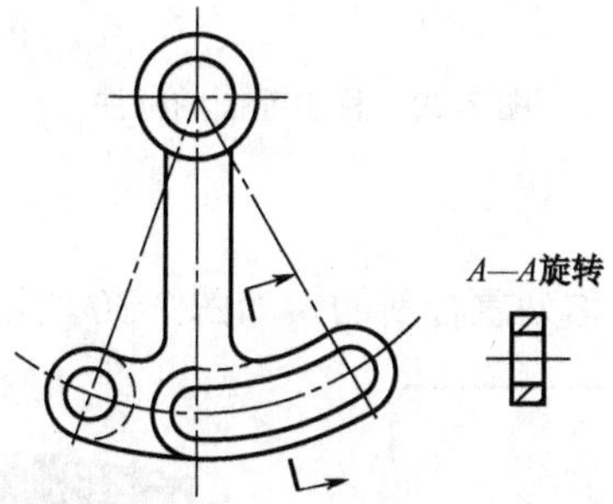

图 7-26　移出断面图的画法 1

（5）由两个相交的剖切平面剖得的移出断面，剖切转折处应断开，如图 7-27 所示。

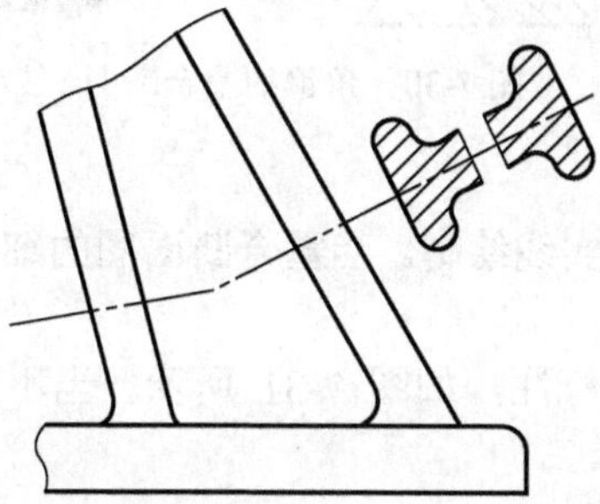

图 7-27　移出断面图的画法 2

（6）断面图形对称时，也可画在视图中断处，常用于较长型材的断面图，如图 7-28 所示。

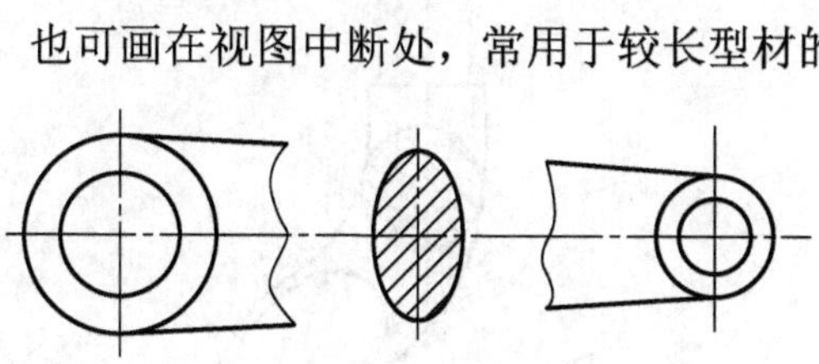

图 7-28　移出断面图的画法 3

标注移出断面图的注意事项：

（1）画在剖切位置延长线上的移出断面，若图形不对称，须标注剖切位置和投影方向，省略字母，如图 7-24（a）所示；若图形对称，不必标注，如图 7-24（b）所示。

（2）画在投影方向上的移出断面，省略箭头，如图 7-25 所示。

（3）画在其他位置的移出断面必须标注剖切位置、字母，如图 7-29（a）所示；若图形不对称，还需标箭头，如图 7-29（b）所示。

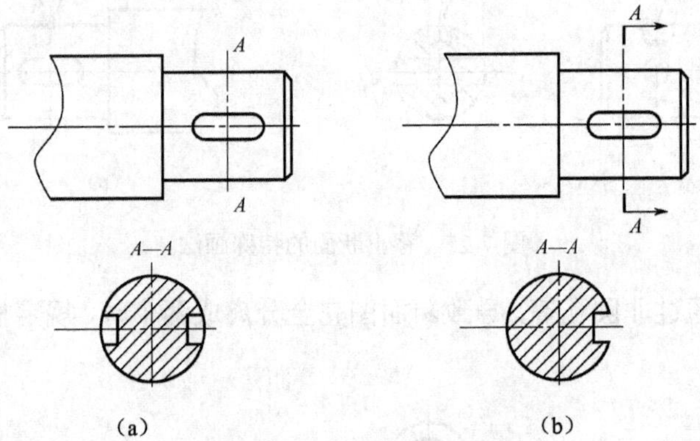

图 7-29　移出断面的标注

2．重合断面

画在视图轮廓之内的断面图称为重合断面，如图 7-30 所示。

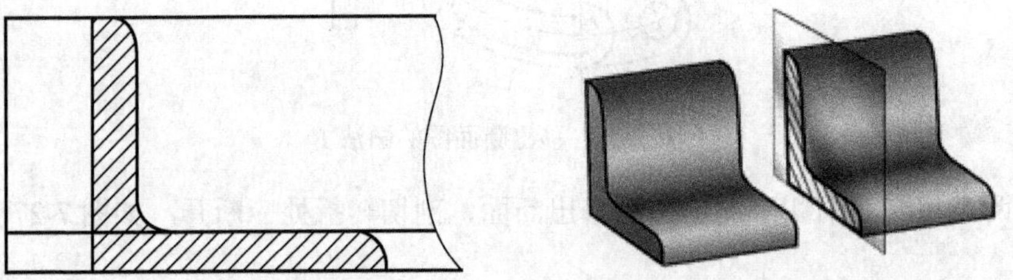

图 7-30　角钢的重合断面

画重合断面的注意事项：

（1）重合断面的轮廓线用细实线绘制。当重合断面图的细实线与视图的粗实线重合时，画粗实线，如图 7-30 所示。

（2）对称的重合断面图不必标注，如图 7-31 所示。当不致引起误解时，不对称的重合断面也可省略标注，如图 7-30 所示。

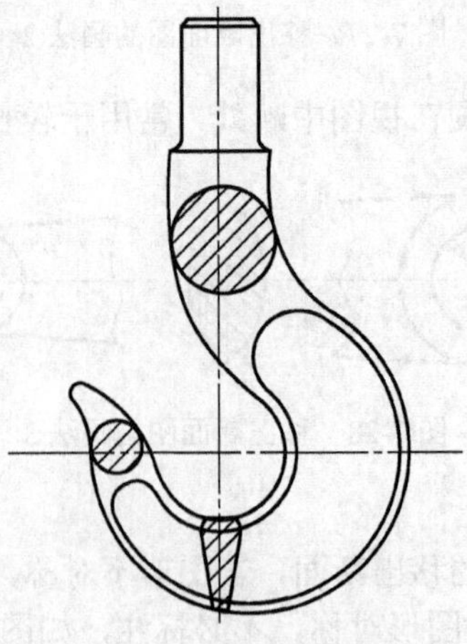

图 7-31　吊钩的重合断面图

7.4　其他表达方法的规定画法

7.4.1　局部放大图

机件上有些结构太细小，在视图中不够清晰，标注尺寸也不便。对此，国家标准规定以局部放大图表达。

将机件的部分结构，采用大于原视图的比例画出的图形称为局部放大图，如图 7-32 所示。

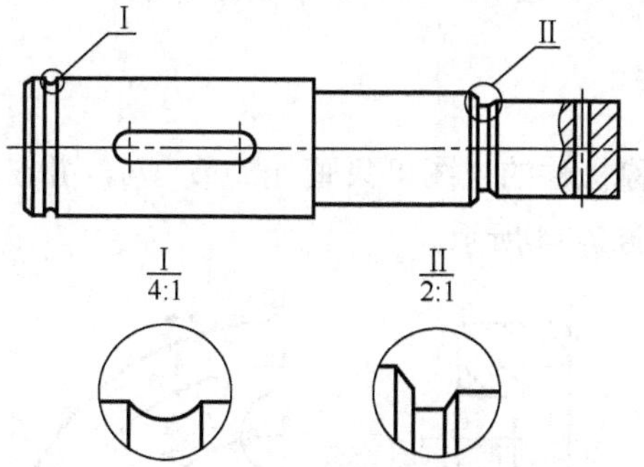

图 7-32　局部放大图

局部放大图的画法和标注：

（1）画局部放大图前，先在视图上用细实线圈出被放大部位。为读图方便，局部放大图应尽量配置在被放大部位附近。

（2）局部放大图可以画成视图、剖视图或断面图的形式，与被放大部位的原表达形式无关，且与原图采用的比例无关。

（3）同一机件上有多个放大部位时，须用罗马数字依次标明被放大部位，并在局部放大图上方标出相应罗马数字和所采用比例，如图 7-32 所示。

7.4.2　简化画法

为提高绘图效率，部分情况可采用简便的方法绘制工程图样，使图形既清晰又简单易画，称为简化画法。制图标准中规定了一些常用简化画法。

1．相同结构要素的简化画法

当机件具有若干相同结构（如孔、齿、槽等），并按一定规律分布时，只需画出几个完整的结构，其余用细实线连接或用细点画线表示其中心位置，并在图中注明该结构的总数，如图 7-33 所示。

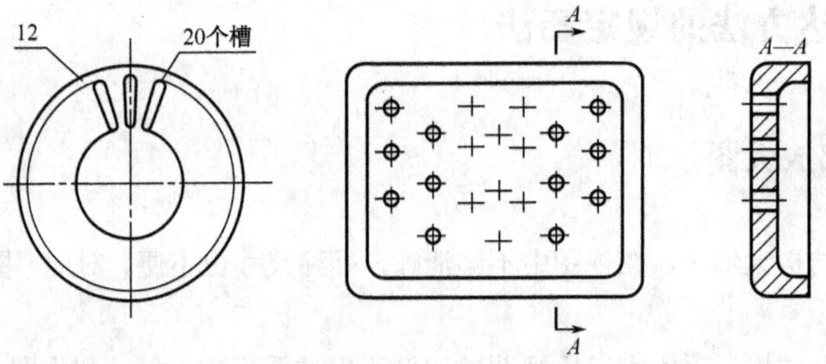

图 7-33　相同结构的简化画法

2．对称机件的简化画法

在不致引起误解时，对称机件的视图可只画 1/2 或 1/4，并在对称中心线的两端画出与其垂直的两条平行细实线，如图 7-34 所示。

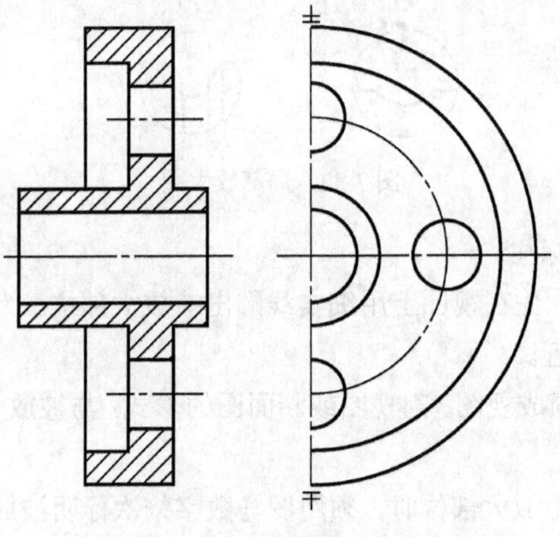

图 7-34　对称机件的简化画法

3．网状物及滚花的示意画法

网状物、编织物或机件上的滚花部分，可局部画出网状细实线以示意，如图 7-35 所示，并在图上或技术要求中注明这些结构的具体要求。

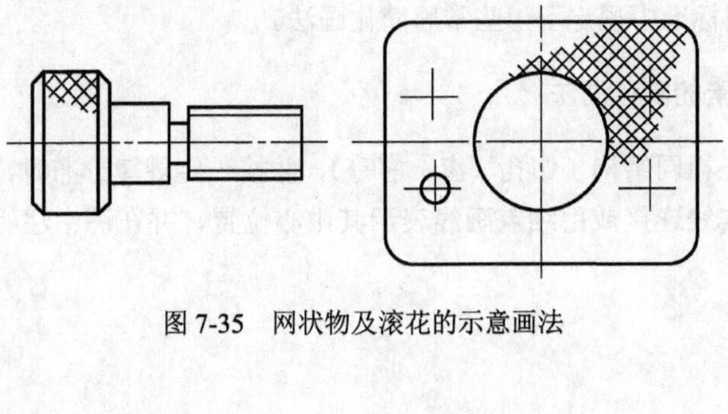

图 7-35　网状物及滚花的示意画法

4．平面的表示方法

当图形不能充分表达平面时，可用平面符号（两相交细实线）表示，代替断面图，如图 7-36 所示。

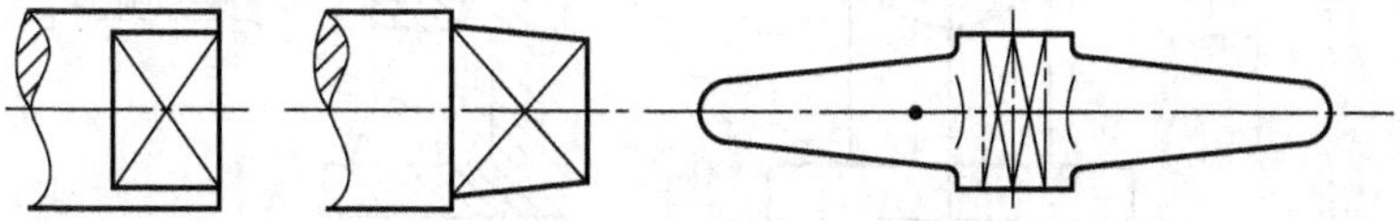

图 7-36　平面的表达方法

5．折断画法

当较长机件（如轴、杆、型材等）沿长度方向的形状一致或按一定规律变化时，可断开后缩短绘制，但尺寸仍按实长度标注，如图 7-37 所示。

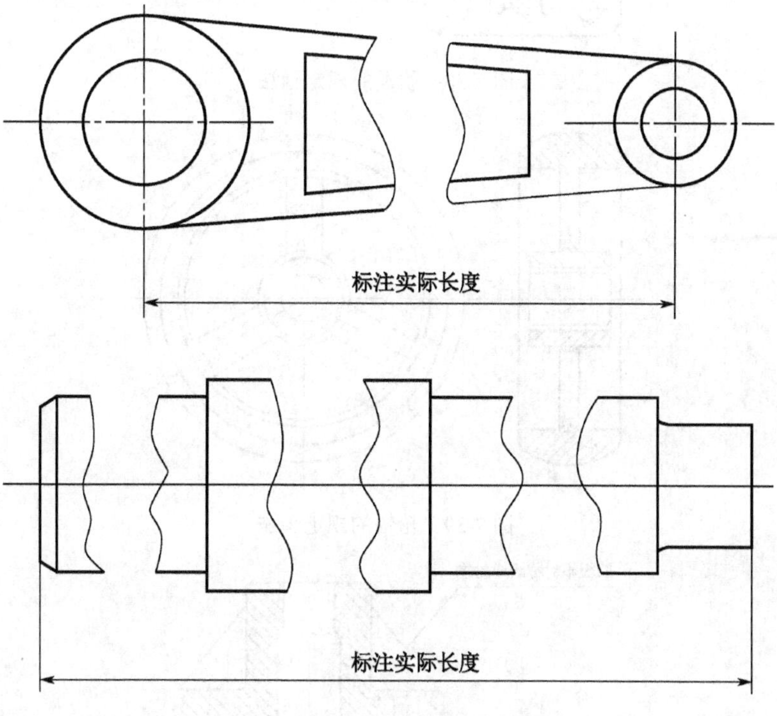

图 7-37　折断画法

6．肋板、轮辐及薄壁结构的规定画法

（1）纵向剖切机件的肋板、轮辐或薄壁结构时，一律不画剖面符号，仍用粗实线表达，如图 7-38 所示的左视图、图 7-39 所示的主视图。注意，横向剖切仍画剖面符号，如图 7-38 所示的俯视图。

（2）当剖切回转体上均匀分布的肋板、轮辐、孔等结构出现不对称时，假想按对称剖切对称画出，如图 7-40 所示。

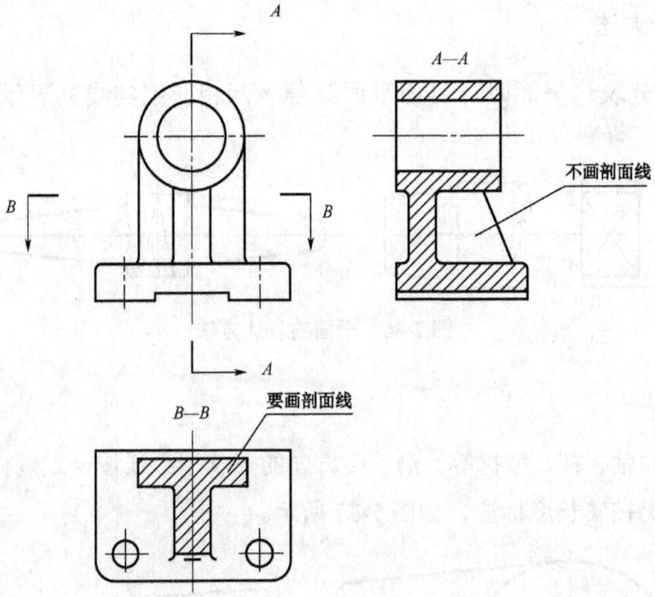

图 7-38　肋板的规定画法

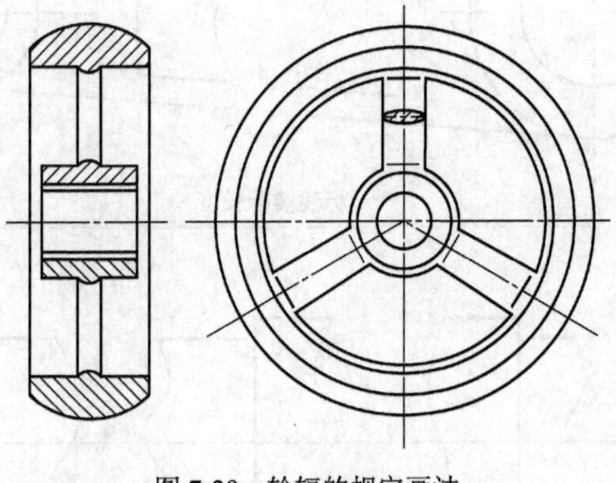

图 7-39　轮辐的规定画法

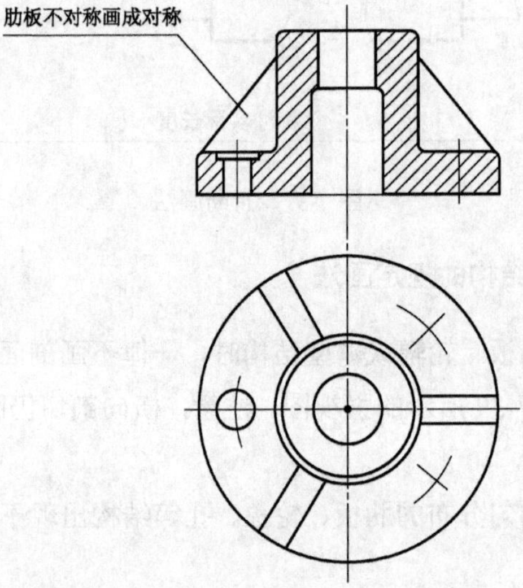

图 7-40　均布孔、肋板的简化画法

7.4.3　综合应用举例

在绘制机械图样时，应根据机件的具体情况综合运用视图、剖视图、断面图等各种表达方法，在完整清晰地表达机件的形状结构的前提下，力求制图简单，读图方便。

根据图 7-41 所示的前后对称的泵体，选择适当的方法表达清楚其结构形状。

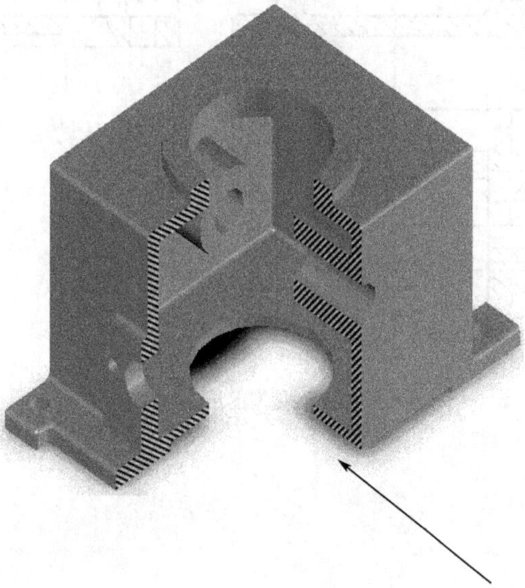

图 7-41　泵体

1．形体分析

泵体的主体结构是长方箱体，顶面上有带孔的圆柱凸台；前后壁内有圆柱凸台，各开有轴孔；泵体左壁外侧有矩形凸台，开有一大两小的圆孔（因前后对称）；底板中心有一圆孔，底部有前后通槽，外四角上有小圆孔。

2．主视图的选择

按主视图应反映机件的结构特征和位置特征的原则，结合泵体外形简单、内形较为复杂，前后对称、左右不对称的特点，主视方向选图 7-41 中箭头所指，并沿前后对称面全剖，以表达泵体上端和左端的凸台及内腔结构。

3．其他视图的选择

因泵体前后对称，左视图可采用半剖视，以表达泵体前后壁的凸台和轴孔深度，以及左侧凸台和孔的分布状况。底板上四个小孔的深度可在左视图的半个视图中进行局部剖表达。

俯视图主要表达泵体的外形，尤其是底板的形状及四角上小孔的分布；并以局部剖表达左壁凸台的小孔。

这样，根据该泵体的结构特点，采取主、左、俯三个视图已将机件的外形和内部结构表达得完整清晰了，无须再画其他图形，如图 7-42 所示。

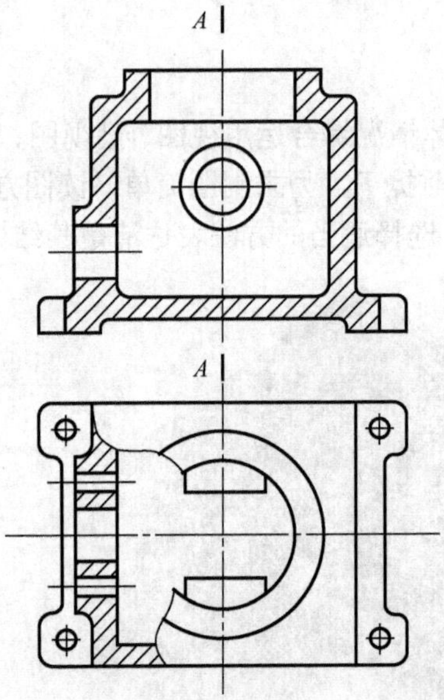

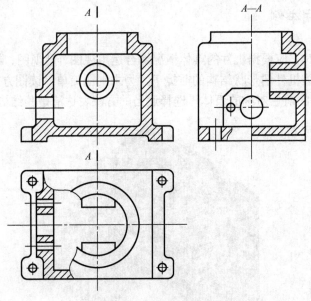

图 7-42　泵体的表达方案

第 8 章　标准件和常用件的规定画法

结构和尺寸规格全部由国家标准统一规定的零件（或部件）称为标准件，如螺栓、螺母、键、销、滚动轴承等；结构和尺寸部分标准化的零部件称为常用件，如齿轮、弹簧等。

螺栓、螺母、键、销、齿轮、滚动轴承、弹簧等零部件，大量使用于各种机械设备和生产实际，为减轻设计工作，降低成本，国家标准规定了标准件和常用件的画法、代号和标记。

8.1　螺纹及其紧固件

8.1.1　螺纹的基本知识

1. 螺纹的形成

螺纹是沿圆柱或圆锥表面加工形成的具有相同断面的连续凸起和沟槽，分为内螺纹和外螺纹，如图 8-1 所示。

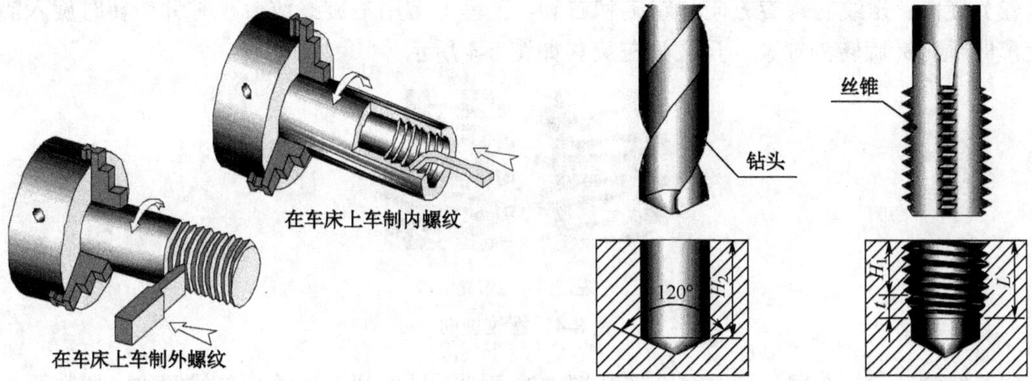

图 8-1　螺纹的加工

2. 螺纹的基本要素

（1）牙型：通过螺纹轴线的螺纹牙的断面形状称为螺纹牙型，有三角形（M）、梯形（Tr）、锯齿形（S）等，如图 8-2 所示。

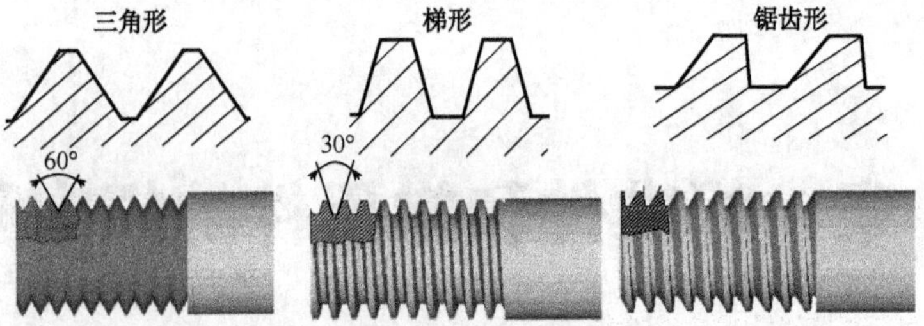

图 8-2　螺纹的牙型

（2）直径：螺纹的直径有以下三种。

① 大径：外螺纹牙顶或内螺纹牙底处假想圆柱的直径，也称公称直径。

② 小径：外螺纹牙底或内螺纹牙顶处假想圆柱的直径。

③ 中径：与大、小径平均值相等的假想圆柱的直径。

外螺纹的大、小、中径代号为 d、d_1 、d_2，内螺纹大、小、中径代号为 D、D_1、D_2，如图 8-3 所示。

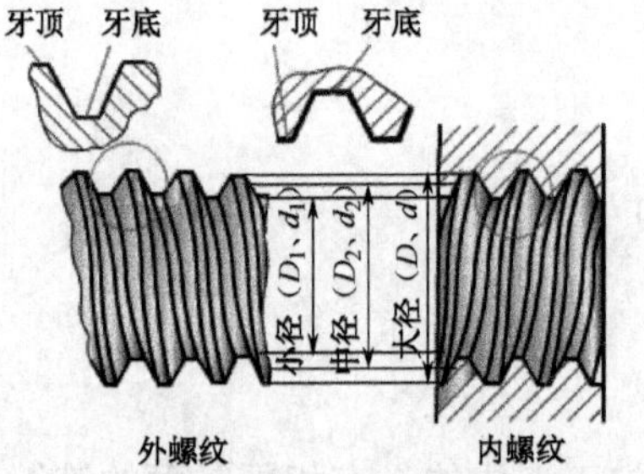

图 8-3　螺纹直径

（3）旋向：螺纹的螺旋方向分左旋和右旋，工程上常用右旋螺纹。顺时针旋转时旋入的为右旋，即顺时针旋转为拧紧，反之为左旋。如图 8-4 所示。

图 8-4　螺纹旋向

（4）线数（n）：在同一圆柱面上切削螺纹的条数。只切削一条的为单线螺纹；切削两条以上的为多线螺纹，如图 8-5 所示。

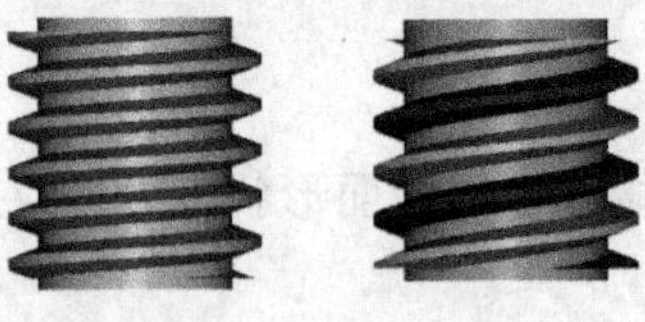

图 8-5　螺纹线数

（5）螺距（P）和导程（S）：相邻两牙在中径线上对应点之间的轴向距离称为螺距；同一螺旋线上相邻两牙在中径线上对应点之间的轴向距离称为导程，如图 8-6 所示。

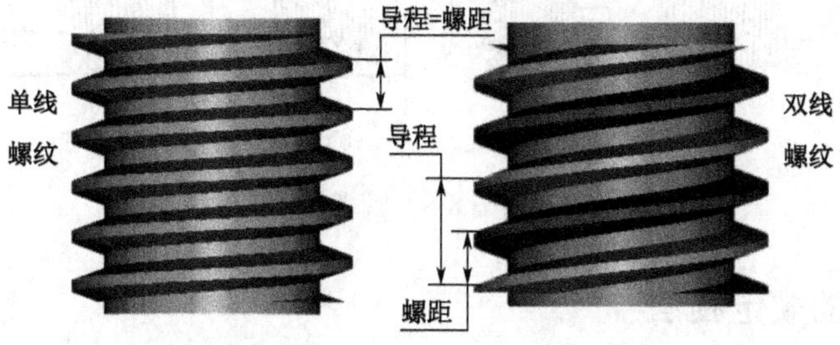

图 8-6　螺纹的螺距和导程

导程(S)= 螺距(P)×线数（n）

单线螺纹的导程= 螺距；多线螺纹的导程=螺距×线数

螺纹的五个基本要素决定了螺纹的尺寸规格。只有当五个要素都分别相同时，内、外螺纹才能旋合在一起。

为便于设计和加工，国家标准对螺纹作了如下规定。

（1）标准螺纹：牙型、直径和螺距符合国家标准。

（2）特殊螺纹：牙型符合国家标准，而直径或螺距不符合国家标准。

（3）非标准螺纹：牙型不符合国家标准。

3. 螺纹的分类

按螺纹的用途分为传动螺纹和连接螺纹，如图 8-7 所示。

传动螺纹有梯形螺纹（Tr），锯齿形螺纹（S）所示。

连接螺纹有普通螺纹（M）（粗牙、细牙）、管螺纹（G、R、Rc、Rp）。

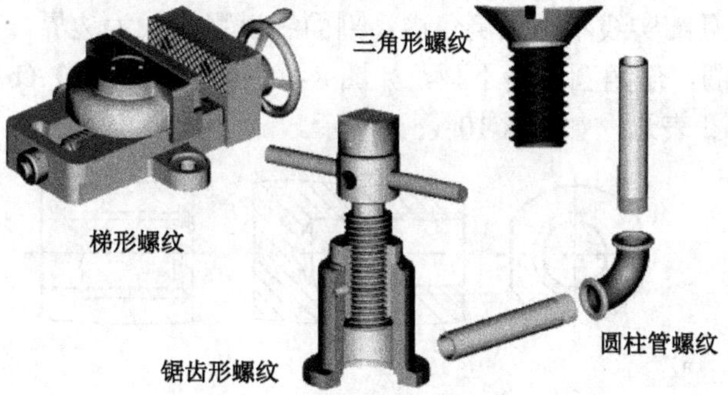

图 8-7　螺纹的种类

其中，管螺纹又分密封和非密封两类，如图 8-8 所示。内外圆柱管螺纹形成非密封连接；圆锥外管螺纹可与圆锥内管螺纹或圆柱内管螺纹形成密封连接。

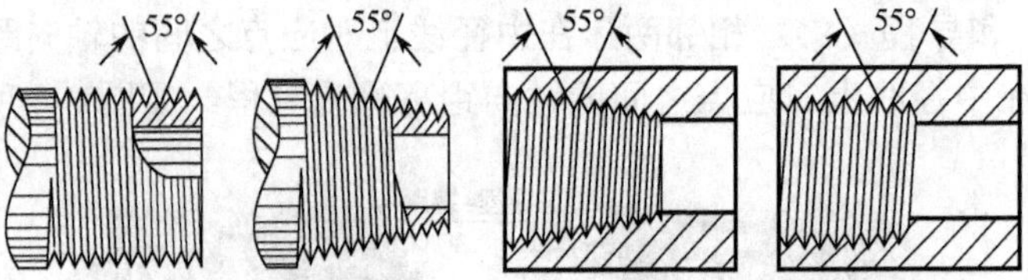

（a）非螺纹密封的管螺纹　（b）用螺纹密封的圆锥管螺纹

图 8-8　管螺纹

8.1.2　螺纹的规定画法

1. 外螺纹的画法

规定外螺纹牙顶（大径）和螺纹终止线用粗实线绘制；牙底（小径）按 $d_1 \approx 0.85d$ 用细实线绘制，并将细实线画入倒角内。在端视图中，表示牙底的细实线圆只画 3/4 圈，倒角圆省略不画，如图 8-9（a）所示。若外螺纹随内孔局部剖切时，剖面线以粗实线为边界，螺纹终止线截短，如图 8-9（b）所示。

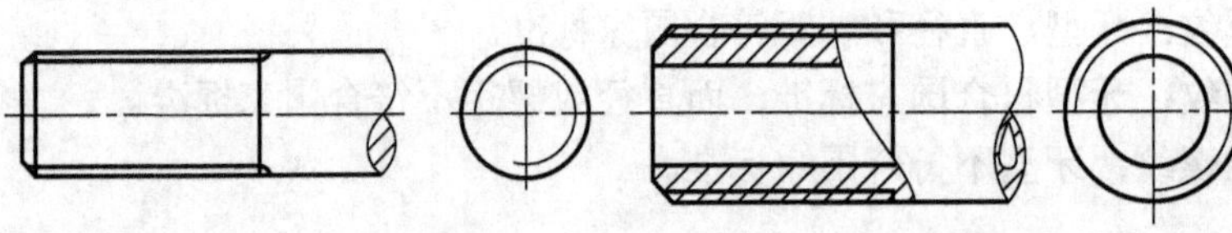

（a）　（b）

图 8-9　外螺纹的画法

2. 内螺纹的画法

内螺纹常采用剖视画法，规定内螺纹牙顶（小径）和螺纹终止线用粗实线绘制，牙底（大径）用细实线绘制，且细实线不画入倒角内，剖面线以粗实线为边界。在端视图中，表示牙底的细实线圆只画 3/4 圈，倒角圆省略不画，如图 8-10（a）和图 8-10（b）所示。若内螺纹采用视图画法，一律用虚线表达，如图 8-10（c）所示。

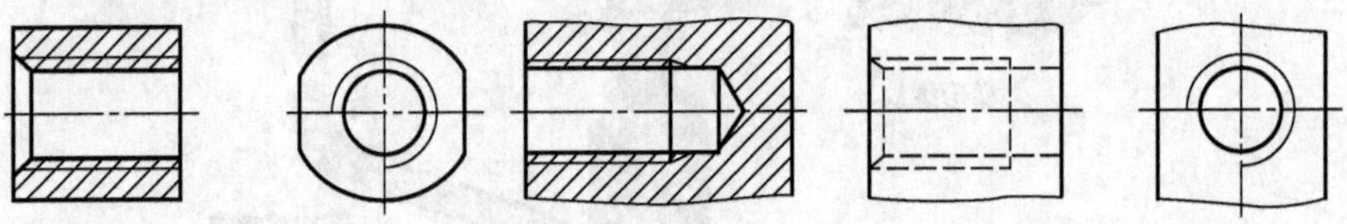

（a）　（b）　（c）

图 8-10　内螺纹的画法

3. 螺纹连接的画法

螺纹连接常采用剖视，旋合部分规定按外螺纹绘制，故轴向剖切时按不剖绘制；其余部分按各自的规定画法绘制。

因为旋合的内、外螺纹大小径分别相等，所以，在剖视图中，外螺纹牙顶粗实线与内螺纹牙底细实线平齐；外螺纹牙底细实线与内螺纹牙顶粗实线平齐，如图 8-11 所示。

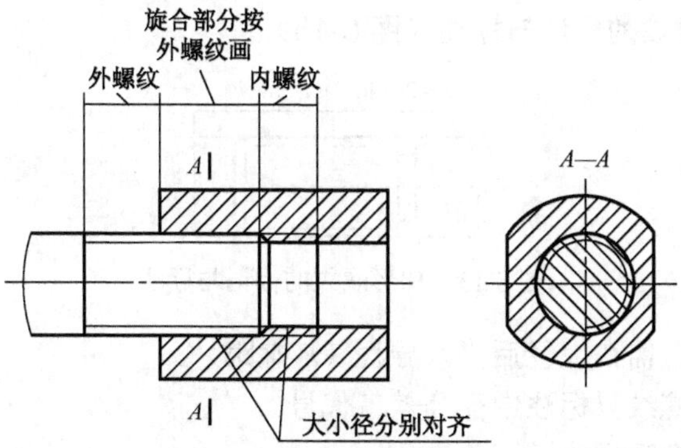

图 8-11　螺纹连接的画法

8.1.3　螺纹的标记与标注

国家标准规定螺纹的标记应随尺寸标注标出：牙型符号 、公称直径×导程（螺距）、旋向、公差带、旋合长度。

1．三角形螺纹的标记与标注（图 8-12）

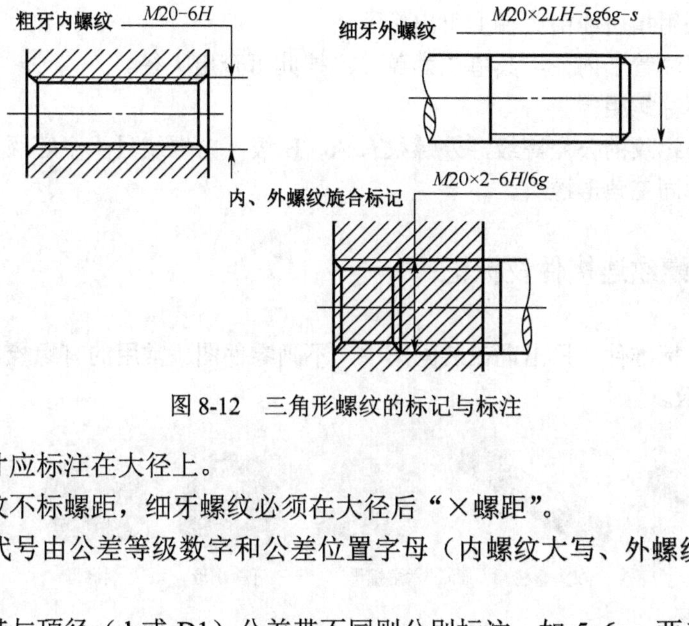

图 8-12　三角形螺纹的标记与标注

（1）螺纹尺寸应标注在大径上。

（2）粗牙螺纹不标螺距，细牙螺纹必须在大径后“×螺距”。

（3）公差带代号由公差等级数字和公差位置字母（内螺纹大写、外螺纹小写）组成，如 6*H*、5g 等。

若中径公差带与顶径（d 或 D1）公差带不同则分别标注，如 5g6g；两者相同时只标注一个，如 6*H*。

旋合螺纹以“/”将内、外螺纹的公差带代号分开。

（4）旋合长度分短（S)、中（N)、长（L）三种，中（N）省略标注。必要时，也可用数值注明旋合长度。

（5）螺纹右旋省略标注，左旋应标注“LH”。

2．梯形、锯齿形螺纹的标记与标注（图 8-13）

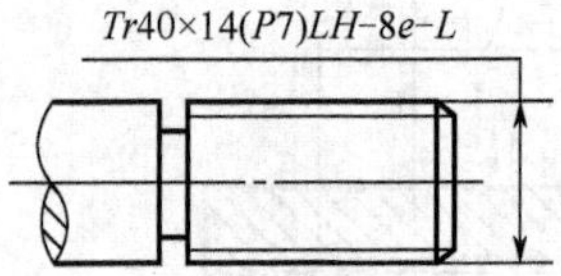

图 8-13　梯形螺纹的标记与标注

（1）若为多线螺纹，需在大径后“×导程（P 螺距）”。

（2）梯形、锯齿形螺纹只标注中径公差带代号。

（3）其余标注同三角形螺纹。

3．管螺纹的标记与标注（图 8-14）

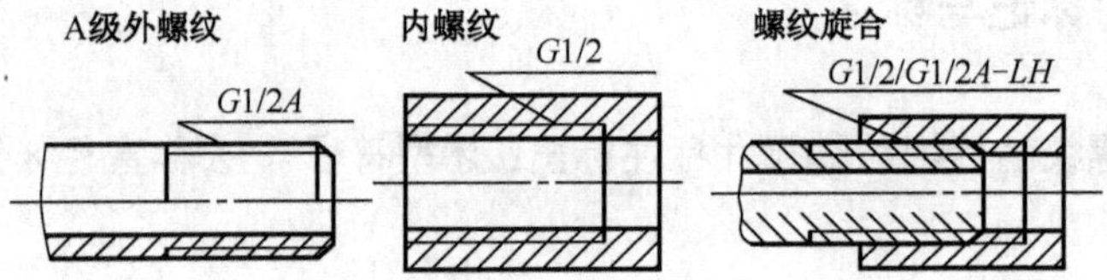

图 8-14　管螺纹的标记与标注

（1）管螺纹采用指引线由大径上引出标注。

（2）管螺纹标注管子内径，其单位为英寸；据此可查出大径。

（3）管螺纹不标螺距。

（4）非密封管螺纹的公差等级，外螺纹有 A、B 级；内螺纹只一个等级，不必标出。

（5）其余标注同三角形螺纹。

8.1.4　常用螺纹连接件及标记

螺纹连接件是标准件，只出现在装配图中，不画零件图。常用的有螺栓、双头螺柱、螺钉等，如图 8-15 所示。

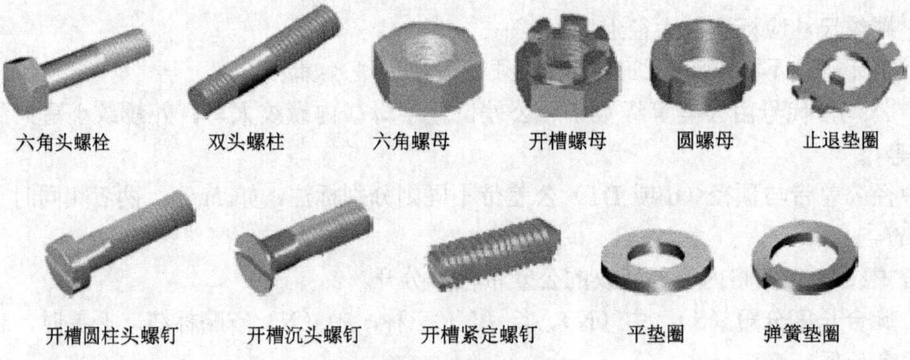

图 8-15　标准螺纹连接件

常用螺纹连接件的标记如表 8-1 所示。

表 8-1　常用螺纹连接件的标记

名称	标记示例	说 明
螺 栓	螺栓 GB/T5782—2010 M10×50	六角头螺栓，大径 d=10、公称长度 L=50（不含头部）
双头螺柱	螺柱 GB/T898—2010 M12×40	双头螺柱，大径 d=12、公称长度 L=40（不含旋入端）
螺 母	螺母 GB/T6170—2010 M16	六角螺母，大径 D=16
螺 钉	螺钉 GB/T65—2000 M10×40	开槽圆柱头螺钉，大径 d=10 、公称长度 L=40（不含头部）
紧定螺钉	螺钉 GB/T71—2000 M5×12	开槽锥端紧定螺钉，大径 d=5 、公称长度 L=12
平垫圈	垫圈 GB/T97.1—2002 16-140HV	平垫圈，内径 d=16、硬度为 140 HV、未经表面处理
弹簧垫圈	垫圈 GB/T93—2000 20	弹簧垫圈，内径 d=20

8.1.5　螺纹连接的规定画法

1．螺栓连接

螺栓连接由螺栓、螺母、垫圈组成，用于连接两个能够钻出通孔且要求连接力较大的零件，螺栓连接的规定画法如图 8-16 所示。

画装配图前，先了解螺栓连接件的形式、大径和被连接件的厚度，从有关标准中查出螺栓、螺母、垫圈的相关尺寸。

其次，估算螺栓长度（L）≈被连接件的厚度（$\delta_1+\delta_2$）+垫圈厚度（h）+螺母厚度（m）+螺栓伸出螺母的螺尾长度（0.3～0.4），根据估算长度从国家标准中选取接近的标准长度。

画图注意事项：

（1）当剖切平面通过螺纹连接件的轴线时，各标准件均按未剖绘制。

（2）螺纹连接件上的倒角、退刀槽等工艺结构均可省略不画。

（3）两接触表面画一条粗实线；非接触表面应分别画出，且留出间隙。

（4）两个被连接件的剖面线方向应相反。

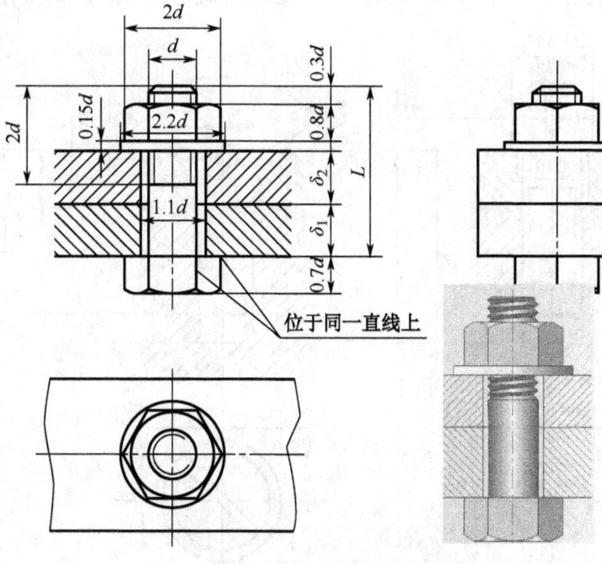

图 8-16　螺栓连接的规定画法

2．双头螺柱连接

双头螺柱连接由双头螺柱、螺母、垫圈组成，用于被连接件之一不能加工成通孔，要求连接力较大或者拆卸频繁的场合，双头螺柱连接的画法如图 8-17 所示。

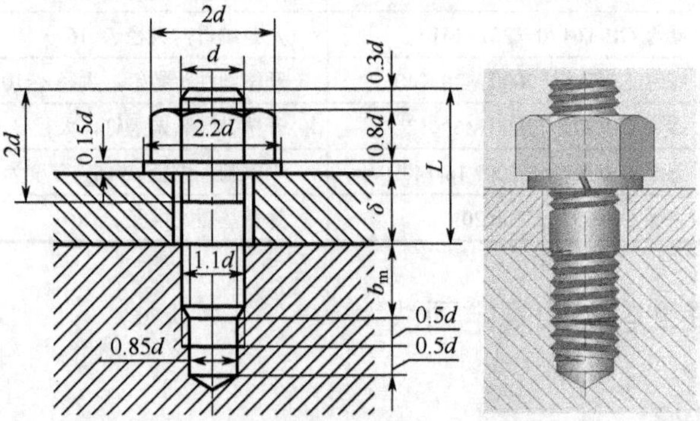

图 8-17　双头螺柱连接的画法

画图注意事项：

（1）估算螺柱的公称长度：

$L \geqslant \delta + b_m + 0.15d + 0.8d + 0.3d$，根据估算值从国家标准中选取接近的标准长度。

（2）伸出端螺纹终止线应低于钻通孔零件顶面轮廓线。

（3）旋入端螺纹终止线与零件接合面平齐。旋入端长度与被连接件材料有关，推荐钢、青铜零件：$b_m=1d$；铸铁零件：$b_m=1.25d$ ；铝零件：$b_m=2d$；强度在铸铁与铝之间的零件：$b_m=1.5d$。

3．螺钉连接

螺钉连接不用螺母、垫圈，将螺钉拧入带不通螺孔的零件，依靠螺钉头部压紧带光孔的零件，用于受力不大、不常拆卸、而被连接件之一不宜钻通孔的场合。螺钉连接画法如图 8-18 所示。球头一字槽螺钉连接，如图 8-19 所示；紧定螺钉连接，如图 8-20 所示。

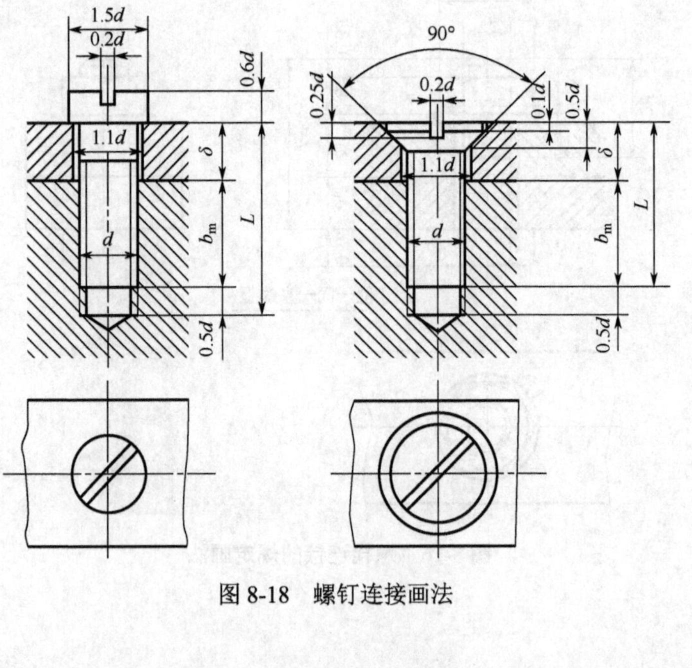

图 8-18　螺钉连接画法

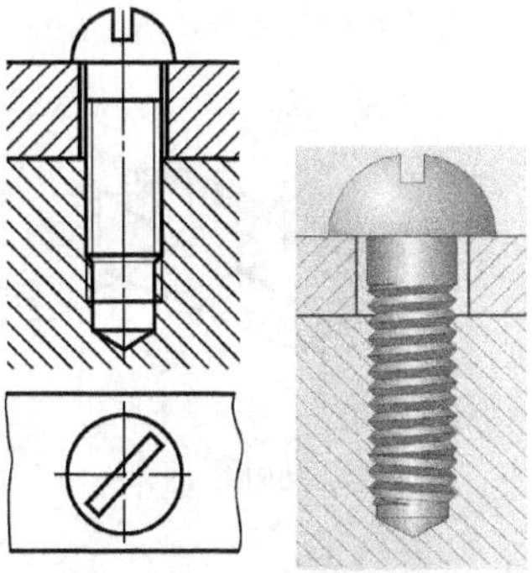

图 8-19　球头一字槽螺钉连接

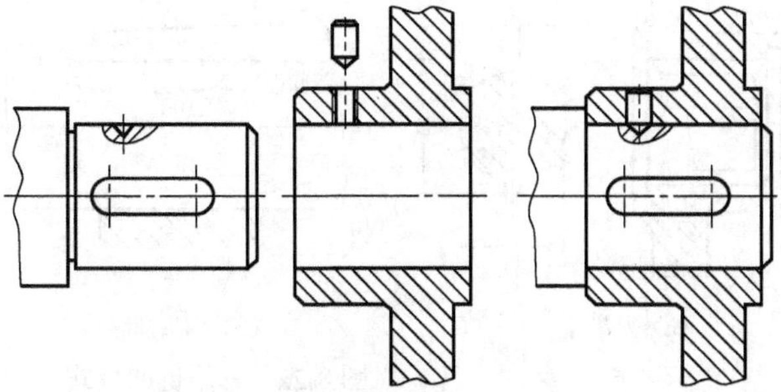

图 8-20　紧定螺钉连接

画图注意事项：

（1）螺钉旋入端与螺柱相同，但螺纹终止线须高于零件接合面。

（2）俯视图中，螺钉头部的一字槽或十字槽应与中心线呈 45°。

8.2　键连接和销连接

键、销都是标准件，结构形式和尺寸可从国家标准中查阅选用。

8.2.1　键连接

键主要用于轴和轴上零件（如齿轮、带轮等）的径向连接，以传递扭转力矩。如图 8-21 所示，将键嵌入轴槽中，再把带轮装在轴上，当轴转动时，通过键连接，带轮也将和轴同步转动，以传递运动和动力。

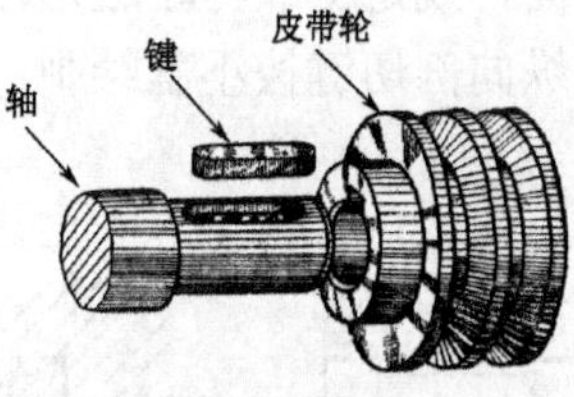

图 8-21　键连接

1. 键的形式

常用的键有普通平键、半圆键、花键和钩头楔键等, 如图 8-22 所示。

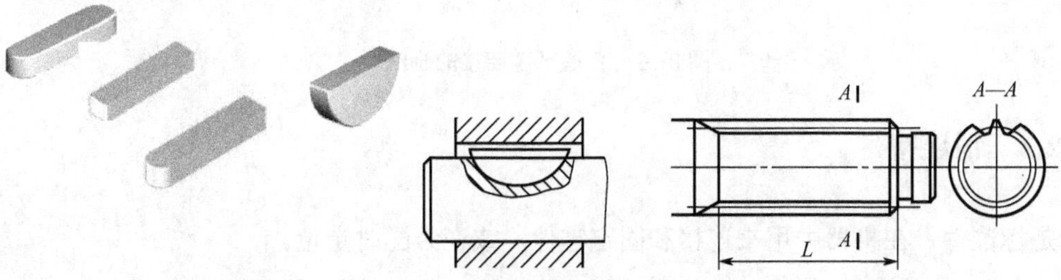

（a）普通平键　　（b）半圆键　　（c）外花键

图 8-22　常用键的形式

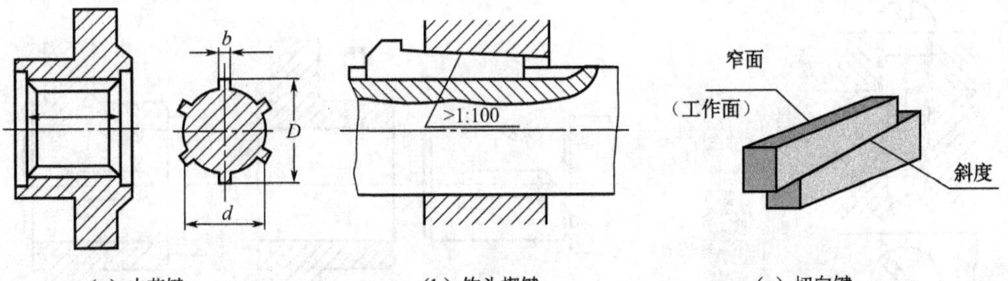

（a）内花键　　（b）钩头楔键　　（c）切向键

图 8-22　常用键的型式（续图）

普通平键分 A 型（圆头）、B 型（平头）和 C 型（单圆头）三种。楔键分带钩头和不带钩头两种。

2．键的标记

【例 8-1】 键 A10×50 GB/T-1096—2003 的含义：普通平键 A 型，键宽 10mm，键长 50mm 及国家标准号。A 型可省略不标，B、C 型需注明。

【例 8-2】 键 6×20 GB/T1099—2003 的含义：半圆键，键宽 6mm，键长 20mm 及国家标准号。

3．键连接的画法

以普通平键连接的画法为例，键及槽的尺寸查阅国家标准，普通平键连接的画法如图 8-23 所示。

画图注意事项：

（1）键的前、后侧面是工作面，与轴、轮毂的键槽接触，分别只画一条线。

（2）键的上、下底面为非工作面，规定键顶与轮毂槽顶之间留有间隙，应画两条线。

（3）轴的局部剖为二次剖切，纵向剖切键按不剖绘制；横向剖切键按剖视绘制。

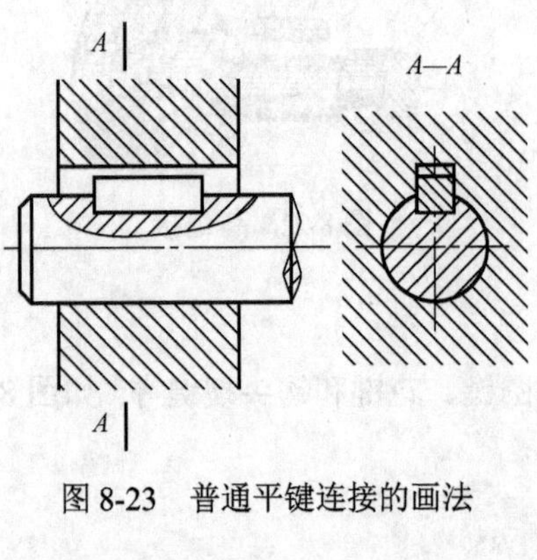

图 8-23　普通平键连接的画法

8.2.2　销连接

销是标准件，在机器中用来连接和固定零件，或在装配时定位。

1．销的形式

常用的销有圆柱销、圆锥销和开口销等，如图 8-24 所示。前两种用于零件间的连接或定位；第三种用于固定零件或防止槽型螺母松动。

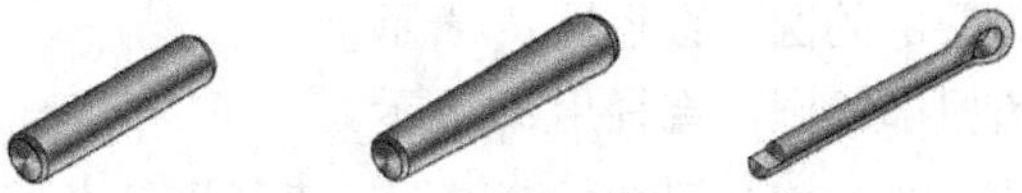

图 8-24　常用销的形式

2. 销连接的画法

圆柱销和圆锥销的装配要求较高，一般要求被连接件装配时同时加工销孔，并在零件图上注明。圆锥销的公称直径指小端直径，锥销孔加工时按公称直径先钻孔，再用定值铰刀扩铰成锥孔。销连接的画法及标记如图 8-25 所示。

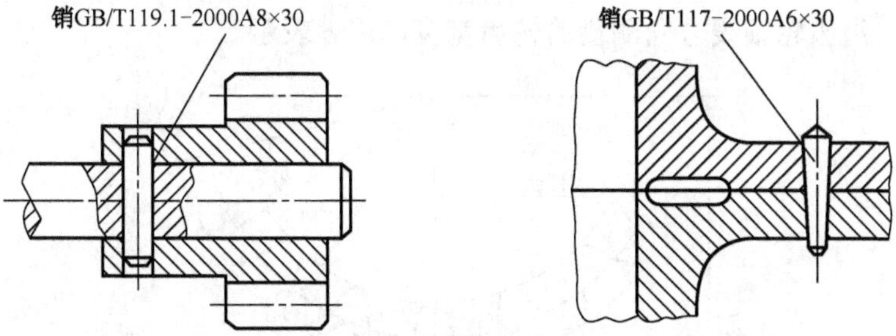

图 8-25　销连接画法及标记

8.3　齿轮及齿轮啮合

齿轮传动在机械传动中应用很广，用以传递动力、改变转动方向、转动速度和运动方式等。根据齿轮轴的相对位置，齿轮传动分为圆柱齿轮传动（两轴平行）、圆锥齿轮的传动（两轴垂直相交）和蜗杆涡轮传动（两轴垂直交叉）等，如图 8-26 所示。

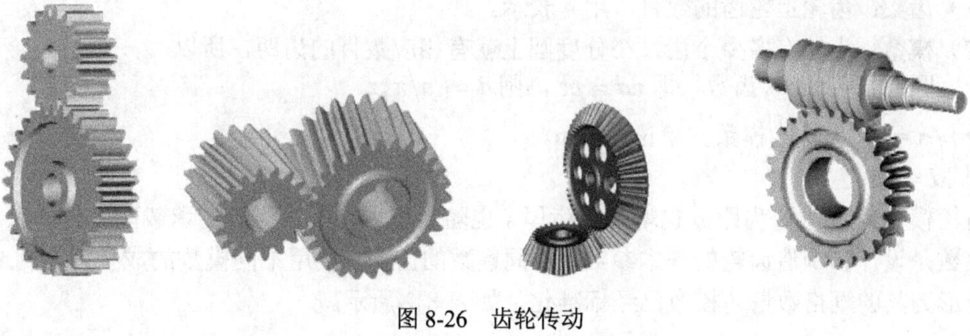

图 8-26　齿轮传动

8.3.1　直齿圆柱齿轮

当圆柱齿轮的轮齿方向与轴线平行时，称为直齿圆柱齿轮，简称直齿轮。

1. 直齿轮结构名称及代号（图 8-27）

（1）齿顶圆：通过轮齿顶部的圆，直径用 d_a 表示。
（2）齿根圆：通过轮齿根部的圆，直径用 d_f 表示。
（3）分度圆：作为设计齿轮各部分尺寸的基准圆，直径用 d 表示。
（4）齿顶高：分度圆到齿顶圆的径向距离，用 h_a 表示
（5）齿根高：分度圆到齿根圆的径向距离，用 h_f 表示。
（6）全齿高：齿顶圆与齿根圆之间的径向距离，用 h 表示。
（7）齿距：在分度圆上，相邻齿对应点之间的弧长，用 p 表示。
（8）齿厚：在分度圆上，每一齿的弧长，用 s 表示。
（9）槽宽：一个齿槽在分度圆上的弧长，用 e 表示。标准齿轮 $s=e=p/2$， $p=s+e$。
（10）齿宽：沿齿轮轴线方向测量的轮齿宽度，用 b 表示。

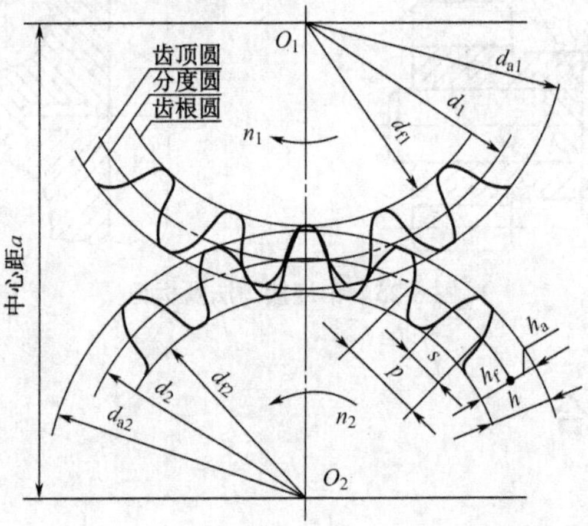

图 8-27　直齿轮结构名称及代号

2. 直齿轮的基本参数

（1）齿数：齿轮上轮齿的数目，用 z 表示。
（2）模数：齿轮有多少个齿，在分度圆上就有相应数目的齿距，所以，
分度圆周长=齿距×齿数，即 $\pi d = pz$，则 $d=(p/\pi)z$

令 $p/\pi=m$，m 称为模数，单位为 mm。

则 $d=mz$

齿轮模数 m 越大，齿距 p 也增大，齿厚 s 也随之增大，因而齿轮的承载能力也增大。

模数是设计和制造齿轮的基本参数。不同模数的齿轮，要用不同模数的成型刀具制造。为减少成形刀具的规格数量，模数已经标准化，如表 8-2 所示。

表 8-2　齿轮模数系列（GB/T1357—2000）　　（mm）

第一系列	1，1.25，1.5，2，2.5，3，4，5，6，8，10，12，16，20，25
第二系列	1.75，2.25，2.75，3.5，4.5，5.5，7，9，14，18，22，28

注：优先选用第一系列。

（3）压力角：过啮合点的径向线与其齿廓切线所夹的锐角。国家标准规定标准直齿轮的压力角为 20°。

3．标准直齿轮的结构尺寸关系（表 8-3）

表 8-3　标准直齿轮的结构尺寸关系

名称及代号	公　式
模数 m	由设计确定
齿顶高 h_a	$h_a=m$
齿根高 h_f	$h_f=1.25m$
全齿高 h	$h=h_a+h_f=2.25m$
分度圆直径 d	$d=mz$
齿顶圆直径 d_a	$d_a=d+2h_a=m(z+2)$
齿根圆直径 d_f	$d_f=d-2d_f=m(z-2.5)$
齿距 p	$p=\pi m$
中心距 a	$a=(d_1+d_2)/2=m(z_1+z_2)/2$

8.3.2　圆柱齿轮的画法

1．单个圆柱齿轮的画法（图 8-28）

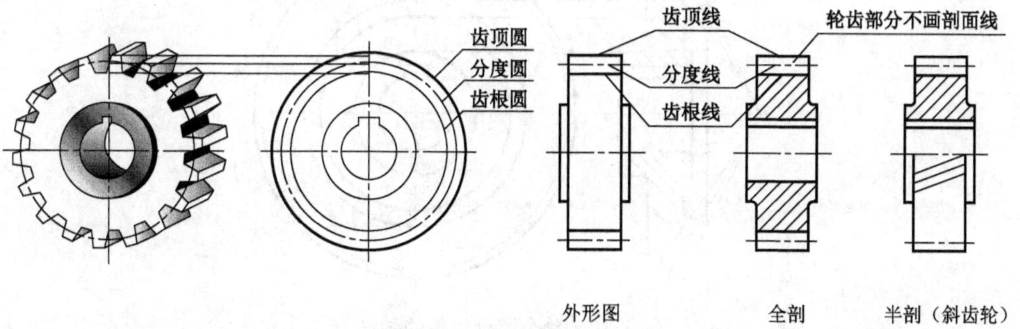

图 8-28　单个圆柱齿轮的画法

国家标准规定：

（1）齿顶圆和齿顶线用粗实线绘制；

（2）分度圆和分度线用细点画线绘制；

（3）齿根圆和外形图中的齿根线用细实线绘制（或省略不画）；

（4）剖切平面通过齿轮轴线时，轮齿按不剖绘制，其齿根线用粗实线绘制。

2．圆柱齿轮的啮合画法（图 8-29）

啮合区的分度线重合，分度圆相切；两齿顶线分别用粗实线、虚线（可省）绘制；啮合区的齿顶圆可省略不画；其余同单个圆柱齿轮的画法。

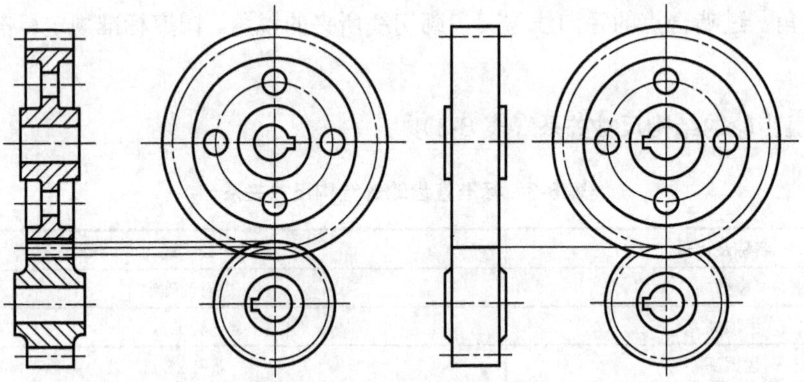

图 8-29 圆柱齿轮啮合的画法

8.3.3 圆锥齿轮的画法

1. 单个圆锥齿轮的画法

圆锥齿轮的画法与圆柱齿轮基本相同。一般用主、左两个视图表示，主视图画成剖视图，如图 8-30 所示。

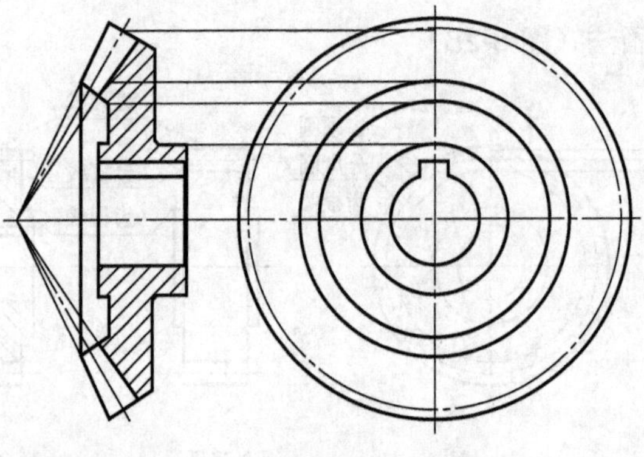

图 8-30 单个圆锥齿轮的画法

国家标准规定：

在投影为圆的左视图中：

（1）齿轮大端和小端的齿顶圆用粗实线绘制；

（2）只绘制大端的分度圆；

（3）不画齿根圆。

2. 圆锥齿轮的啮合画法

圆锥齿轮啮合区的画法与圆柱齿轮啮合区的画法基本相同，如图 8-31 所示。

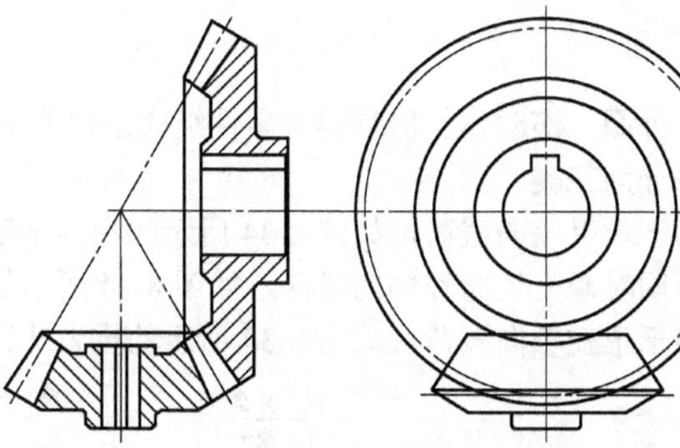

图 8-31　圆锥齿轮的啮合画法

8.3.4　蜗杆和涡轮的画法

蜗杆、涡轮的画法与圆柱齿轮基本相同，在涡轮投影为圆的视图中，只画分度圆和最外圆，不画齿顶圆和齿根圆，如图 8-32 所示。

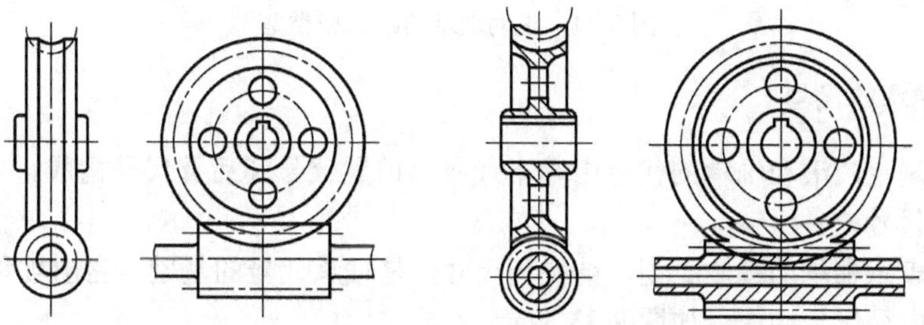

图 8-32　蜗杆和涡轮的啮合画法

8.4　滚动轴承

滚动轴承是支撑转动轴的部件，如图 8-33 所示，它具有摩擦力小、转动灵活、旋转精度高、结构紧凑、维修方便等优点，生产中应用广泛。滚动轴承是标准部件，根据设备特点和承载确定型号，选购即可。

图 8-33　滚动轴承

1．滚动轴承的组成和类型

滚动轴承一般由内圈、外圈、滚动体、保持架等零件组成，如图 8-34 所示。滚动轴承按其承受载荷的方向不同，可分为三类。

（1）向心轴承：主要用于承受径向载荷，如图 8-34 所示的深沟球轴承；

（2）向心推力轴承：可同时承受径向和轴向载荷，如图 8-34 所示的圆锥滚子轴承；

（3）推力轴承：主要用于承受轴向载荷，如图 8-34 所示的推力球轴承。

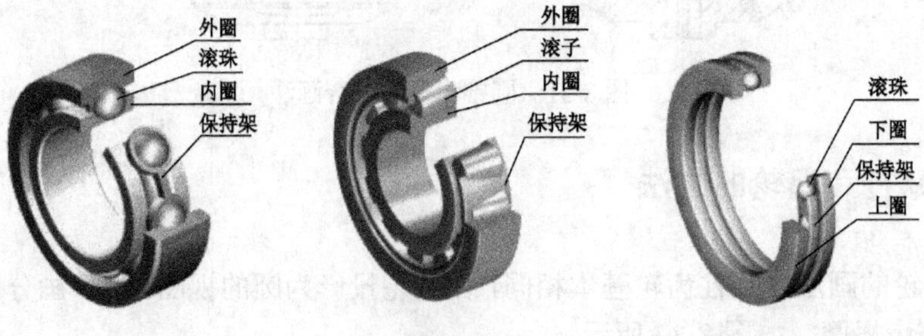

深沟球轴承　　圆锥滚子轴承　　推力球轴承

图 8-34　滚动轴承的组成和类型

2．滚动轴承的代号

国家标准规定，滚动轴承的代号由基本代号、前置代号和后置代号构成。

（1）基本代号

基本代号表示轴承的基本类型、结构和尺寸，是轴承代号的基础，它由轴承类型代号、尺寸系列代号和内径代号构成，如图 8-35 所示。

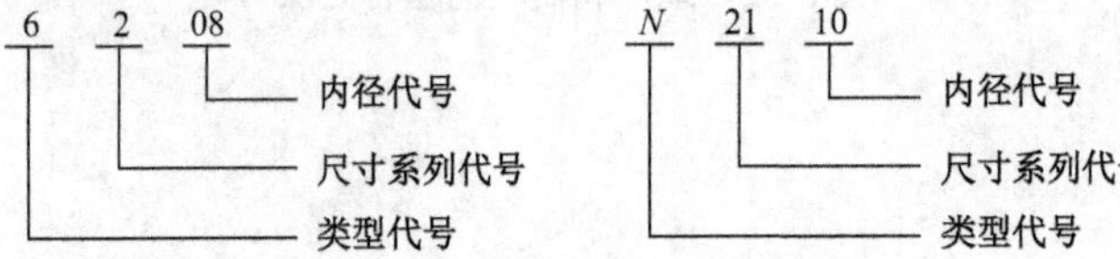

图 8-35　滚动轴承基本代号

轴承类型代号用数字或大写字母表示；有的类型代号可以省略，如双列角接触球轴承的代号“0”。 尺寸系列代号和内径代号均用数字表示。

尺寸系列代号由轴承的宽（高）度系列代号和直径系列代号左右排列组成，如表 8-4 所示。它反映了内圈孔径相同时，宽度、外径及滚动体尺寸不同的同种轴承。

表 8-4　尺寸系列代号

直径系列代号	向心轴承								推力轴承			
	宽度系列代号								高度系列代号			
	8	0	1	2	3	4	5	6	7	9	1	2
	尺寸系列代号											
7			17		37							
8		08	18	28	38	48	58	68				
9		09	19	29	39	49	59	69				
0		00	10	20	30	40	50	60	70	90	10	

内径代号表示滚动轴承内圈的孔径，此孔与转动轴配合，如表 8-5 所示。

表 8-5　内径系列代号

轴承公称内径/mm		内径代号	实例
10～17	10	00	深沟球轴承 6200 d=10mm
	12	01	
	15	02	
	17	03	
代号数字为 04～96		代号数字乘 5 即为轴承内径	调心滚子轴承 23208 d=40mm

（2）前置、后置代号

前置、后置代号是轴承在结构形状、尺寸、公差、技术要求等有改变时，在基本代号左右添加的代号。

前置代号用字母表示，后置代号用字母（或数字）表示。

轴承代号中数字、字母的含义可查阅国家标准。

3．滚动轴承的画法

滚动轴承的画法分为通用画法、规定画法和特征画法，同一图样中，只能采用一种画法。画图前，根据代号从国家标准中查出轴承外径 D、内径 d、宽度 B、T 后，按比例绘制。

（1）通用画法

滚动轴承的通用画法如图 8-36 所示。

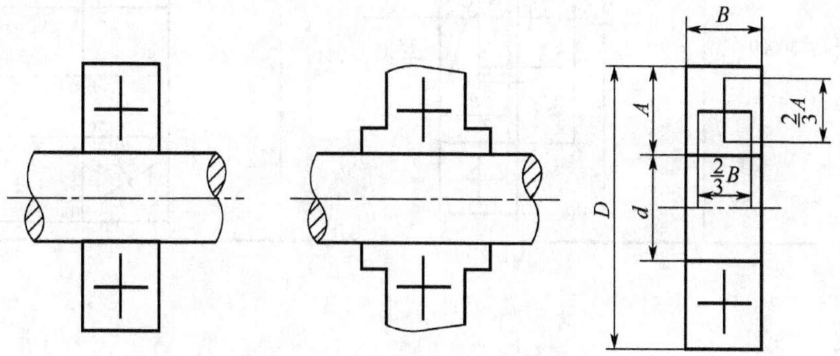

图 8-36　滚动轴承的通用画法

（2）规定画法和特征画法

滚动轴承的规定画法和特征画法如表 8 - 6 所示。

表 8-6　常用滚动轴承的规定画法、特征画法

轴承名称、代号	规定画法	特征画法
深沟球轴承 60000	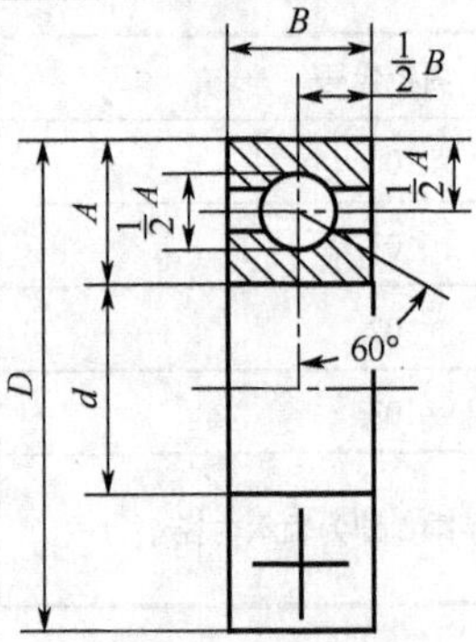	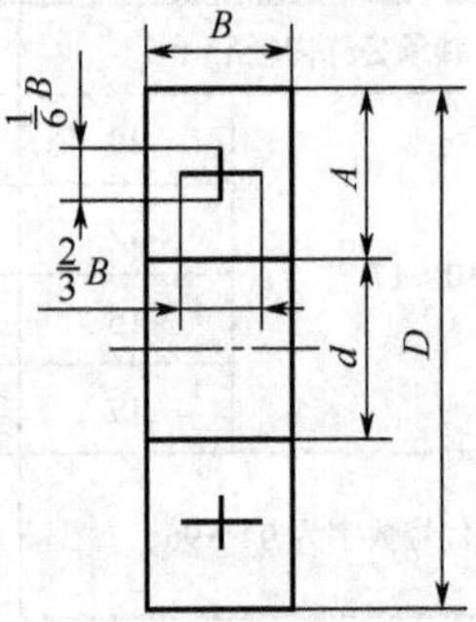
推力球轴承 50000	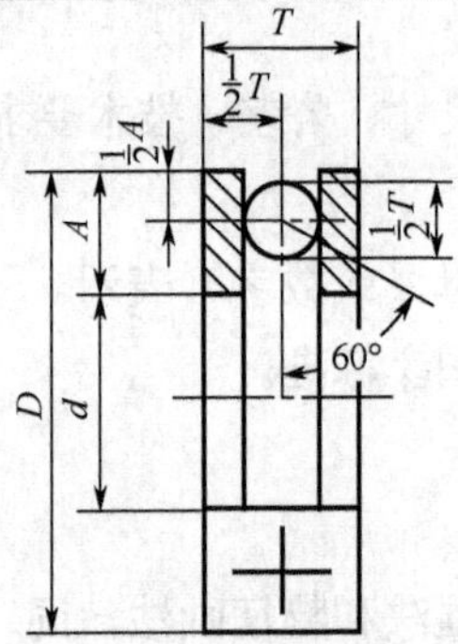	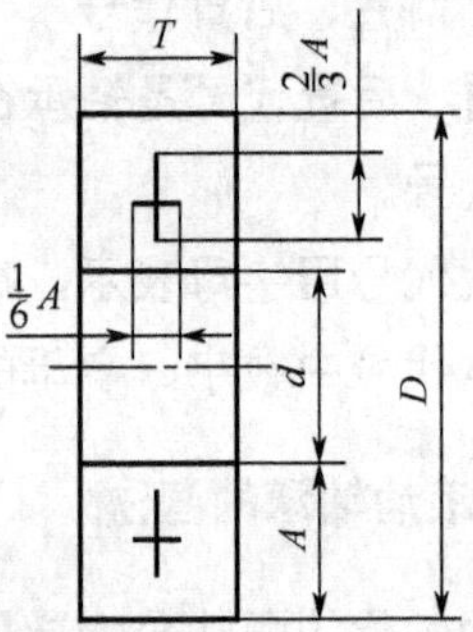
圆锥滚子轴承 30000	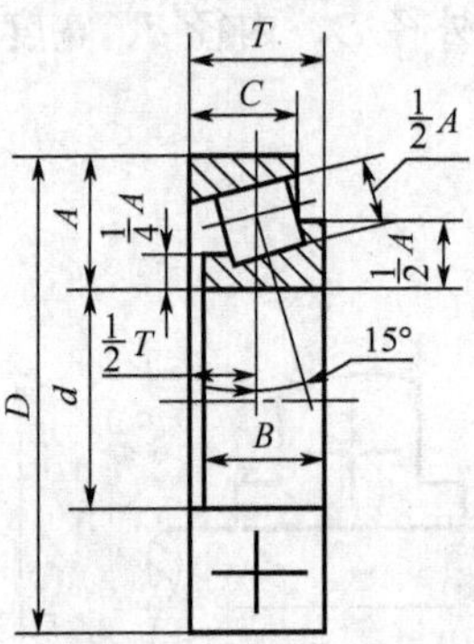	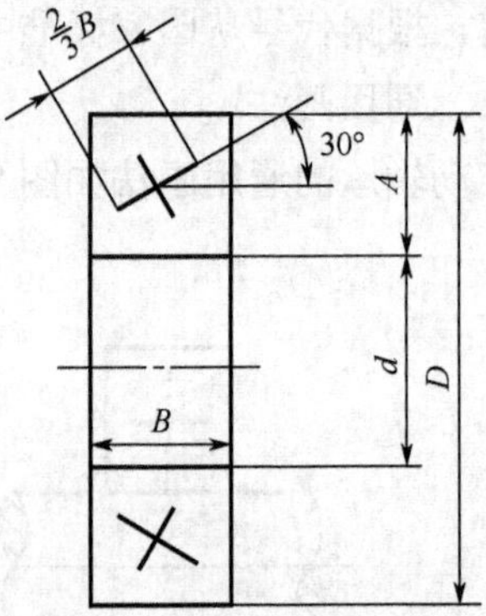

8.5　弹簧

弹簧的作用是减振、夹紧、测力、储存能量等。弹簧的种类较多，有螺旋弹簧、蜗卷弹簧、板弹簧和片弹簧等，最常用的圆柱螺旋弹簧又分为压缩弹簧（压簧）、拉伸弹簧（拉簧）和扭转弹簧（扭簧）三种，如图 8-37 所示。本节主要介绍压缩弹簧及其画法。

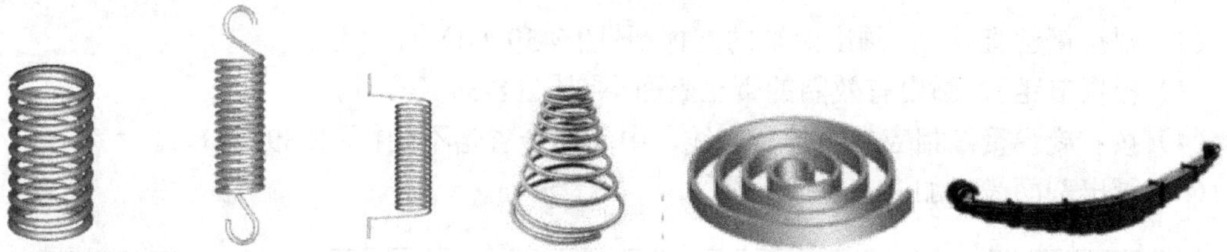

压缩弹簧　拉伸弹簧　扭转弹簧　圆锥弹簧　蜗卷弹簧　板弹簧

图 8-37　弹簧

1．压缩弹簧的结构名称（图 8-38）

（1）簧丝直径（d）：制造弹簧用材料的直径。

（2）弹簧直径。

外径（D）：弹簧的最大直径；　内径（D_1）：弹簧的最小直径；

中径（D_2）：弹簧的平均直径，$D_2 = D-d = D_1+d$。

（3）节距（t）：相邻两有效圈上对应点的轴向距离。

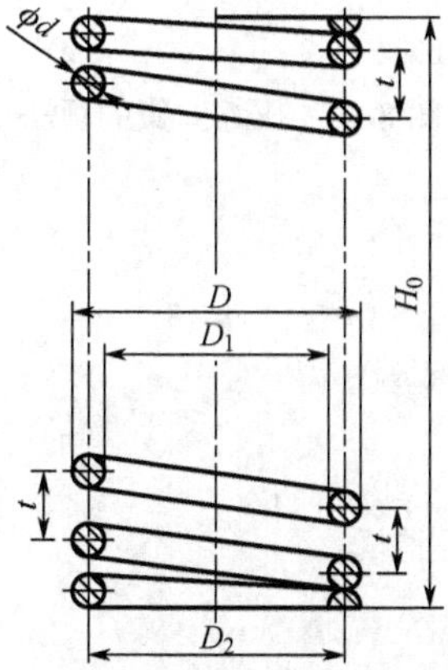

图 8-38　压缩弹簧

（4）弹簧圈数。

支撑圈数（n_0）：弹簧两端磨平（或锻平）且并紧的圈数和，起支撑或固定作用，一般取 1.5、2 或 2.5 圈。

有效圈数（n）：除支撑圈外，具有相同节距（完成弹性变形作用）的圈数（一般不小于 3 圈）。

总圈数（n_1）：支撑圈数与有效圈数之和，即 $n_1 = n_0+n$

（5）自由高度（H_0）：未受负荷时的弹簧高度，$H_0 = n\,t+(n_0-0.5)\,d$。

（6）展开长度（L）：制造弹簧所需钢丝的长度，$L \approx \pi D n_1$。

国标对压缩弹簧的 d、D、t、H_0、n、L 等尺寸都有规定，可查阅。

2．压缩弹簧的画法（图 8-39）

注意，通常按支撑圈数为 2.5 圈、右旋绘制弹簧，具体参数依据弹簧标记。

（1）根据弹簧中径（D_2）及自由高度（H_0），画出中径线和高度定位线[图 8-39（a）]。

（2）根据簧丝直径 d，画出两端的支撑圈[图 8-39（b）]。

（3）根据节距 t，画出有效圈的簧丝断面小圆[图 8-39（c）]。

（4）按右旋弹簧做相应小圆的公切线，中间部分省略不画[图 8-39（d）]。

（5）画出剖面线，加深，完成全图。

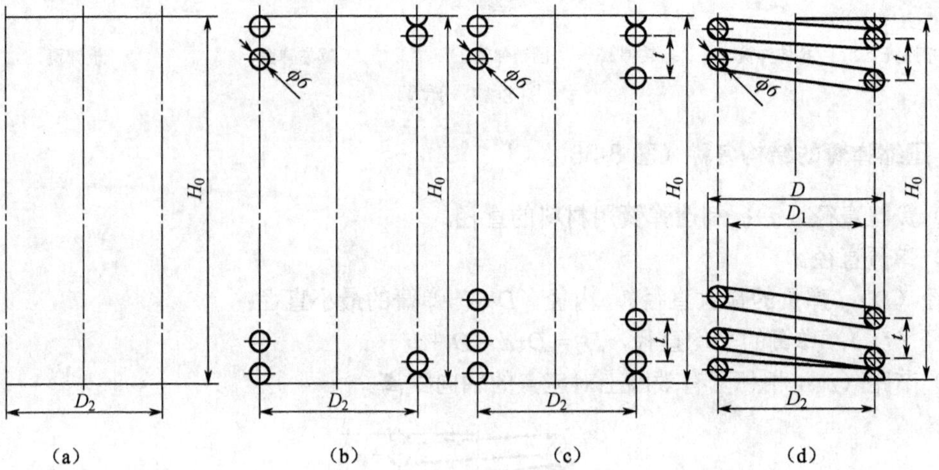

图 8-39　压缩弹簧的画法

第 9 章　零件图

9.1　零件图的内容及零件工艺结构

任何机器（或部件）都是由若干零件按使用要求设计和一定的装配关系装配而成的。表达单个零件的结构形状、尺寸及技术要求的图样称为零件图。零件图是制造加工零件的依据，是生产中必备的技术文件，如图 9-1 和图 9-2 所示。

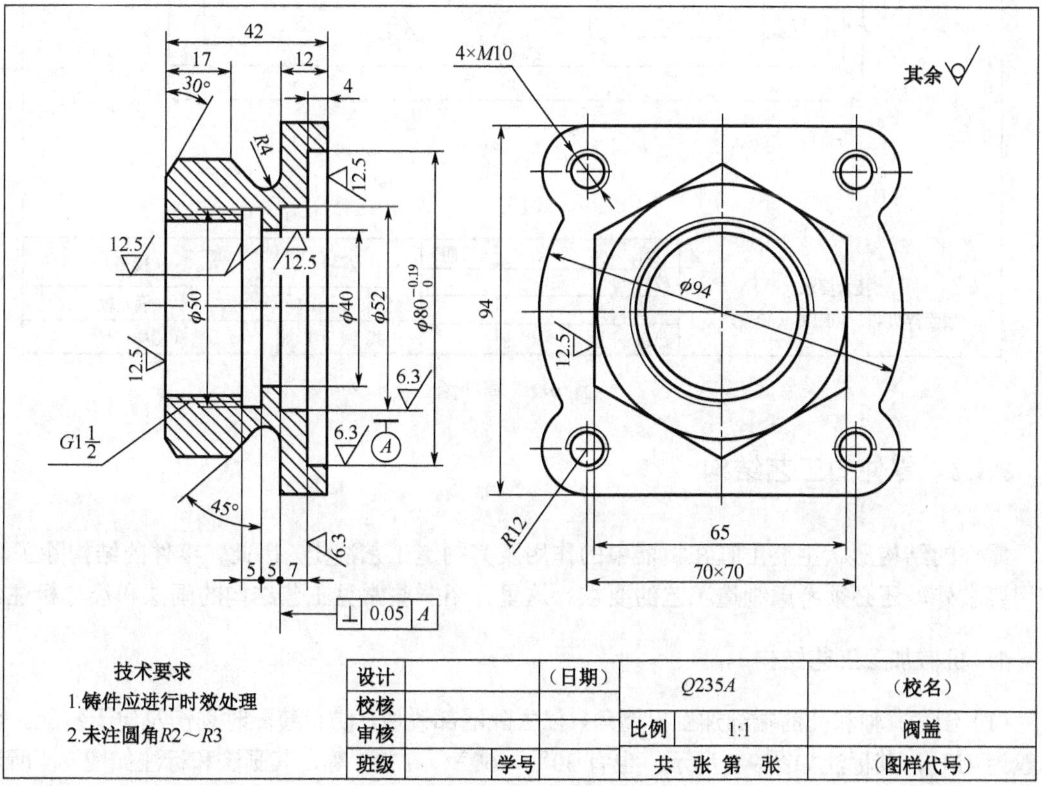

图 9-1　零件图

9.1.1　零件图应具备的内容

（1）一组图形：选用适当的视图、剖视图、断面图及其他表达方法，正确、完整、清晰、合理地表达零件的内、外结构形状。

（2）所有尺寸：合理、完整、正确地标注零件各部分形状大小及相对位置。

（3）技术要求：用规定的符号、代号、标记和文字等说明零件制造和检验时应达到的各项技术指标和要求，如尺寸公差、形位公差、表面粗糙度、热处理等。

（4）标题栏：填写零件名称、材料、比例、数量、图号，以及设计、审核的姓名、日期等。

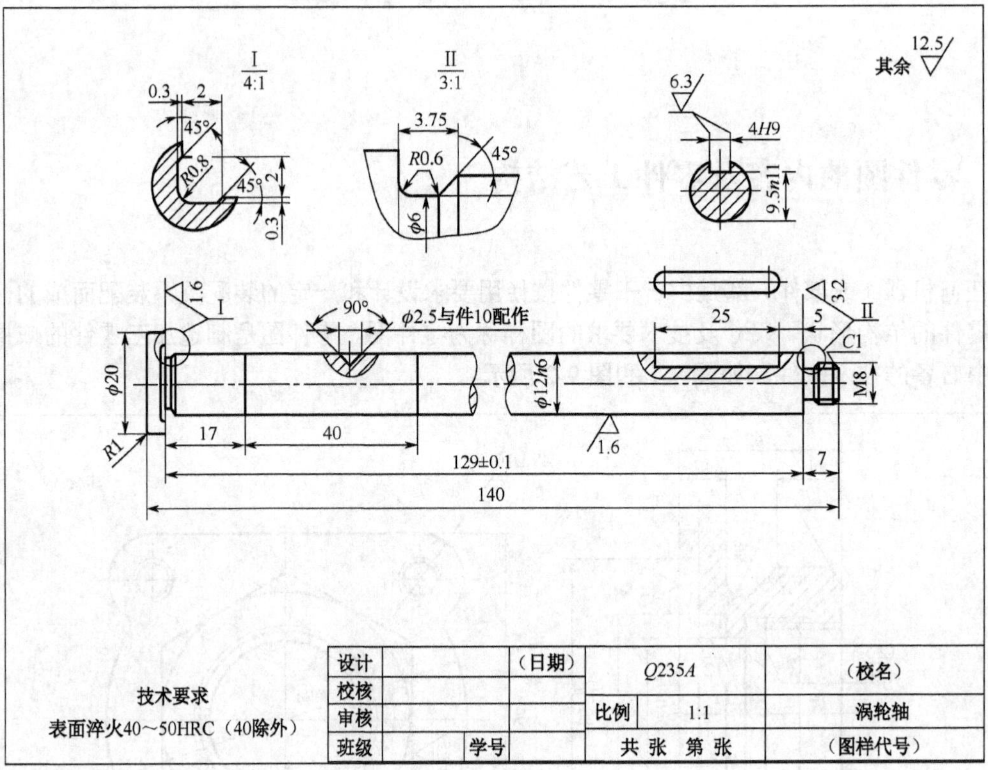

图 9-2　零件图

9.1.2　零件的工艺结构

零件的结构形状主要由它在机器中的作用及其制造工艺决定。因此，零件的结构除了满足使用要求外，还必须考虑制造工艺的要求。这里介绍一些常见工艺结构的画法和尺寸标注。

1. 机械加工工艺结构

（1）倒角：轴和孔的端部加工出倒角，以去除端部锐边，防止装配时划伤及便于装配。倒角一般为45°，其标注如图 9-3 所示；也有 30°、60°、120° 等，其画法和标注如图 9-4 所示。

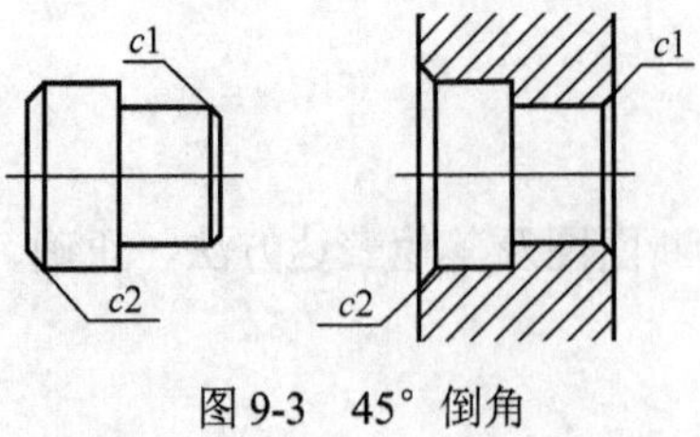

图 9-3　45° 倒角

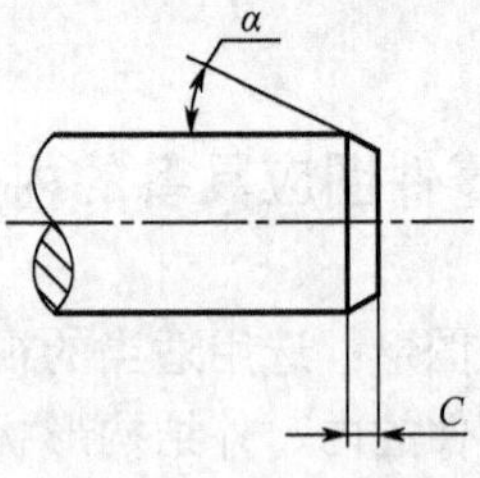

图 9-4　非 45° 倒角

（2）倒圆：轴肩处加工成倒圆，可避免截面尺寸突变产生应力集中，进一步造成应力裂纹，影响使用寿命。其画法和尺寸标注如图 9-5 所示。

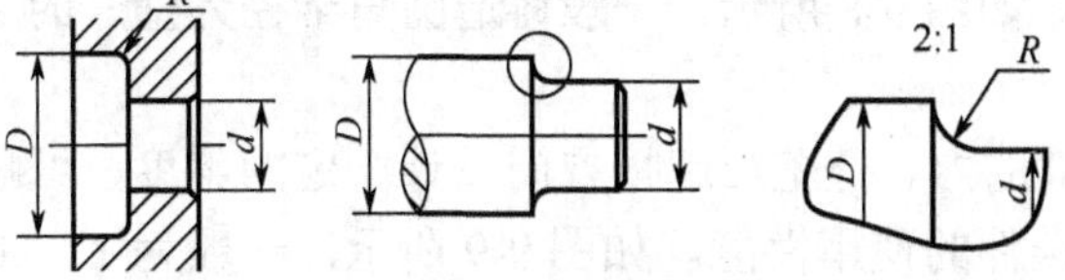

图 9-5　倒圆

（3）退刀槽和越程槽：在切削螺纹或砂轮磨削时，为了被加工表面达到完全加工或进刀、退刀方便，常在轴肩和孔的台阶处预先加工出退刀槽和越程槽，由国家标准查得其形状和尺寸，画法和尺寸标注如图 9-6 所示。

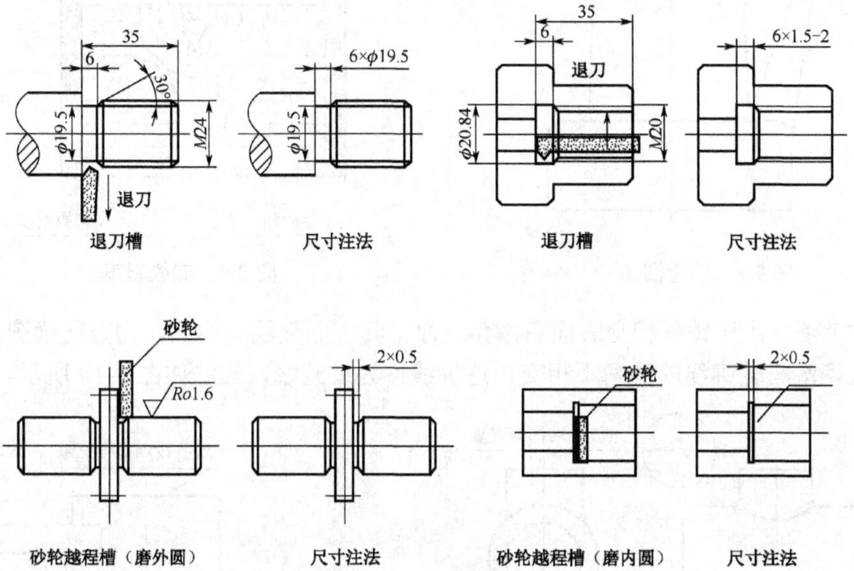

图 9-6　退刀槽和越程槽

（4）钻孔结构：钻孔时，应使钻头垂直于被钻孔表面，如遇斜面、曲面时，应该设计出凸台或凹坑，以免钻头受力不均，使钻孔偏斜或使钻头折断，如图 9-7 所示。

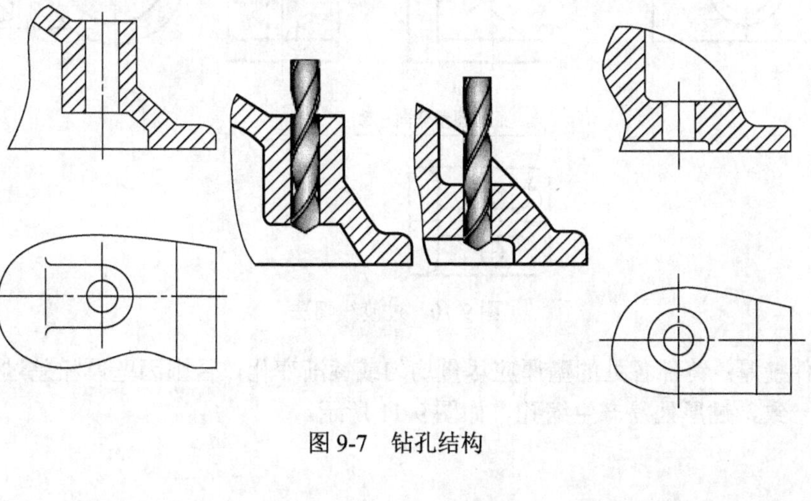

图 9-7　钻孔结构

2．铸件结构

（1）铸造圆角：铸件的相邻表面相交处应有圆角过渡，以防浇注铁水时冲坏砂型尖角处，冷却时产生缩孔和裂纹。如图 9-8 所示，一般铸造圆角半径为壁厚的 0.2～0.4 倍，同一铸件的圆角半径尽可能相同。

（2）起模斜度：铸件的内、外壁沿起模方向设计一定的斜度，可顺利地将模型从砂型中拔出，起模斜度不能影响铸件的使用性能。如图 9-9 所示，一般为 1∶20～1∶10（3°～6°）。在制作模型时予以考虑，视图上可以不标注。

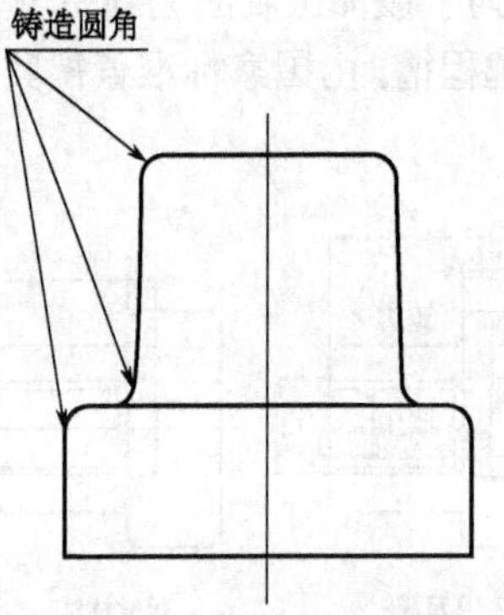

图 9-8　铸造圆角

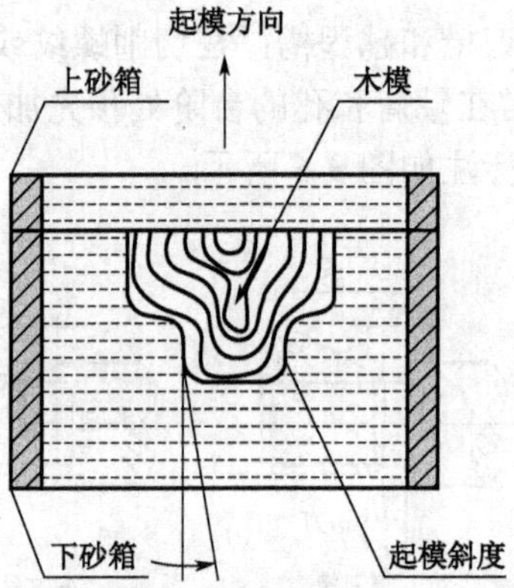

图 9-9　起模斜度

（3）过渡线：由于铸件相交表面有圆角过渡，其表面交线不明显，为方便读图仍要画出交线，但交线两端与轮廓线的圆角不相交，这种线称为过渡线，画法如图 9-10 所示。

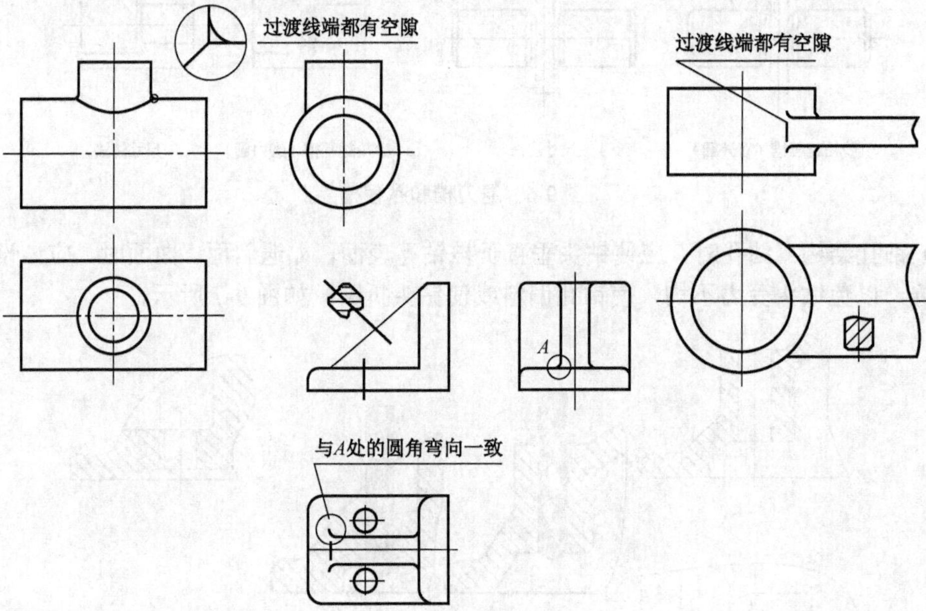

图 9-10　过渡线画法

（4）铸件壁厚：铸件各处的壁厚应尽量均匀或逐渐变化，否则因壁厚相差过大，各部分冷却的速度不一致，过厚处易产生缩孔，如图 9-11 所示。

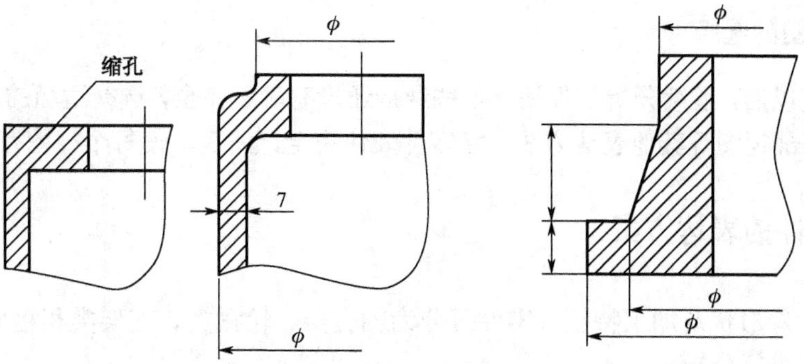

图 9-11　铸件壁厚设计

（5）工艺凸台和凹坑：为减少加工面积或便于进一步加工，使配合面接触良好，常在两配合面处设计凸台和凹坑。如图 9-12 所示。

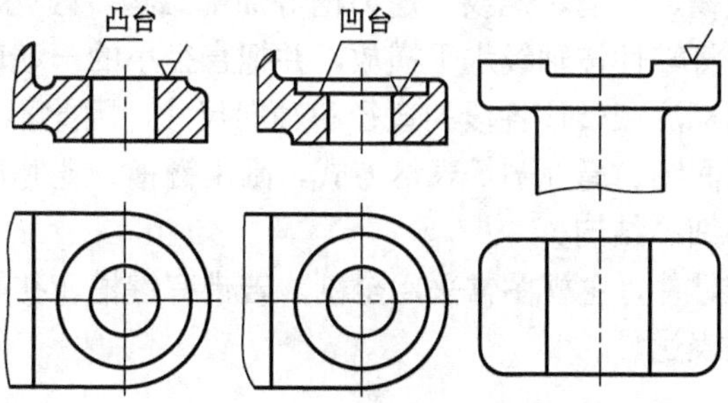

图 9-12　工艺凸台和凹坑

9.2　零件图的表达方案

零件图的表达方案要求以最少数量的图形，正确、完整、清晰地表达出零件的全部结构形状。

9.2.1　视图选择的原则

基本原则：在正确、完整、清晰地表达零件内、外形状的前提下，尽量降低读图的难度，减少基本视图的数量，首先选择确定主视图，然后再确定其他视图。

1．主视图的选择

主视图是零件图最重要的核心视图，在选择主视图时应着重考虑以下三点。

（1）主视方向应是反映零件的结构和形状特征最明显的方向。

（2）主视方向符合零件的加工位置或工作位置。

（3）主视图尽量采用剖视，以较多地反映内外结构。

2．其他视图的选择

主视图确定以后，继续分析零件还有哪些结构还没有表达完全，选择适当的基本视图，适当配合断面图、局部视图等其他表达方法，将零件表达完全、清楚，使每个视图有一个表达重点。

9.2.2 零件的表达方案

根据零件结构形状及加工特征，零件可分为轴套类、轮盘类、支架类和箱体类，下面以四种典型零件为例进行分析。

1．轴套类零件

图 9-13 所示为两个轴套类零件的表达方案。轴套类零件的结构特点是各组成部分是同轴线的回转体，且常带有键槽、轴肩、螺纹、退刀槽等局部结构。因此，常采用的表达方法为：

（1）一般按加工位置将零件按轴线水平横放，并把直径小的一端朝左、键槽朝前，主视图多为矩形投影；在主视图标注回转体各段的直径和轴向尺寸，因此不必画出左视图。

（2）通常采用移出断面图、局部剖等表达方式，画出键槽、孔等局部结构；同时也常采用局部放大图表达零件上的细小结构。

（3）对于空心的轴套零件，主视图常采用全剖。若带有键槽、孔等局部结构，可采用移出断面图、局部剖视等方法表达。

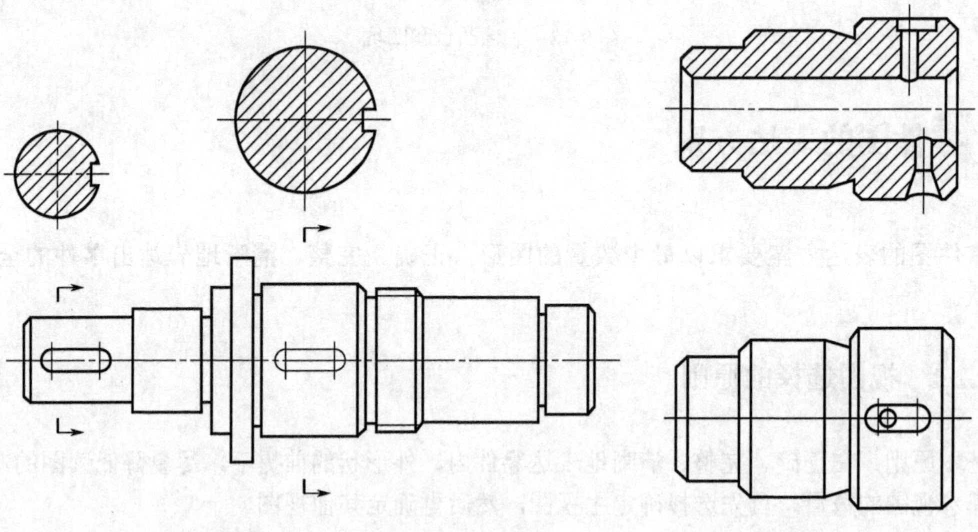

图 9-13 轴套类零件

2．轮盘类零件

图 9-14 所示为两种轮盘类零件的表达方案。轮盘类零件一般指泵盖、端盖、轴承盖和手轮、皮带轮等，其结构特点是主体部分常由回转体、盖板、轮缘等组成；常带有螺孔、键槽、均匀分布的光孔、凸台等结构。因此，常采用的表达方法为：

（1）加工时以车削为主的零件，应将零件轴线水平横放；不以车削为主的零件，可按其工作位置来画主视图。

（2）一般采用主、左视图来表达。其中主视图做剖视，表示孔、键槽等内部结构；左视图或右视图表示外形轮廓和各组成部分的相对位置。

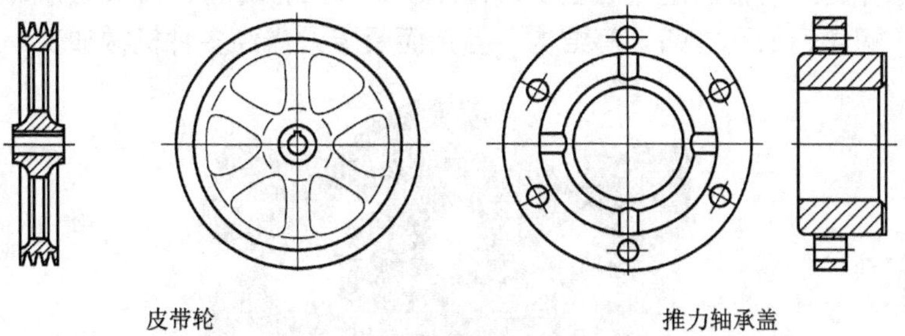

图 9-14　轮盘类零件

3．支架类零件

支架类零件指连杆、摇臂、摇杆、支架、拨叉等，多用于机器的操纵部分，如图 9-15 所示。支架类零件的结构特点是毛坯一般为铸件或锻件，形状较复杂，往往有曲面或倾斜结构，需经多种机械加工，而加工位置又难以分出主次。因此，常采用的表达方法为：

图 9-15　支架类零件

（1）选择主视图时，主要按其形状特征和工作位置（或自然位置）确定。

（2）一般需要两个以上的基本视图表达。由于这类零件上的某些结构不平行于基本投影面，因此常采用斜视图、斜剖和断面图来表示；对零件上的一些细部结构，可采用局部视图、移出断面或局部剖视图来表示。

如图 9-16 所示摇杆的表达方案中，主、俯视图采用了局部剖视，还采用 *A-A* 斜剖视图和 *B-B* 断面图。

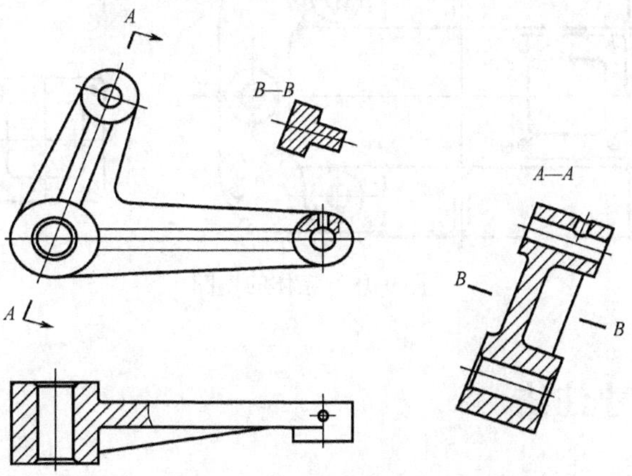

图 9-16　摇杆的视图

4．箱体类零件

箱体是组成机器或部件的主要零件之一，具有支撑、容纳、定位和密封作用，如图 9-17 所示。箱体类零件的结构特点是：毛坯多为铸件，零件上有内腔、轴承孔、凸台、肋板和安装底板、安装孔、螺纹、油孔、凹坑等结构，复杂而紧凑，需经多种机械加工。

图 9-17　各种箱体

图 9-18 为减速器箱体的表达方案，箱体类零件常采用的表达方法为：

（1）主视方向根据箱体的主要结构特征进行选择，常按零件的工作位置画图。

（2）一般需三个以上的基本视图。采用通过主要支撑孔轴线的剖视图表示其内部形状；外部形状尽量保留；细部结构采用局部剖视、局部视图、斜视图、断面图等表达。

（3）箱体类零件的投影复杂，常出现各种交线（过渡线）的投影，画图时多注意。

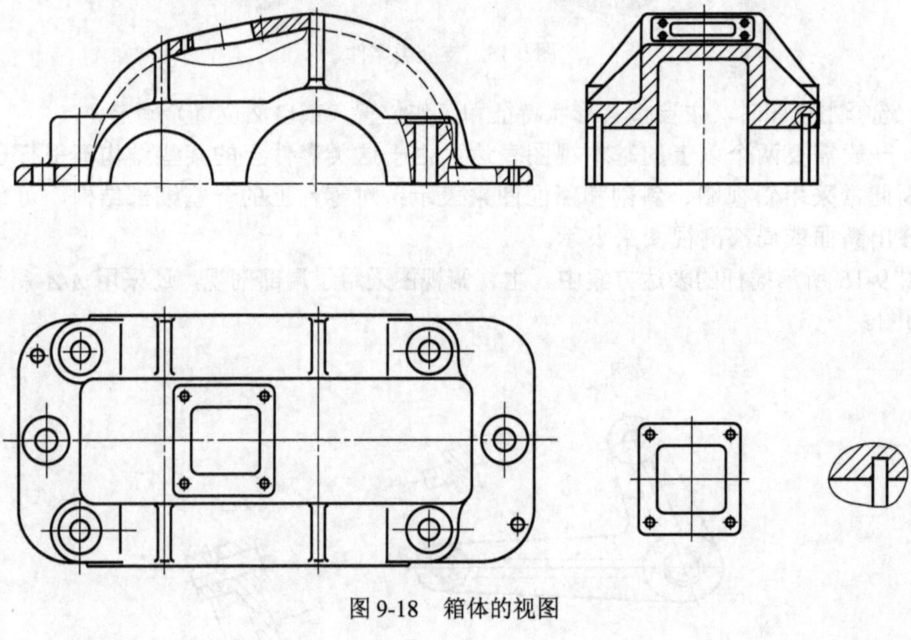

图 9-18　箱体的视图

9.3　零件图的尺寸注法

零件图上的尺寸是零件加工、检验的重要依据，前面已经讲过，标注尺寸应做到正确、齐全、清晰，在零件图中，还要考虑标注的合理性。尺寸标注的合理性是指标注的尺寸既要符合零件的设计要求，以保证机器的质量（工作良好）；又要满足工艺要求，以便于加工和检验。合理的尺寸标注，首先应正确选择尺寸基准，其次是将尺寸恰当配置到视图中。

9.3.1　合理选择尺寸基准

零件图上的尺寸基准分为设计基准和工艺基准两类。

（1）设计基准：根据设计要求用以确定零件结构的位置所选择的基准称为设计基准。设计基准常选用零件主要的回转轴线、对称平面、重要的支撑面、配合面及主要的加工表面等。

（2）工艺基准：根据零件的加工、测量、检验要求而确定的基准，称为工艺基准。

如图 9-19 所示的轴承挂架，三个方向的主要基准Ⅰ、Ⅱ、Ⅲ都是设计基准。Ⅰ又是加工 $\phi 20$ 和顶面的工艺基准，Ⅱ是加工两个螺钉孔的工艺基准，Ⅲ又是加工平面 D 和 E 的工艺基准。

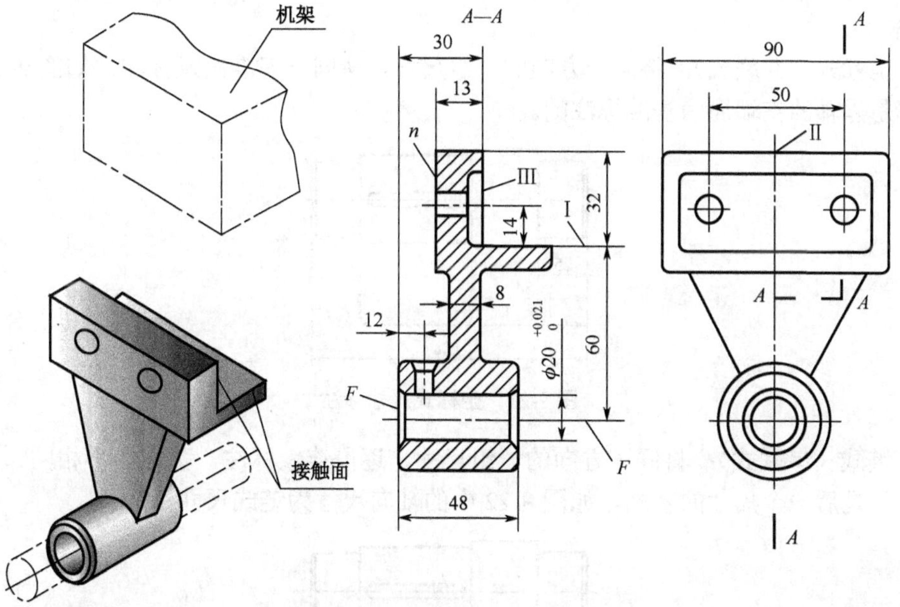

图 9-19　设计基准与工艺基准

零件长、宽、高三个方向的尺寸都至少有一个尺寸基准。同一方向上可以有多个尺寸基准，但其中必定有一个是主要的，称为主要基准，其余的称为辅助基准。辅助基准为加工和测量提供方便，并与同向的主要基准有尺寸关联，如图 9-20 所示，沿长度方向上，端面Ⅰ为主要基准，Ⅱ、Ⅲ为辅助基准。辅助基准与主要基准之间有尺寸 12、112 关联，以确定辅助基准的位置。

标注尺寸时尽可能使设计基准和工艺基准重合，以减少误差的积累，既满足设计要求，又保证工艺要求。主要基准应与设计基准和工艺基准重合，工艺基准应与设计基准重合，这一原则称为“基准重合原则”。

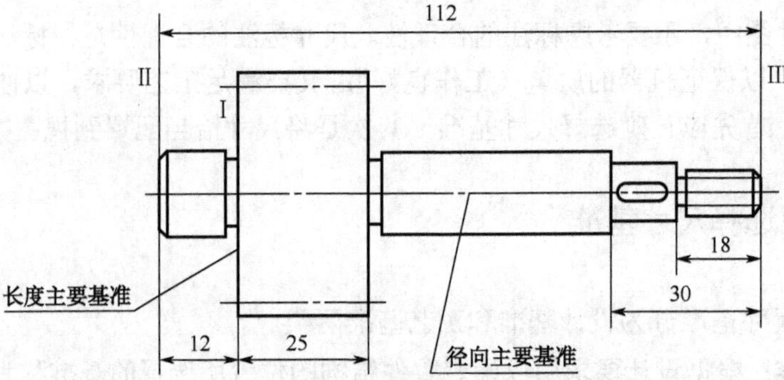

图 9-20　主要基准与辅助基准

9.3.2　尺寸标注的形式

由于零件设计要求和工艺方法不同，尺寸基准的选择也不相同，因而零件图上尺寸标注有三种形式。

（1）坐标式（并联式）：将同一方向的一组尺寸，从同一基准出发标注。如图 9-21 中的轴向尺寸都是以轴的左端面为基准标注的。

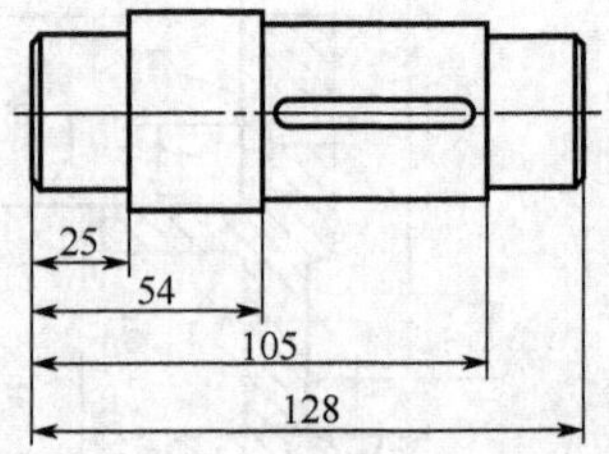

图 9-21　坐标式尺寸标注

（2）链式（串联式）：将同一方向的一组尺寸，逐段连续标注，基准各不相同，前一个尺寸的终止处是后一个尺寸的基准，如图 9-22 中的轴向尺寸为链式尺寸标注。

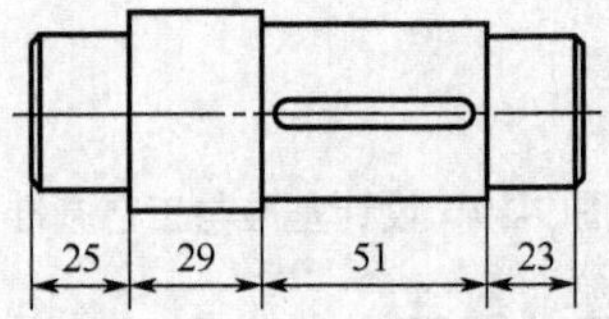

图 9-22　链式尺寸标注

（3）综合式：将上述两种尺寸标注综合，这种尺寸标注最能适应零件设计与工艺要求，如图 9-23 所示，加工中，轴向误差都累加到不注尺寸的轴段上。

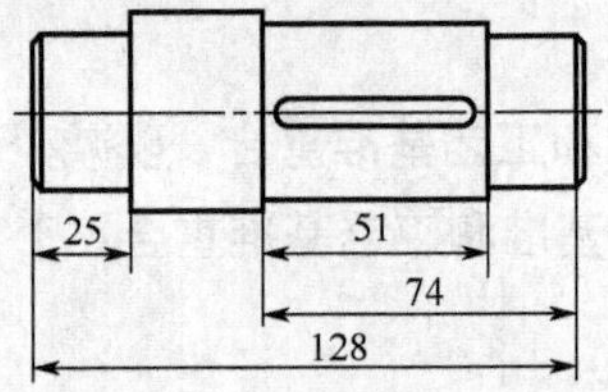

图 9-23　综合式尺寸标注

9.3.3　标注尺寸避免出现封闭尺寸链

一组首尾相接的链状尺寸称为封闭尺寸链，如图 9-24 所示，只要注出一个 e 尺寸就形成一条封闭尺寸链。

尺寸若注成封闭尺寸链，造成尺寸重复且尺寸精确度相互影响，加工中难以保证每个尺寸的精确度，因此标注尺寸时应选择最不重要的尺寸空出来。

9.3.4　尺寸标注应考虑加工顺序和测量方便

如图 9-25 中的尺寸 c 则难以测量，改标尺寸 b、d 方便测量，减少测量误差。

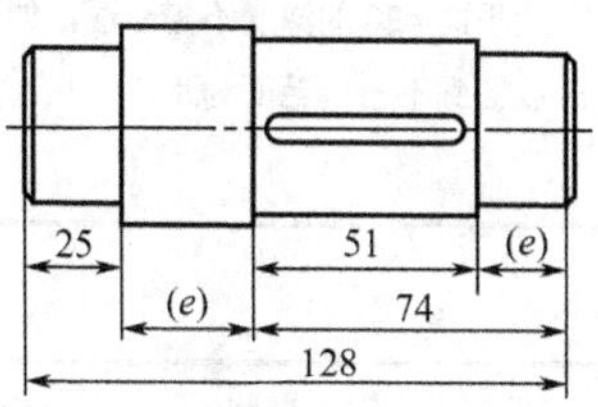

图 9-24　避免封闭尺寸链

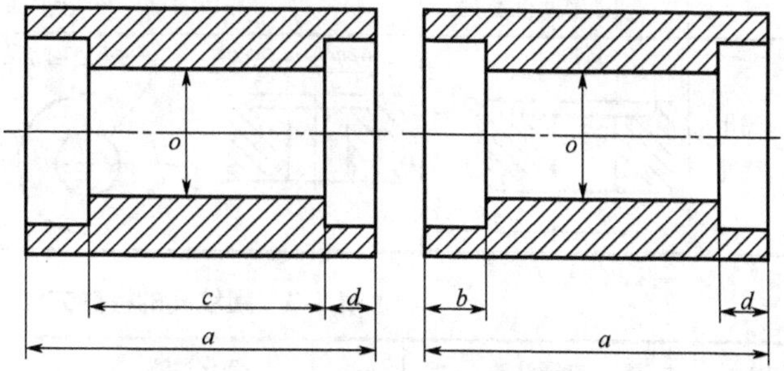

图 9-25　考虑加工顺序和测量方便

9.3.5　零件上常见孔的尺寸标注方法

光孔、沉孔、螺纹孔的标注方法及示例如表 9-1～表 9-3 所示。

表 9-1　光孔的标注方法

结构类型		普通注法	简化注法	说明
光孔	一般孔	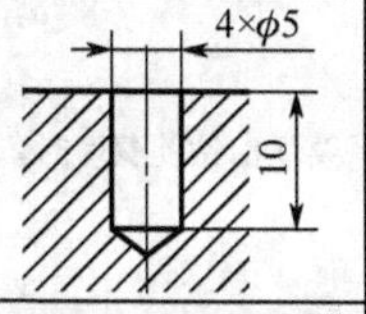	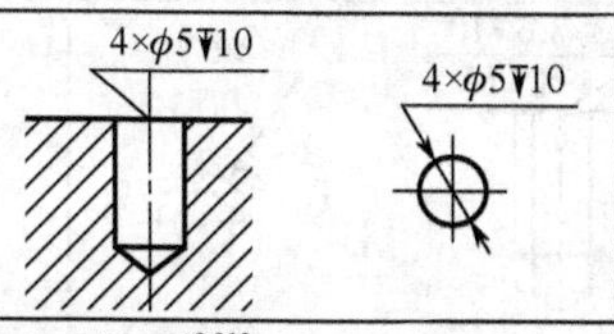	4 个孔的直径均为 ϕ 5，深度为 10
	精加工孔	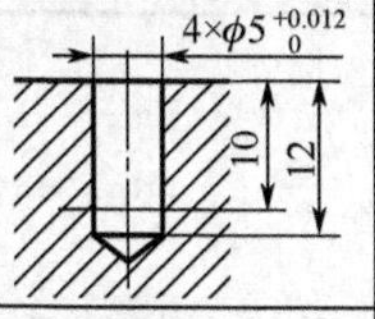	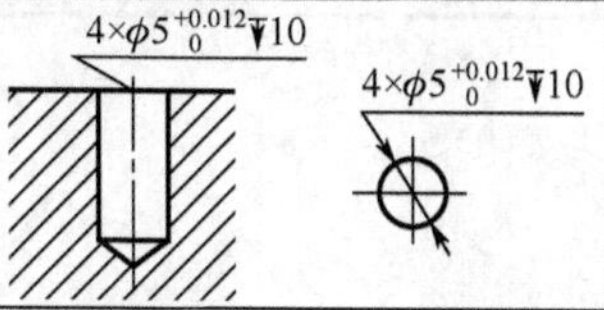	钻孔深为 12，钻孔后精加工至 $\phi5^{+0.012}_{0}$，深度为 10
	锥销孔	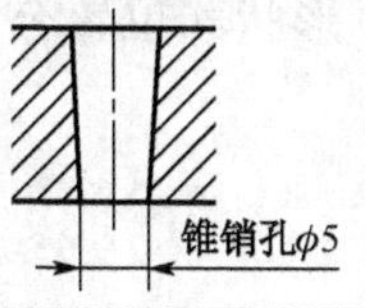	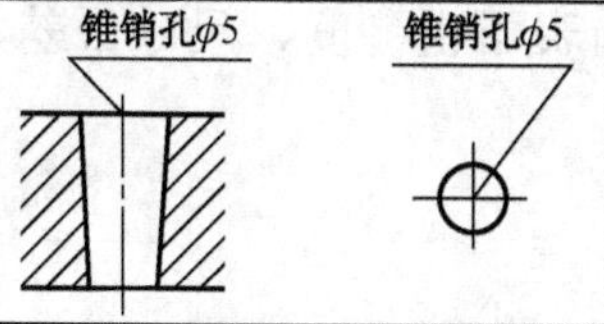	与其配合的锥销小头直径为 $\phi5$，推销孔通常是配作的

表 9-2　沉孔的标注方法

结构类型		普通注法	简化注法	说明
沉孔	锥形沉孔	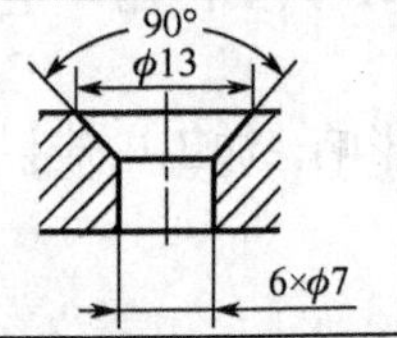	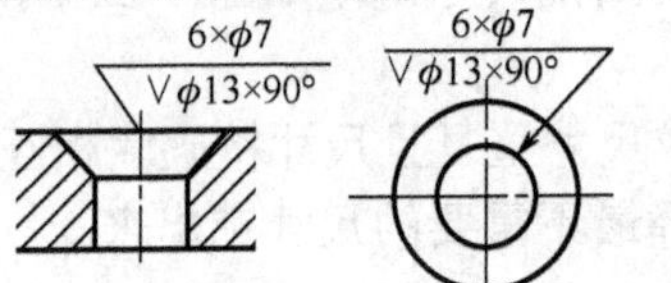	6 个孔的直径均为 $\phi7$ 。锥形大端直径为 $\phi13$ ，锥角为 90°
	柱形沉孔	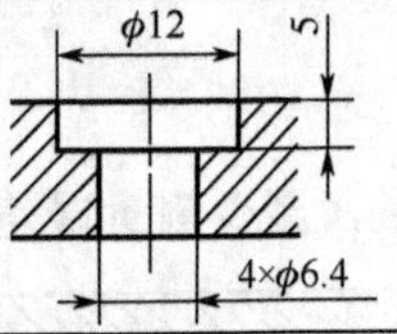	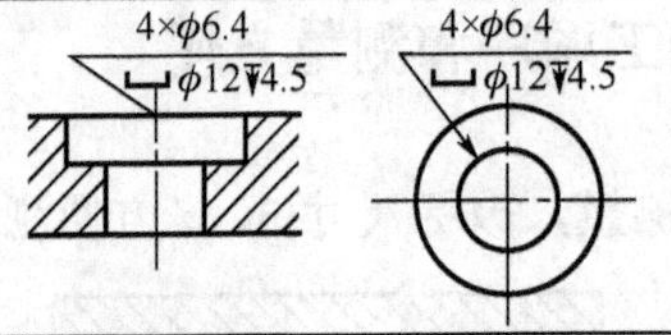	4 个柱形沉孔的小孔直径为 $\phi6.4$ ，大孔直径为 $\phi12$ ，深度为 4.5
	锪平面孔	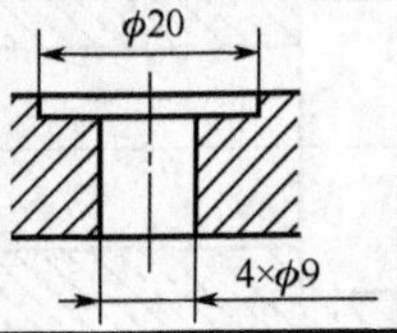	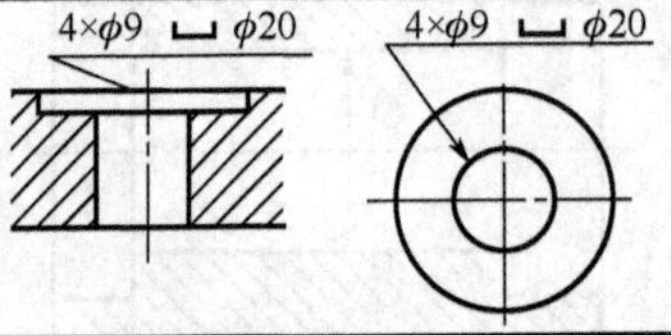	锪平面 $\phi20$ 的深度不需标注，加工时一般锪到不出现毛面为止

表 9-3　螺纹孔的标注方法

结构类型		普通注法	简化注法	说明
螺纹孔	通孔	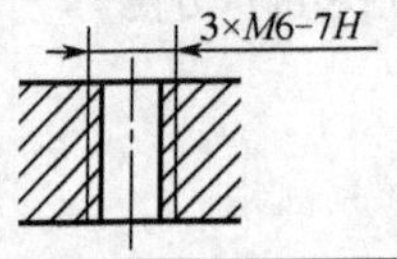	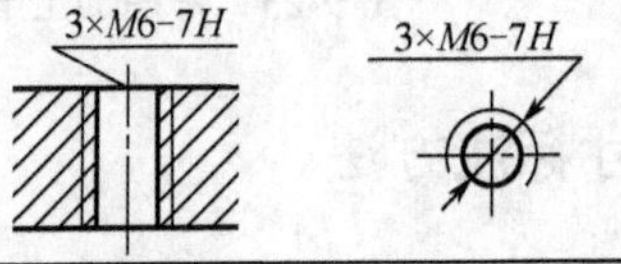	3 个直径为 $\phi6$ ，中径、顶径公差带均为 7H 的螺孔
	不通孔	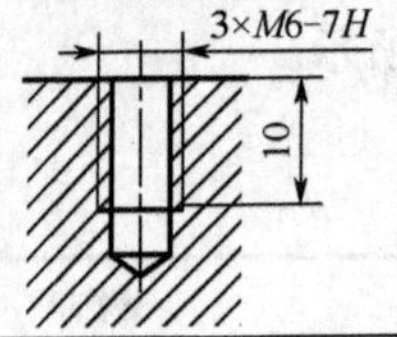	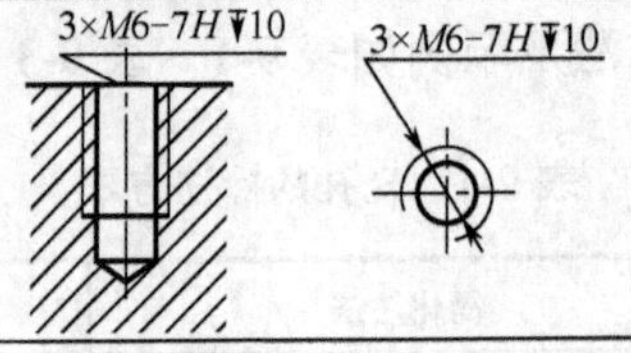	10 指螺孔的有效深度
	不通孔	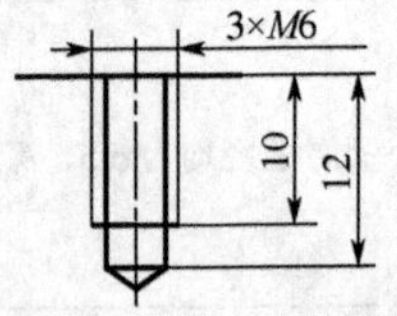	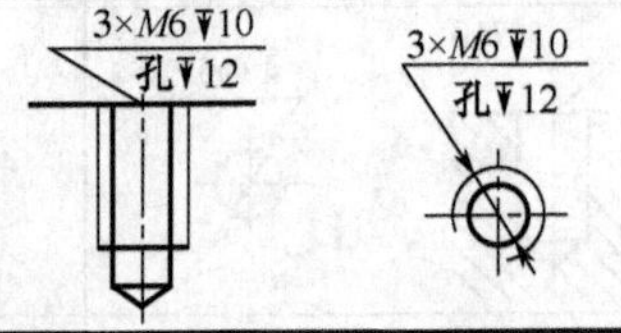	需要注出钻孔深度时，应明确标注

9.4　零件图的技术要求

零件图的技术要求主要指零件的表面粗糙度、尺寸公差、形状和位置公差、零件的热处理等。

9.4.1　表面粗糙度

1．定义

表面粗糙度指零件表面微观几何形状不平的程度，如图 9-26 所示。

2．影响

表面粗糙度影响零件的摩擦磨损、疲劳强度、抗腐蚀性及密封性。

3．表面粗糙度的主要参数

轮廓算数平均偏差（代号 *Ra*）在取样长度内轮廓偏距绝对值的算数平均值，为评价表面粗糙度的常用参数（GB/T3505—2000），如图 9-27 所示。常用 *Ra* 的数值：0.2、0.4、0.8、1.6、3.2、6.3、12.5、25、50、100 等。

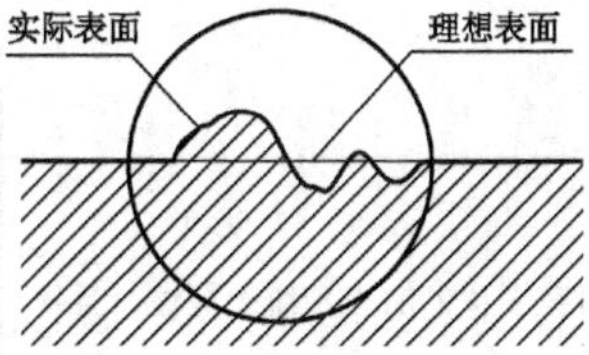

图 9-26　零件表面粗糙度示意图

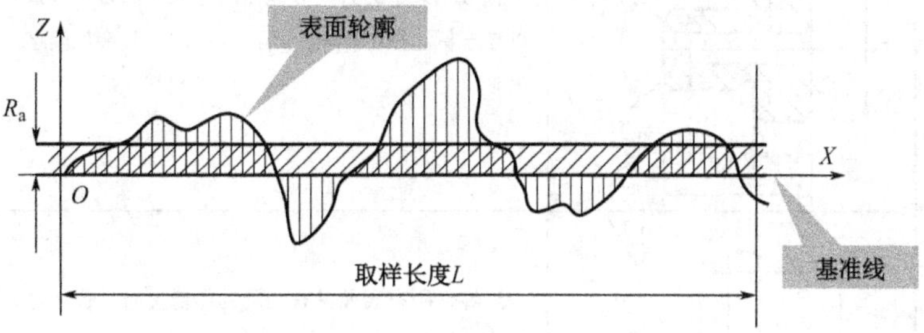

图 9-27　轮廓算数平均偏差 *Ra*

4．表面粗糙度符号

（1）表面粗糙度符号的画法，如图 9-28 所示。

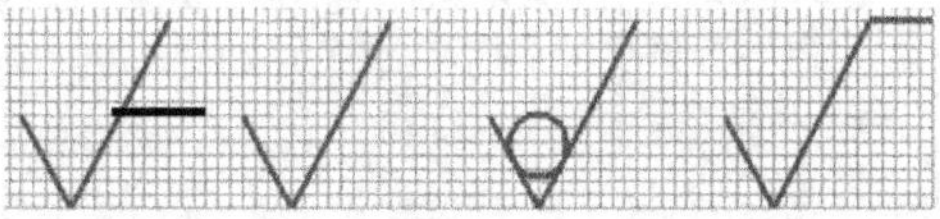

图 9-28　表面粗糙度符号

（2）表面粗糙度符号的含义，如表 9-4 所示。

表 9-4　表面粗糙度符号的含义

符号	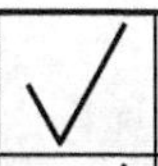	基本符号，表示可用任何方法获得表面。单独使用时没有意义
	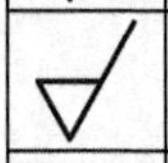	基本符号加短画，表示用去除材料的方法获得表面，如车、铣、钻、磨、抛光、腐蚀、电火花加工等
		基本符号加小圈，表示用不去除材料的方法获得表面，如铸、锻、冲压、轧制、粉末冶金等；或供应状况的表面
代号	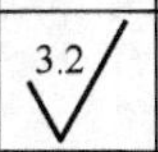 3.2	用任何方法获得的表面粗糙度，*Ra* 的上限值为 3.2μm
	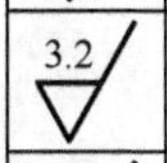 3.2	用去除材料的方法获得的表面粗糙度，*Ra* 的上限值为 3.2μm
	 3.2	用不去除材料的方法获得的表面粗糙度，*Ra* 的上限值为 3.2μm
	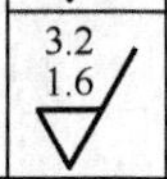 3.2 1.6	用去除材料的方法获得的表面粗糙度，*Ra* 的上限值为 3.2μm，*Ra* 的下限值为 1.6μm

（3）表面粗糙度标注：同一零件图上，每个表面只标注一次表面粗糙度，符号的尖端必须从材料外指向零件表面，并注在可见轮廓线、尺寸线、尺寸界线或引出线上，如表 9-5 所示。

表 9-5　表面粗糙度标注示例

图例	说明
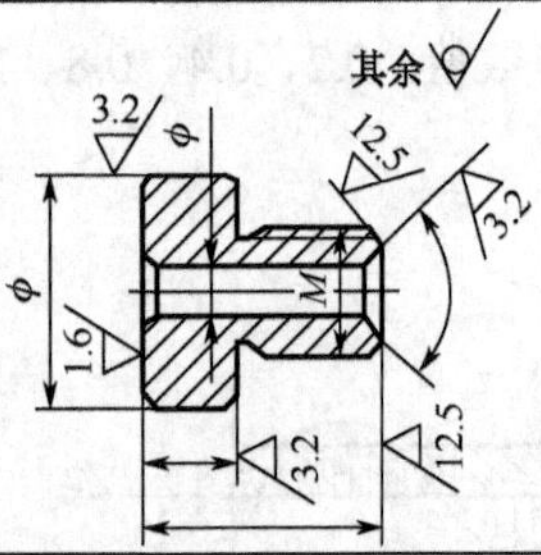	代号中数字的方向必须与尺寸数字的方向一致。对其中使用最多的一种代（符）号可以统一标注在图样右上角，并加注“其余”两字，且应比图形上其他代（符）号大 1.4 倍
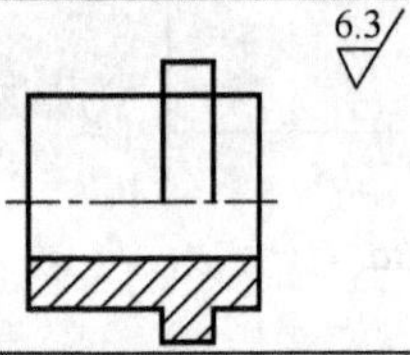	当零件所有表面具有相同的粗糙度时，代（符）号可在图样的右上角统一标注，且符号应较一般的代号大 1.4 倍
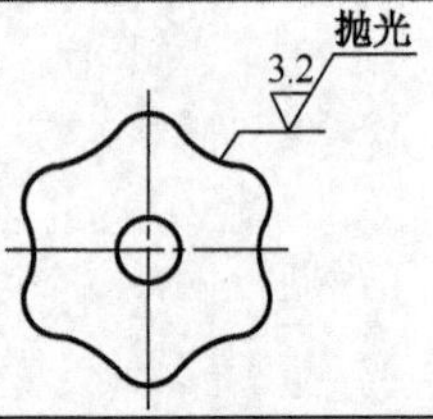	零件上连续表面及重复要素（孔、槽、齿等）的表面粗糙度只标注一次
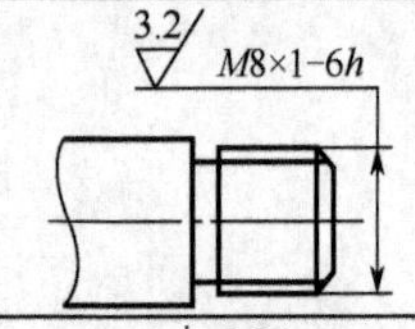	螺纹的表面粗糙度注法
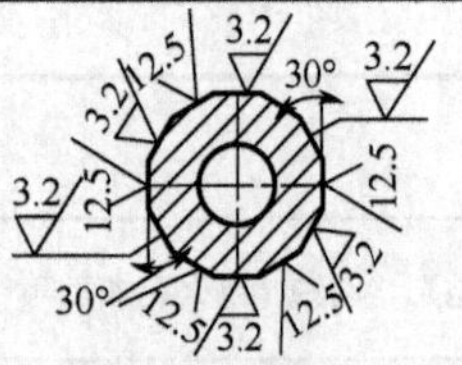	各倾斜表面代号的注法，符号的尖端必须从材料外指向表面
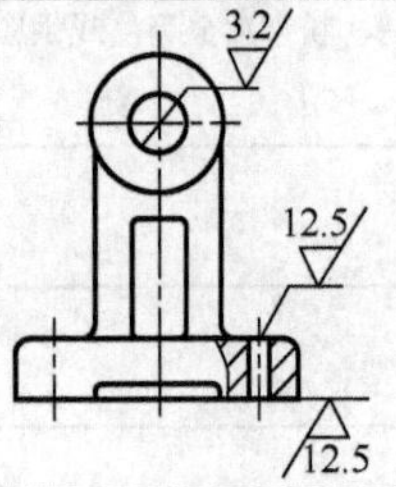	用细实线相连不连续的表面粗糙度标注一次

9.4.2　极限与配合

大批量生产要求同一规格的零件不经修配就能直接装到机器或部件上，并能保证使用要求，零件的这种性质称为互换性。

1．尺寸公差

零件尺寸允许的变动量简称公差。尺寸公差的常用术语如表 9-6 所示。

表 9-6　尺寸公差常用术语及举例

术语	定义	孔	轴
配合	基本尺寸相同而公差带不同的孔和轴的装配	如 $\phi 45^{+0.039}_{0}$	如 $\phi 45^{-0.025}_{-0.050}$
基本尺寸	按承载要求设计的尺寸	$\phi 45$	$\phi 45$
实际尺寸	实际测量零件所得的具体尺寸		
极限尺寸	尺寸允许的两个极限值： 最大极限尺寸 最小极限尺寸	$D_{max}=45.039$ $D_{min}=45$	$d_{max}=44.975$ $d_{min}=44.95$
极限偏差	上偏差=最大极限尺寸-基本尺寸 下偏差=最小极限尺寸-基本尺寸	孔的上、下偏差用 ES、EI 表示 $ES=D_{max}-D=+0.039$ $EI=D_{min}-D=0$	轴的上、下偏差用 es、ei 表示 $es=d_{max}-d=-0.025$ $ei=d_{min}-d=-0.050$
尺寸公差	零件尺寸允许的变动量。 公差=最大极限尺寸-最小极限尺寸=上偏差-下偏差	$IT=D_{max}-D_{min}$ $=ES-EI=0.039$	$IT=d_{max}-d_{min}$ $=es-ei=0.025$
公差带	以基本尺寸为零线，在垂直于零线方向上，目测比例画出上、下偏差线，横向尺寸自定，围成的矩形区域称为孔、轴的公差带，且以不同阴影区分	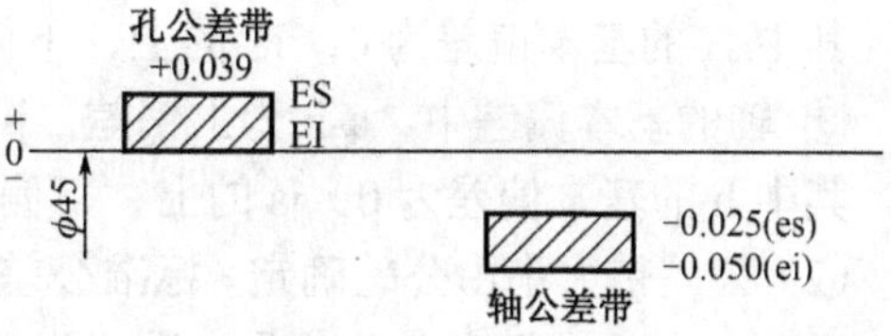	

2．标准公差与基本偏差

公差带包括公差带位置和公差带大小两个要素。国家标准对二者作了规范和规定。

（1）公差带位置由基本偏差来确定。公差带位置是指公差带相对零线位置的远近，基本偏差是指上、下偏差中靠近零线的那个偏差。基本偏差代号用一系列字母表示，如图 9-29 所示。

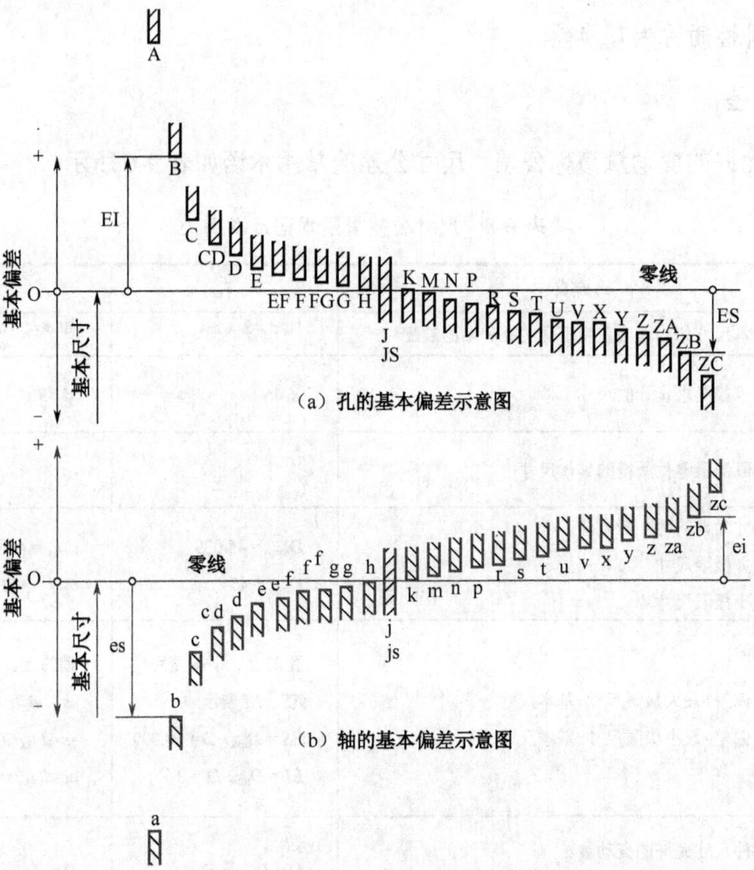

图 9-29 基本偏差系列

由图 9-29 可知：

① 基本偏差代号用一个或两个字母表示，大写字母代表孔，小写字母代表轴。

② 孔的基本偏差中，A-H 为下偏差，J-ZC 为上偏差；

其中 H 的基本偏差为 0；JS 的上、下偏差值相等，分别为+IT/2 和−IT/2 。

③ 轴的基本偏差中，a-h 为上偏差，j-zc 为下偏差；

其中 h 的基本偏差为 0；js 的上、下偏差值相等，分别为+IT/2 和−IT/2 。

（2）公差带大小由公差确定，标准公差分为 20 个等级，依次是：IT01、IT0、IT1、IT2……IT17、IT18。IT 为标准公差代号，数字为公差等级，IT01 精度最高，其余等级精度依次降低。

3．公差带代号及公差带图

公差带代号由基本偏差与标准公差组成，如 H8、F7、h7、f6，用基本偏差的字母与标准公差等级合成。

【例 9-1】ϕ30H8：ϕ30 表示基本尺寸为 30mm；H 为孔的基本偏差代号；8 为公差等级代号。查附表得孔的上偏差为 0 μm，下偏差为+33 μm，绘制公差带图如图 9-30 所示。

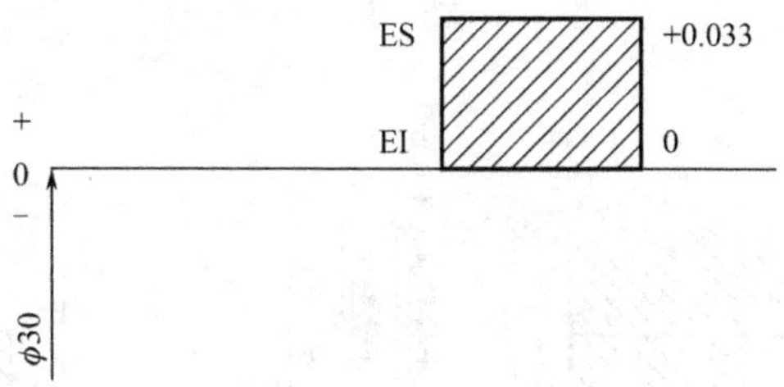

图 9-30　φ30H8 公差带图

【例 9-2】φ30f7：φ30 表示基本尺寸为 30mm；f 为轴的基本偏差代号；7 为公差等级代号。查附表得轴的下偏差为−41μm，上偏差为−20μm，公差带图如图 9-31 所示。

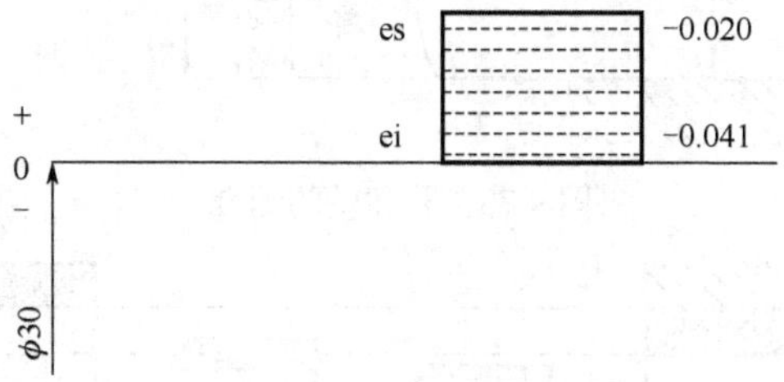

图 9-31　φ30f7 公差带图

4．零件图中公差的标注（图 9-32）

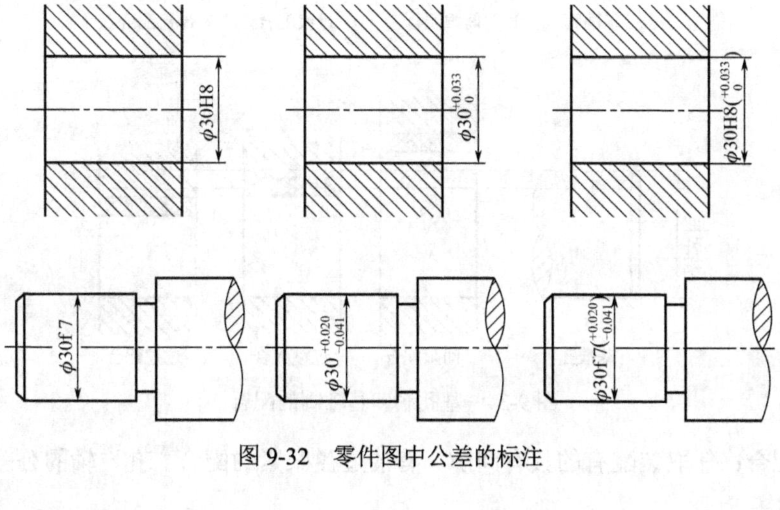

图 9-32　零件图中公差的标注

5．配合

基本尺寸相同、公差带不同的孔和轴的装配关系称为配合，如图 9-33 所示。

（1）配合种类

按机器运转要求设计一定公差而批量生产的孔、轴零件，任取装配时会出现不同程度的间隙或胀紧。国家标准对此作了规范和规定。

① 间隙配合：任取装配都具有间隙（包括最小间隙等于零）的配合，即孔的尺寸≥轴的尺寸，孔的公差带在轴的公差带之上，如图 9-33 和图 9-34 所示。

② 过盈配合：任取装配都过盈胀紧（包括最小过盈等于零）的配合，即孔的尺寸≤轴的尺寸，孔的公差带在轴的公差带之下，如图 9-34 所示。

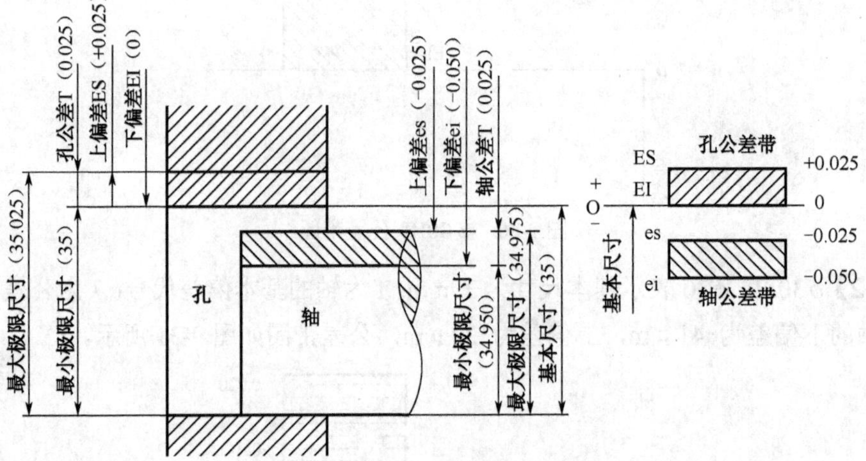

图 9-33　孔和轴的配合

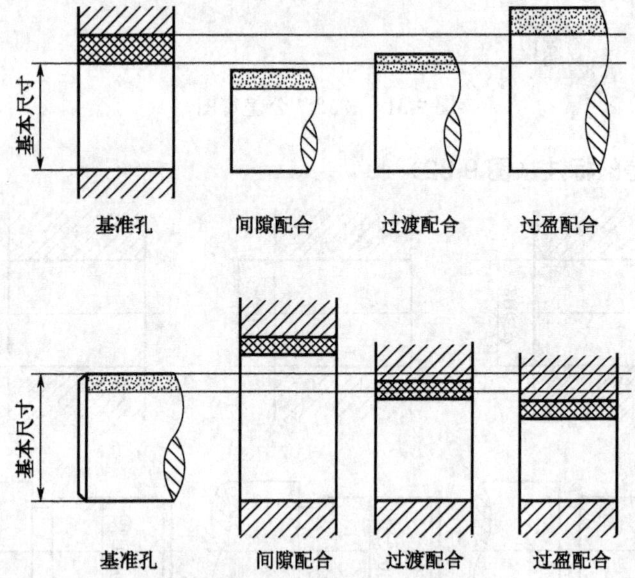

图 9-34　基孔制和基轴制的配合

③ 过渡配合：任取装配有的具有间隙、有的过盈胀紧的配合。孔、轴的公差带相互交叠，如图 9-34 所示。

（2）配合制

孔和轴各有 28 个基本偏差，又各有 20 个公差等级，可设计产生 28×20×28×20=313600 不同的配合，为减少不必要的配合，国家标准规定了基孔制和基轴制两种配合制度，如图 9-34 所示。

① 基孔制配合：仅以基本偏差代号 H 的孔与各种基本偏差的轴形成各种配合的一种制度。基孔制中的孔称为基准孔（下偏差为 0）。

② 基轴制配合：仅以基本偏差代号 h 的轴与各种基本偏差的孔形成各种配合的一种制度。基轴制中的轴称为基准轴（上偏差为 0）。

（3）配合的选用

在选择配合时，优先采用基孔制，以降低加工难度；但与轴承、销等标准件的外圆柱面配合或同一轴配合多个孔时，采用基轴制，如图9-35所示。

① 基孔制配合：基孔制的常用配合有59种，其中13种定为优先配合（附表A-27）。

间隙配合：H7/g6、H7/h6、H8/f7、H8/h7、H9/d9、H9/h9、H11/c11、H11/h11

过渡配合：H7/k6

过盈配合：H7/n6、H7/P6、H7/s6、H7/u6

② 基轴制配合：基轴制的常用配合有47种，其中13种定为优先配合（附表A-28）。

间隙配合：G7/h6、H7/h6、F8/h7、H8/h7、D9/h9、H9/h9、C11/h11、H11/h11

过渡配合：K7/h6

过盈配合：N7/h6、P7/h6、S7/h6、U7/h6

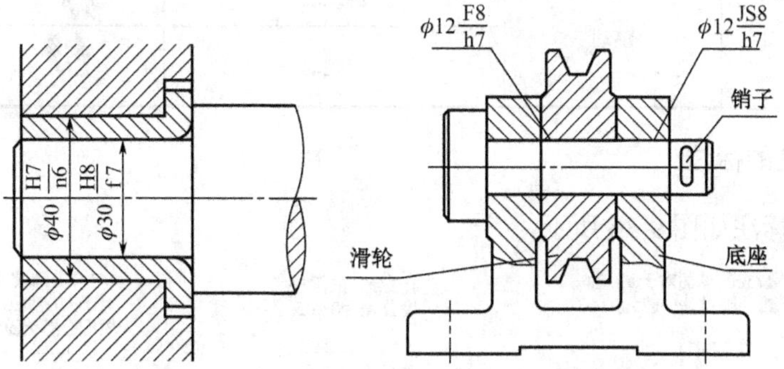

基孔制配合　　　　基轴制配合

图9-35　装配图中配合的标注

9.4.3　形状和位置公差

零件的实际形状和位置相对于理想形状和位置允许的变动量称为形状和位置公差，简称形位公差。

1. 形位公差的特征项目符号

国家标准规定了5类14种特征项目的形位公差（表9-7）

表9-7　形位公差的特征项目及符号

公差		特征项目	符号	有或无基准要求
形状	形状	直线度	⏤	无
		平面度	▱	无
		圆度	○	无
		圆柱度	⌭	无
形状或位置	轮廓	线轮廓度	⌒	有或无

续表

公差	特征项目		符号	有或无基准要求
形状或位置	轮廓	面轮廓度	⌓	有或无
位置	定向	平行度	//	有
		垂直度	⊥	有
		倾斜度	∠	有
	定位	位置度	⌖	有后无
		同轴（同心）度	◎	有
		对称度	⌯	有
	跳动	圆跳动	↗	有
		全跳动	⌰	有

2．形位公差的标注

形位公差的标注如图 9-36 所示。

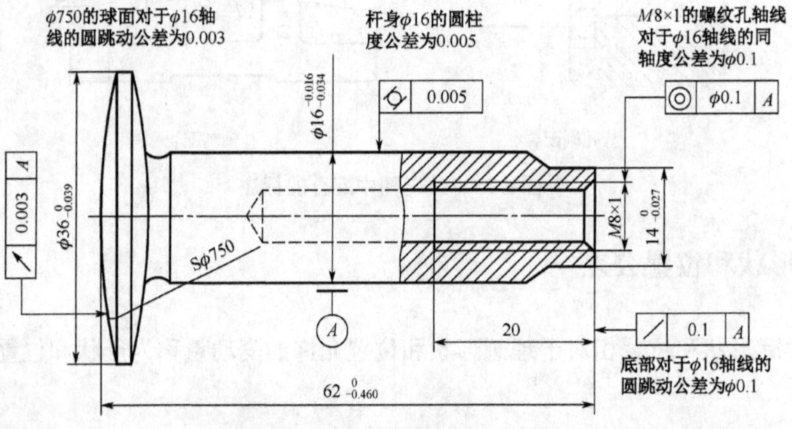

图 9-36 形位公差的标注示例

标注说明：

（1）特征项目符号、形位公差数值、基准符号依次用框格分开。

（2）在特征项目的框外，画指引线，箭头指向被测表面的轮廓线或其延长线；若指引线和尺寸线对齐，则表示该尺寸对应的轴线被测。

（3）位置公差的标注需要基准，用短粗线靠近基准轮廓；若短粗线正对尺寸线，则基准为该尺寸对应的轴线；并在圆圈或方框内标记大写字母。

9.5 零件测绘和零件草图

对现有零件进行测量，画出零件草图，确定技术要求后画出零件工作图，这一过程称为零件测绘。零件测绘是推广先进技术、改造现有设备、技术革新、修配零件的基础，零件草图又是零件测绘的基础。

9.5.1　零件测绘的方法与步骤

（1）分析测绘零件

首先应了解零件的名称、用途、材料和特点，然后对零件进行结构分析和形状分析。

（2）确定表达方案

根据零件的结构特点和加工（或工作）位置，首先确定主视图，然后确定其他必要的视图，选用适当的剖视图、断面图等，使表达方案完整、简明。

（3）绘制零件草图

零件草图是目测比例、徒手绘制的零件图稿，它是绘制零件工作图的重要依据，因此零件草图必须具备零件图的全部内容，并做到：方案合理、图形正确、线条分明、尺寸完整、字体工整，并注写技术要求等有关内容。草图的绘制步骤为：

① 在网格纸上画出各视图的基准线或中心线。视图间应留有标注尺寸、右下角留出标题栏的位置，如图 9-37（a）所示。

② 详细画出零件的内、外结构形状，如图 9-37（b）所示。

③ 画出剖面线，选择基准，画出全部尺寸界线、尺寸线，如图 9-37（c）所示。

④ 测量尺寸、确定公差等技术要求，标入草图中；校核，填写标题栏等，如图 9-37（d）所示。

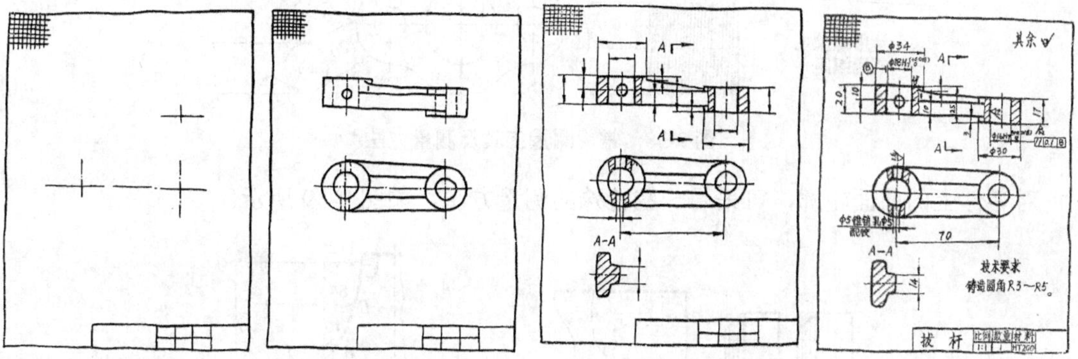

（a）布图　（b）画轮廓　（c）选基准，布尺寸　（d）测尺寸，注写

图 9-37　零件草图的绘制步骤

（4）画零件工作图

由于绘制零件草图时，受绘图条件的限制，有些问题可能处理得不够完善。将零件草图整理、修改，然后按国家标准，用仪器或计算机画出零件工作图，经审核批准后投入生产。到此零件测绘的工作完成。

9.5.2　量具与测量方法

零件上全部尺寸的测量工作应集中进行，即在画零件草图时，把需要标注的全部尺寸的尺寸界线、尺寸线和箭头画出后，集中进行测量标注，既可以提高工效，又可以避免错误和遗漏。

测量零件尺寸时，应根据零件的尺寸精度要求选用相应的量具。常用的量具有直尺、(电子)游标卡尺、卡钳、高度尺、量角器、螺纹规和圆弧规等，使用方法如图 9-38 所示。

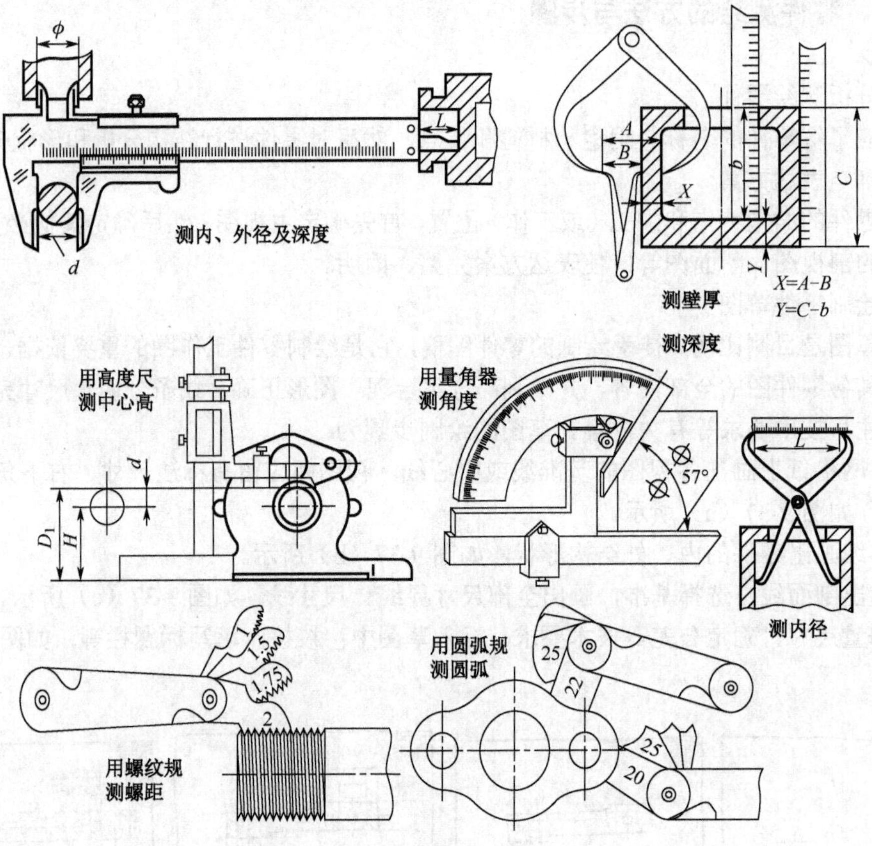

图 9-38 常用测量工具及测量方法

对零件上的曲面轮廓，可采用一些特殊的测量方法，如图 9-39 所示。

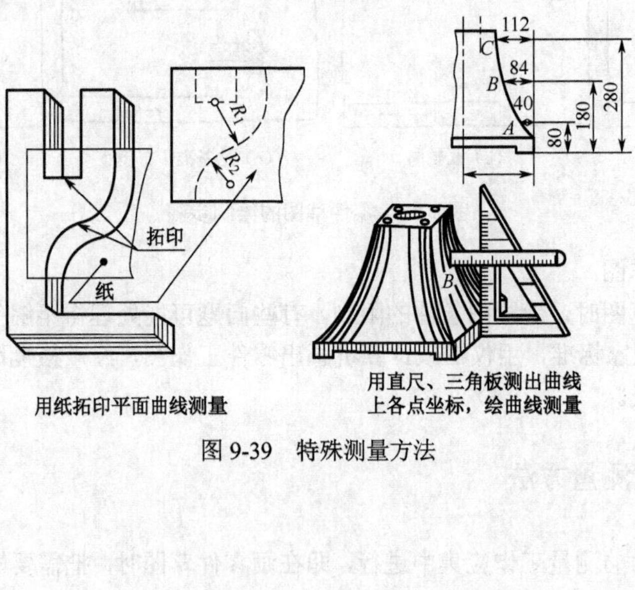

图 9-39 特殊测量方法

9.5.3 零件测绘注意事项

（1）测量尺寸时，应正确选择测量基准， 以减少测量误差。零件上磨损部位的尺寸，应参考其配合的零件的相关尺寸，或参考有关的技术资料予以确定。

（2）零件上的工艺结构（如倒角、圆角、退刀槽、越程槽等）均应画出，不能遗漏。

（3）零件上的标准结构（如螺纹、键槽、中心孔等）的测量尺寸需查阅手册校对取值。

（4）孔、轴配合的尺寸，测出其基本尺寸后，需分析其配合性质，查阅手册确定尺寸公差值。非配合尺寸，如果测得为小数，应圆整为整数标出。

（5）零件的制造缺陷（如砂眼、气孔、刀痕、变形等）及使用磨损造成的形状失真，应给予纠正，不应在图中画出。

9.6 读零件图的方法

读零件图的目的是：弄清零件图所表达零件的结构形状，准确理解其尺寸和技术要求，以指导生产和解决有关的技术问题。机械工程技术人员必须具备读图的能力。

9.6.1 读零件图的方法和步骤

（1）看标题栏：了解零件的名称、材料、绘图比例等，浏览全图，初步了解零件的用途和形体概貌。

（2）分析视图，想象形状：结合零件的用途，分析每个视图的表达方式和表达内容，根据视图间的投影关系，运用形体分析法分析零件各组成部分的结构形状及作用。

（3）分析尺寸和技术要求：了解零件的定形和各部分之间的定位尺寸及尺寸基准；分析表面粗糙度、尺寸公差与配合、形位公差等技术要求，以便进一步考虑相应的加工方法。

（4）查漏补缺，综合确定：结合尺寸和技术要求，把上述读出的内容综合起来，并相互验证，全面确定零件的整体信息。

对于较复杂的零件图，还需要参考相关的技术资料，包括零件所在的机器或部件的装配图及其相邻件的零件图。

9.6.2 读图举例

以轴类零件为例，说明看图的方法和步骤，如图 9-40 所示。

（1）看标题栏由标题栏可知，零件为齿轮轴，属于轴类零件。齿轮和轴是一体的，通过啮合作用来传递动力和运动，其材料为常见的 45 号钢，最大直径 60mm，总长 228mm。

（2）分析视图，想象形状。表达方案由主视图和移出断面图组成，主视图中，轮齿作了局部剖。结合尺寸标注，主视图已将主要结构表达清楚：齿轮轴由几段不同直径的同轴回转体组成；最大圆柱上制有轮齿；最右圆柱上有一键槽；零件两端及轮齿两端均有倒角；图中 *C*、*D* 所指处有砂轮越程槽。移出断面图用于表达键槽深度和进行相关标注，如图 9-40 所示。

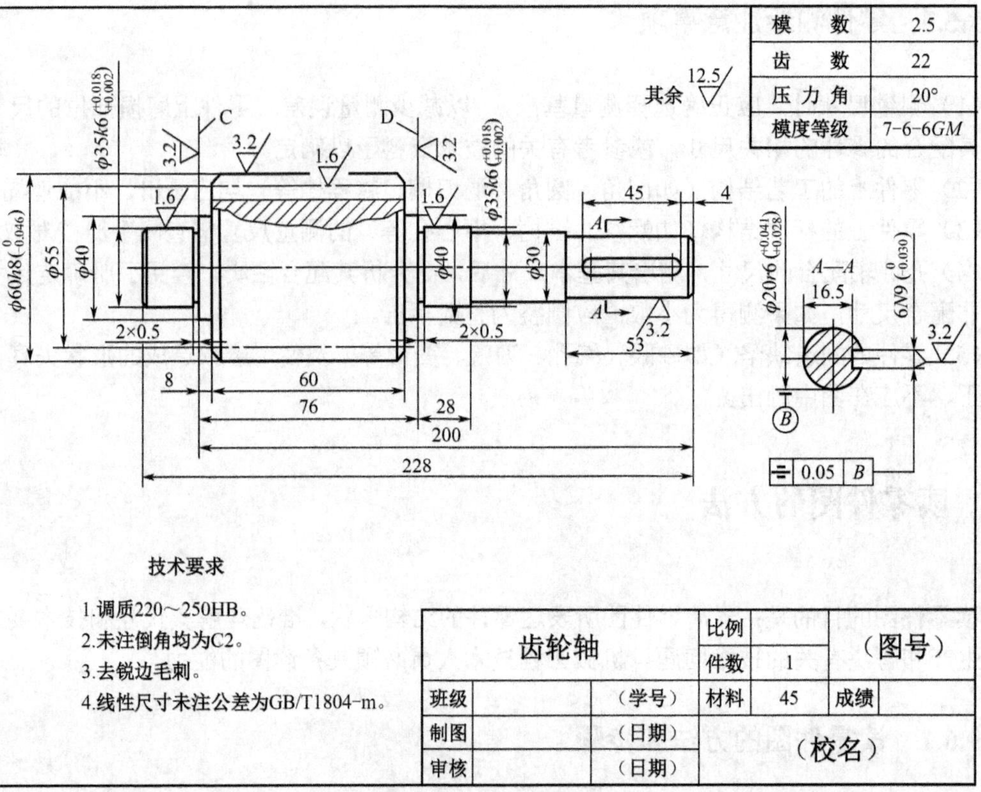

图 9-40　齿轮轴的零件图

（3）分析尺寸和技术要求：径向尺寸的基准为齿轮轴的轴线。两处 $\phi35k6$ 轴段用来安装一对滚动轴承，$\phi20r6$ 轴段用来安装联轴器。C 处用于安装挡油环及轴向定位，且注出 8、76、200 等尺寸，故端面 C 为长度方向的主要基准。D 处注出了 2、28 尺寸，为长度方向的辅助基准。右端面注出了 4、53、228 尺寸，也为长度方向的辅助基准。轴向的重要尺寸有键槽长度 45，齿宽 60 等。

两处 $\phi35$ 及 $\phi20$ 的轴颈处有配合要求，公差等级均为 6 级；表面粗糙度要求也较高，分别为 $Ra1.6$ 和 $Ra3.2$。键槽有对称度要求。文字说明热处理、倒角、未注尺寸公差等要求。

成品齿轮轴如图 9-41 所示。

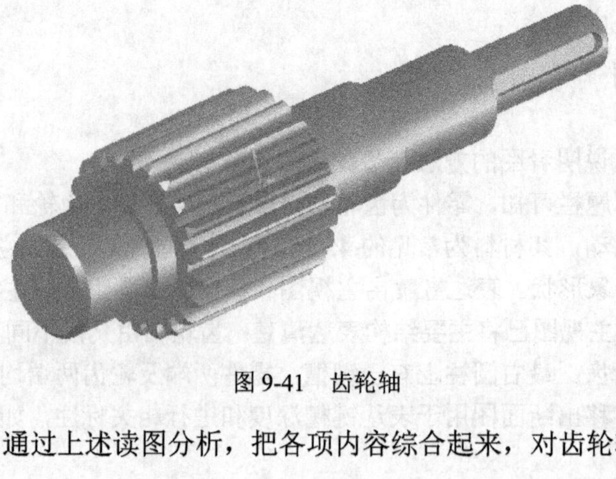

图 9-41　齿轮轴

（4）综合确定：通过上述读图分析，把各项内容综合起来，对齿轮轴的作用、结构形状、尺寸大小、主要加工方法及主要技术指标要求，就有了较清楚的认识。

通过这样细致的读图，可逐渐体会出基本方法和思路，逐步提高读图能力。请自行分析图 9-1、图 9-2、图 9-42。

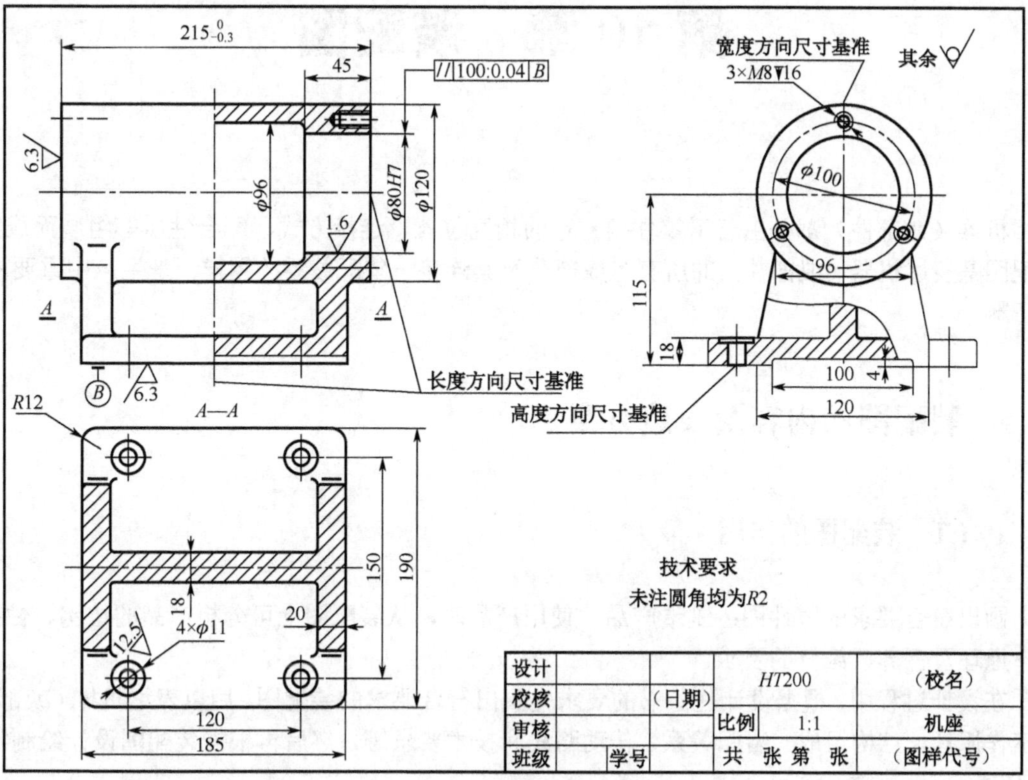

图 9-42　机座的零件图

第 10 章　装配图

机器（或部件）都是由若干零件按一定的相互位置、连接方式、配合性质等组装而成的，装配图是表达机器（或部件）的所有组成部分及其连接、装配关系的图样，是生产中重要的技术资料。

10.1　装配图的内容及表达方案

10.1.1　装配图的作用

画出符合要求的零件图：制造产品、使用产品时，从装配图上可分析产品的结构、性能、工作原理及保养、维修的要求。

在设计过程中，根据设计任务书的要求先画出符合要求的装配图，用以表达机械（或部件）的工作原理、结构组成、装配关系、传动路线和技术要求等，然后再根据装配图设计绘制零件图。

在生产过程中，先按照零件图加工制造合格的零件，再按照根据装配图制定的装配工艺规程，以明确的装配、调试和检验技术指标和要求，把零件组装成机器（或部件）。

在使用和维修过程中，通过装配图可了解其安装方式、使用性能、传动路线和操作方法，为正确操作使用、及时合理保养维修提供技术依据。

因此，装配图是反映设计思想、指导生产、交流技术的重要工具，是生产中的重要技术文件。

10.1.2　装配图的内容

完整的装配图应包括以下基本内容。

1．一组图形

用一组剖视图、视图等表示机器（或部件）的结构组成和工作原理、零件的相互位置和装配关系及重要零件的结构形状。

如图 10-1 所示的齿轮油泵的装配图，采用两个剖视图表达了各组成零件的相互位置、装配关系、工作原理和结构特点。

主视图采用旋转剖，重点表达齿轮、轴在泵体内的装配关系、传动原理和壳体定位、连接等；左视图采用半剖和局部剖，补充表达壳体定位、连接、安装及油口和齿轮的相对位置等。

2．必要的尺寸

装配图上只需标注出表示机器（或部件）的规格、性能、装配、检验及安装所需要的几种尺寸，如图 10-1 所示中ϕ16H7/f6 为装配尺寸，ϕ34.5H7/f6 为规格尺寸，70 为安装尺寸。

3．技术要求

装配图中应标注出表示机器（或部件）的装配、安装、检验和运转的技术要求，如图 10-1 所示中的文字说明。

4．零件序号、明细栏

在装配图上，对不同的零件（或组件）按位置顺序编号，对应在明细栏中自下而上依次填写零件的序号、名称、件数、材料及国家标准等。

5．标题栏

标题栏内有机器（或部件）的名称、绘图比例、图号及制图、审核人员的签名等信息。

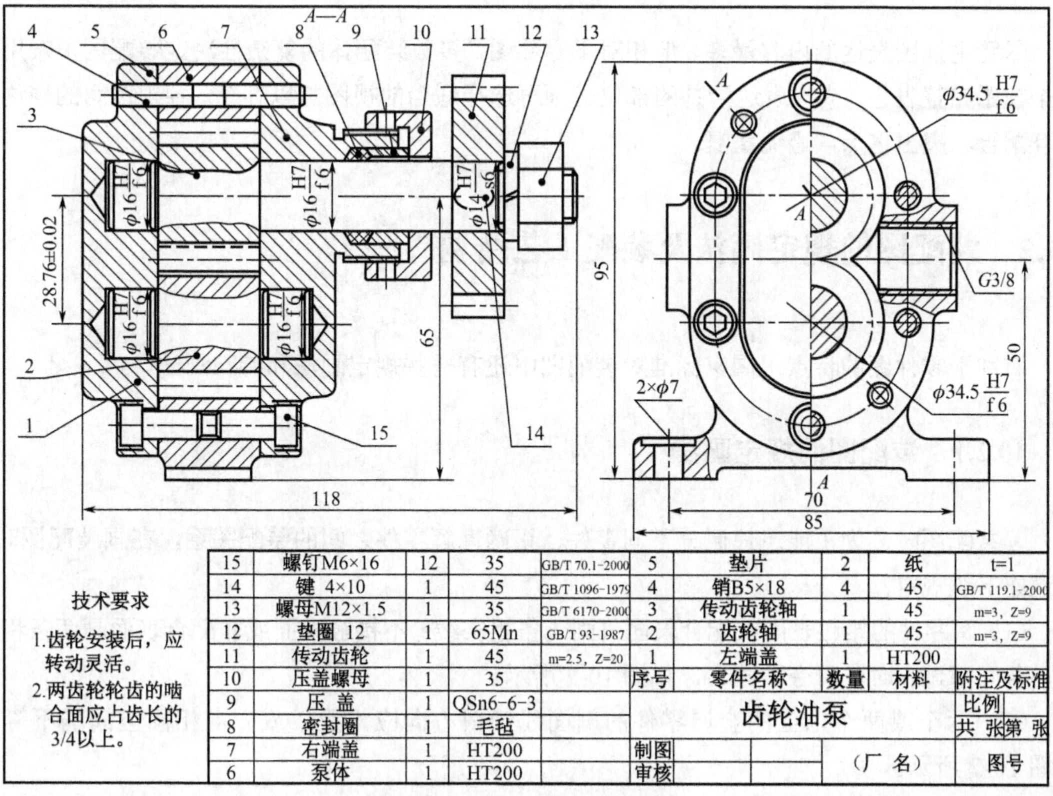

技术要求

1.齿轮安装后，应转动灵活。

2.两齿轮轮齿的啮合面应占齿长的3/4以上。

15	螺钉M6×16	12	35	GB/T 70.1-2000	5	垫片	2	纸	t=1
14	键 4×10	1	45	GB/T 1096-1979	4	销B5×18	4	45	GB/T 119.1-2000
13	螺母M12×1.5	1	35	GB/T 6170-2000	3	传动齿轮轴	1	45	m=3，Z=9
12	垫圈 12	1	65Mn	GB/T 93-1987	2	齿轮轴	1	45	m=3，Z=9
11	传动齿轮	1	45	m=2.5，Z=20	1	左端盖	1	HT200	
10	压盖螺母	1	35		序号	零件名称	数量	材料	附注及标准
9	压 盖	1	QSn6-6-3		齿轮油泵				比例
8	密封圈	1	毛毡						共 张第 张
7	右端盖	1	HT200		制图			（厂 名）	图号
6	泵体	1	HT200		审核				

图 10-1　齿轮油泵的装配图

10.1.3 装配图的表达方案

装配图可灵活选用剖视图、局部剖视图、基本视图、局部视图、断面图等各种表达方法表达装配体。为表达内形多采用剖视；对结构复杂装配体，为降低读图难度多采用局部视图等。

1. 装配图表达方案的确定

绘制装配图之前，必须先恰当地确定表达方案。表达方案的确定依据是清晰表达装配体的工作原理和零件之间的装配关系，完整表达装配体的结构组成等。

装配图同零件图一样，应以主视图的选择为中心来确定一组视图的表达方案。

2. 主视图的选择原则

（1）应选择反映装配体的工作位置和总体结构特征明显的方位作为主视方向。

（2）应选择反映装配体的工作原理和主要装配路线的方位作为主视方向。

（3）应选择尽量多地反映装配体内部零件间的相对位置的方向作为主视方向。

3. 其他视图的选择

尽管主视图表达的内容最多，但相对于零件图，多数装配体的复杂性决定装配图很难用一两个视图完整表达，尚未表达清楚的部位必须再选择适当的视图加以补充。各视图间的表达要相互配合，突出重点，避免重复。

10.2 装配图的规定画法及装配工艺结构

有别于零件图的特点，国家标准对装配图中还有一些规定画法和特殊画法。

10.2.1 装配图的规定画法

读装配图时，为了能迅速区分不同零件、正确理解零件之间的装配关系，在画装配图时，应遵守下述规定。

（1）两零件的接触表面或配合表面只画一条粗实线；不接触表面或非配合表面画两条粗实线，若间隙过小时，可夸大画出，如图 10-2 所示。

（2）两个或两个以上的金属零件的剖面线倾斜方向应相反，或方向相同但间隔不等，如图 10-2 所示。

强调：同一零件在各个视图上的剖面线方向和间隔必须一致，如图 10-1 所示。厚度在 2mm 以下的零件剖切时可涂黑代替剖面线。

（3）当剖切平面纵向剖切螺纹紧固件、键、销、轮齿部分及轴、手柄、球的轴线时，均按不剖绘制，即不画剖面线，如图 10-2 所示。如需特别表明时，可用局部剖视。而当剖切平面横向剖切时，则应画出剖面线，如图 10-3 所示的俯视图中的螺栓横断面。

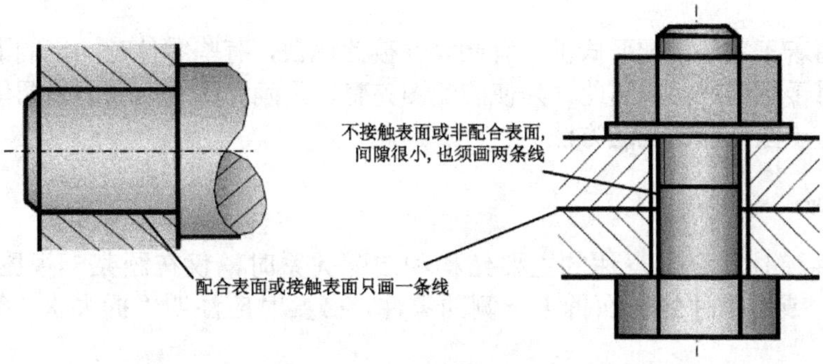

图 10-2　接触表面与非接触表面画法及剖面线画法

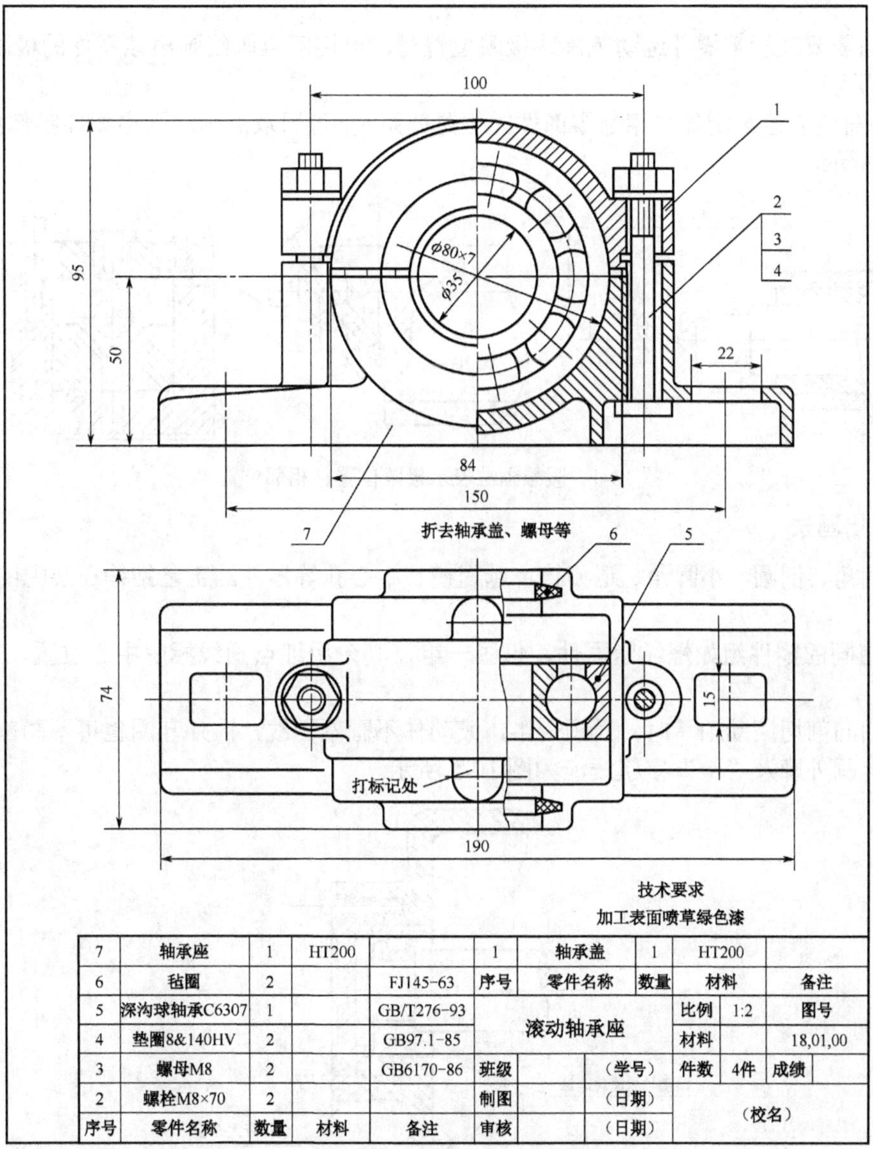

7	轴承座	1	HT200		1	轴承盖	1	HT200	
6	毡圈	2		FJ145-63	序号	零件名称	数量	材料	备注
5	深沟球轴承C6307	1		GB/T276-93	滚动轴承座		比例	1:2	图号
4	垫圈8&140HV	2		GB97.1-85			材料		18,01,00
3	螺母M8	2		GB6170-86	班级	（学号）	件数	4件	成绩
2	螺栓M8×70	2			制图	（日期）	（校名）		
序号	零件名称	数量	材料	备注	审核	（日期）			

图 10-3　滚动轴承座的装配图

10.2.2 装配图的特殊画法

装配体是由若干零件装配而成的，有些零件彼此遮盖，有些零件有一定的活动范围，还有些零件或组件属于标准产品，因此，为使装配图完整、正确、简练地表达装配体的结构，国家标准中还规定了一些特殊的表达方法。

1．拆卸画法

当某些零件遮住了需要表达的主要结构和装配关系时，仅在画某一视图时，可假想将这些零件拆去，或沿零件结合面拆去一侧的零件，必要时应注明“拆去 XX 等”，如图 10-3 所示的俯视图。

2．假想画法

（1）当需要表示某零件运动范围或极限位置时，可用双点画线画出该零件的极限位置图，如图 10-4 所示。

（2）当需要表达装配体与相邻零部件的位置关系时，可用双点画线画出相邻零部件的轮廓，如图 10-4 所示。

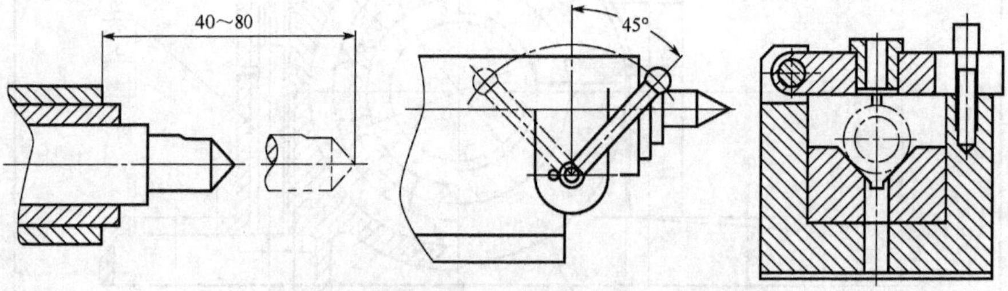

图 10-4 假想画法表示极限位置、相邻位置

3．简化画法

（1）倒角、倒圆、小圆角、退刀槽、越程槽、中心孔等零件的工艺结构在装配图中均可省略不画。

（2）相同的零件组如螺纹紧固件，仅画一组，其余用细点画线标明中心位置，如图 10-5 所示。

（3）轴向剖切滚动轴承时，只画一半，滚动体不画剖面线，内外套圈也可不画剖面线；轴承的另一半画外廓及“十”字粗线，如图 10-5 所示。

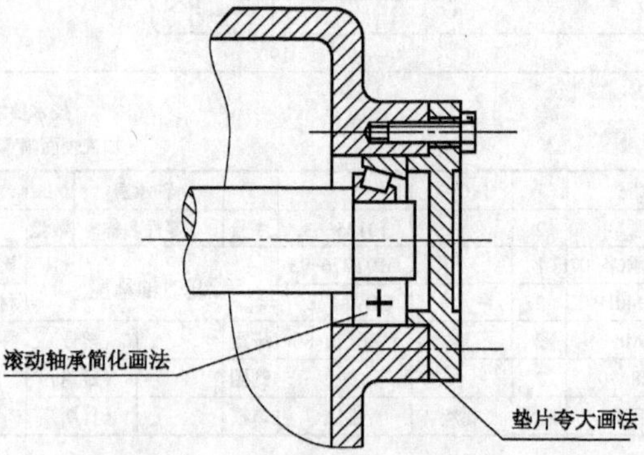

图 10-5 简化画法、夸大画法

4．夸大画法

在装配图中，薄片零件、细弹簧、微小间隙等，因绘图尺寸过小，画线困难时，可不按原比例而夸大画出，涂黑表示，不必标注，如图10-5所示。

5．展开画法

为了表达某方向上遮挡重叠的装配关系，如为表示多级齿轮变速箱中齿轮传动顺序和装配关系，可假想将空间轴系按其传动顺序依次展开在一个平面上画出剖视图，称为展开画法，类似于对一个零件的复合剖，须加以标注，如图10-6所示。

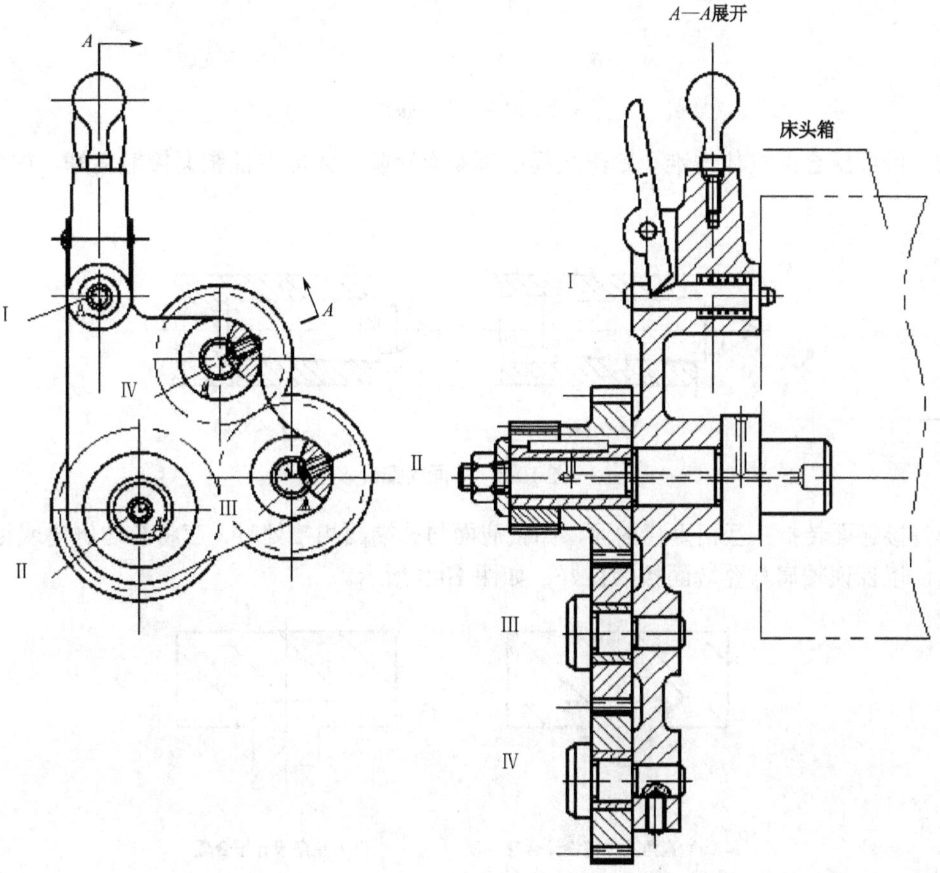

图10-6　展开画法

10.2.3　装配工艺结构

画装配图时，除了根据设计要求考虑部件的结构问题外，还必须根据装配工艺的要求考虑部件结构的合理性，否则装拆困难或影响装配精度，这就是装配结构工艺性。

1．接触面之间的结构

（1）平面接触：同一方向上两零件只能有一组面接触，否则互相干扰，如图10-7所示。

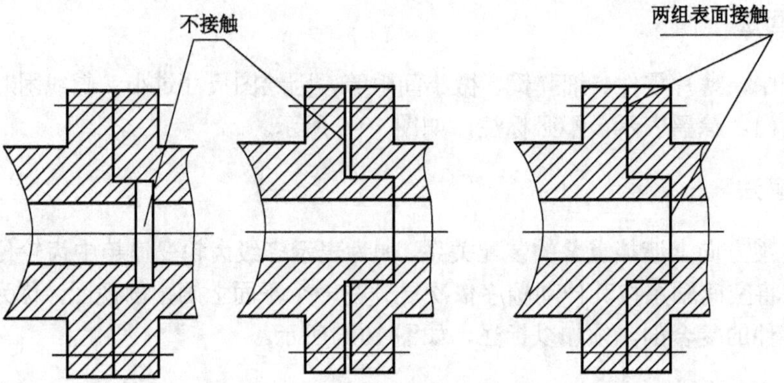

（a）正确　　（b）不正确

图 10-7　平面接触

（2）锥面配合：锥体与锥孔底部之间必须留有空隙，才能保证锥面接触良好，如图 10-8 所示。

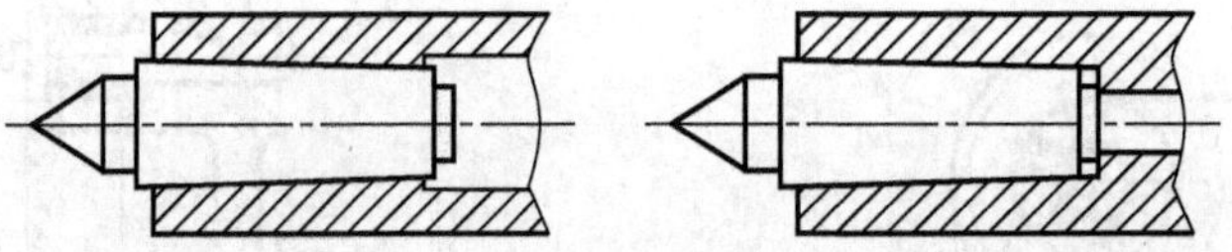

（a）正确　　（b）不正确

图 10-8　锥面的配合

（3）接触面转折：互相垂直的面，如轴肩面与孔端面相接处时，应将孔边倒角或将轴的根部切槽，以保证轴肩与孔端面接触良好，如图 10-9 所示。

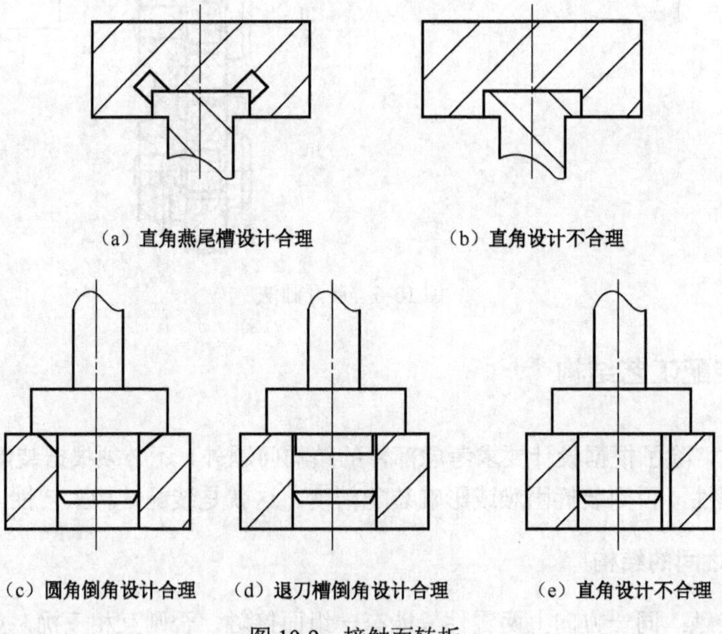

（a）直角燕尾槽设计合理　　（b）直角设计不合理

（c）圆角倒角设计合理　（d）退刀槽倒角设计合理　（e）直角设计不合理

图 10-9　接触面转折

2．紧固与定位

（1）与被连接件的平面接触：为了保证紧固件（螺栓、螺母、垫圈）和被连接件的良好接触，被连接件的接触面应制成沉孔或凸台，这样即可减少加工面积又便于加工，如图 10-10 所示。

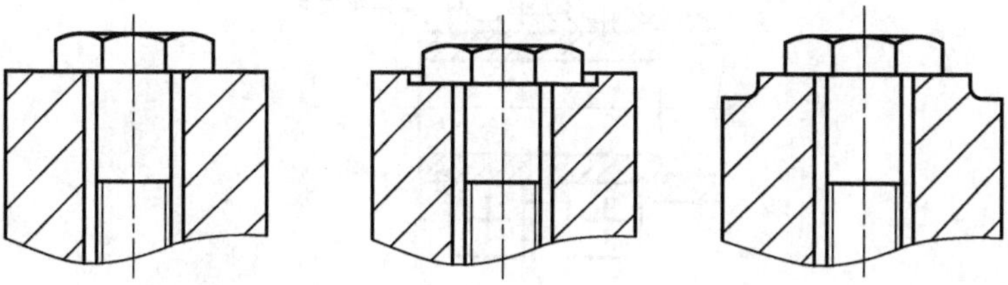

（a）不正确　（b）正确　（c）正确

图 10-10　沉孔或凸台

（2）保证螺纹拧紧的结构：内外螺纹旋合时，为了保证螺纹拧紧，应在螺尾设计退刀槽或在螺孔端部加工倒角、凹槽，如图 10-11 所示。

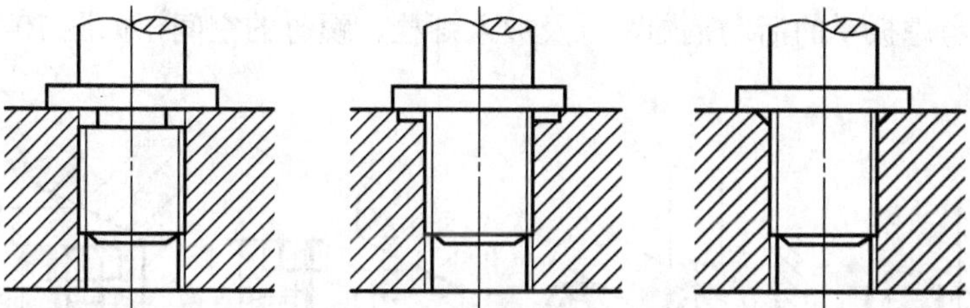

（a）退刀槽　（b）凹槽　（c）倒角

图 10-11　保证螺纹拧紧的结构

3．螺纹防松结构

为了防止机器工作时因振动等，使螺纹紧固件松脱而发生事故，机器上采用各种螺纹防松装置，如弹簧垫圈、双螺母、止动垫片、止退垫圈等，如图 10-12 所示。

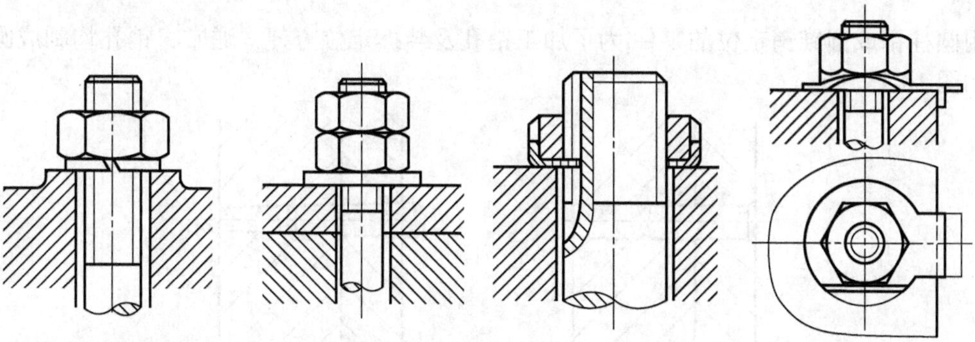

（a）弹簧垫圈　（b）双螺母　（c）止退垫圈　（d）止动垫片

图 10-12　螺纹防松结构

4．滚动轴承的定位

滚动轴承在轴上应有可靠的轴向定位，以保证轴承不会自由移动，一般可采用轴肩、弹簧挡圈或圆螺母等实现，如图 10-13 所示。

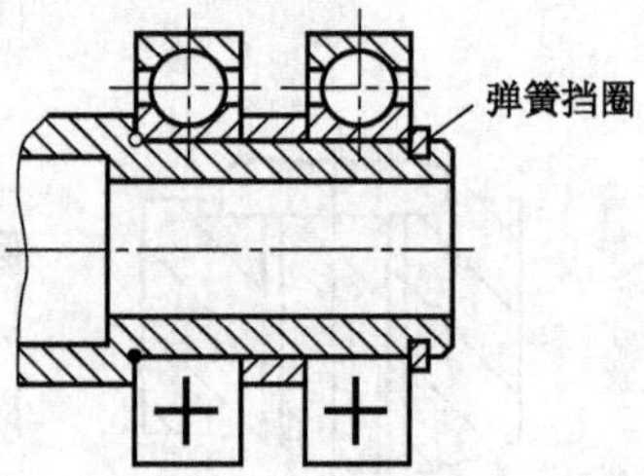

图 10-13　滚动轴承的定位元件

10.2.4　拆装要求

1．螺纹紧固件拆装要求

设计时，须考虑扳手的活动范围，以及放入螺栓、螺母的空间，如图 10-14 所示。

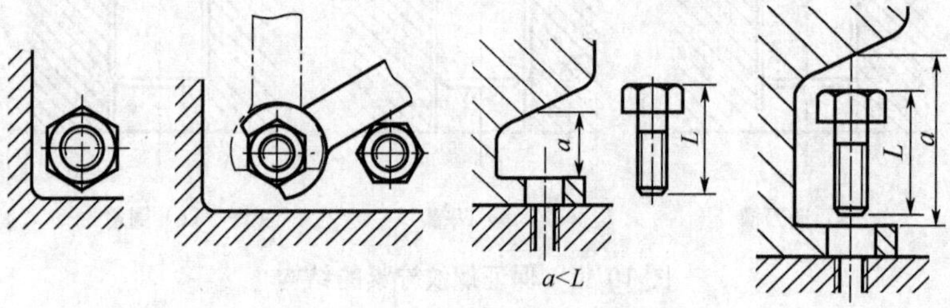

（a）无法装拆　（b）能装拆　（c）无法装拆　（d）能装拆

图 10-14　螺纹紧固件拆装要求

2．定位零件拆装要求

用圆柱销或圆锥销定位的零件,为了加工销孔及装拆定位方便，通常将销孔均制成圆柱通孔，如图 10-15 所示。

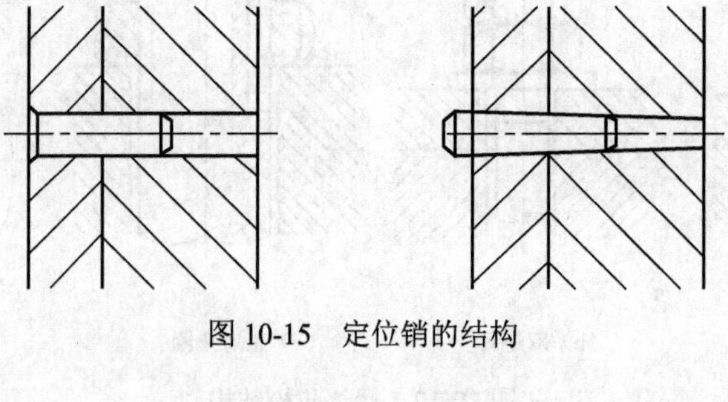

图 10-15　定位销的结构

3．滚动轴承拆装要求

为拆装方便，轴肩直径应小于轴承内圈直径，如图 10-16 所示。

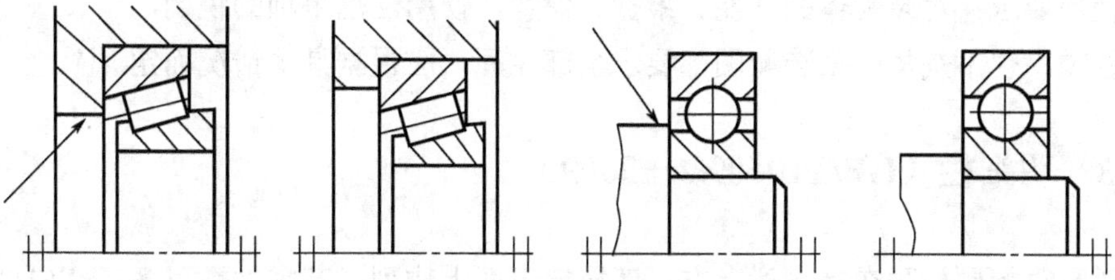

（a）不合理 （b）合理 （c）不合理 （d）合理

图 10-16 轴肩直径的设计

10.3 装配图的尺寸标注、技术要求及明细栏

10.3.1 尺寸标注

根据装配图的作用，装配图中标注的尺寸与机器的性能、工作原理、装配关系和安装要求有关，国家标准规定装配图应标注以下 5 种尺寸。

（1）规格尺寸：表示机器（或部件）的性能或规格的尺寸，是设计和选用机器的依据，如图 10-1 中的 ϕ34.5H7/f6 间接表示齿轮油泵的排量；图 10-3 中的 ϕ35 说明轴承所支撑的轴颈直径。

（2）装配尺寸：表示有装配关系的零件间的配合种类,以保证正确的装配方法，如图 10-1 中 ϕ16H7/f6 表示此处孔轴为间隙配合，ϕ34.5H7/f6 不但是规格尺寸也是装配尺寸，表示齿顶和内腔为间隙配合。

（3）安装尺寸：将装配体安装到车间基础或其他部件上所需要的尺寸，如图 10-1 中的用于螺栓连接的孔间距 70；图 10-3 中的用于螺栓连接的孔间距 150。

（4）外形尺寸：机器（或部件）的总长、总宽、总高，反映了机器或部件的占用空间，如图 10-1 中 118、85、95 等尺寸。

（5）其他重要尺寸：为保证运动关系、运动的可靠性、零件的位移尺寸等，经设计计算或选定的尺寸，如图 10-1 主视图中的尺寸 28.76±0.02 是保证齿轮的最佳啮合位置的。

标注尺寸时，必须明确每个尺寸的作用，对装配图没有意义的结构尺寸无须标注，另外，不是每一张装配图上都具有上述 5 种尺寸。

10.3.2 技术要求

用文字和符号在装配图中说明机器或部件的性能、装配、检验、使用维护等方面的要求和条件，称为装配图中的技术要求，一般应注写以下几方面的技术要求。

（1）装配要求：指装配体在装配过程中应注意的事项及装配后应达到的要求。

（2）检验要求：对装配体基本性能的检验指标、试验、验收方法等的说明。

（3）使用要求：对装配体的性能、维护、保养、使用注意事项的说明。

上述各项，也不是每一张装配图都要求全部注写，应根据具体情况而定。

10.3.3 明细栏（GB/T10609.2—2009）

明细栏紧靠标题栏画在标题栏上方，序号自下而上排列；若零件数目多，空白处不够画，可紧靠标题栏左边自下而上、自右而左排列，这样，补增零件序号时，方便继续向上画格子。

在装配图中，通常按顺时针方向顺序标出零件的序号，然后在明细栏中依次填写全部零件的序号、代号、名称、数量、材料、重量等。如果是标准件，还需在名称后附上规格代号。备注栏可填写标准件的国家标准代号、齿轮的参数（如模数、齿数）、零件的特殊工艺（如发黑、渗碳），也可注明零件的来源，如外购件、借用件等。

当装配图中无法在标题栏上方绘制明细栏时，可用 A4 图纸单独绘制明细栏，下方应紧贴标题栏，作为装配图的续页。还可连续加页，其格式、填写方法等应遵循《技术制图明细栏》中的规定，如图 10-17 所示。

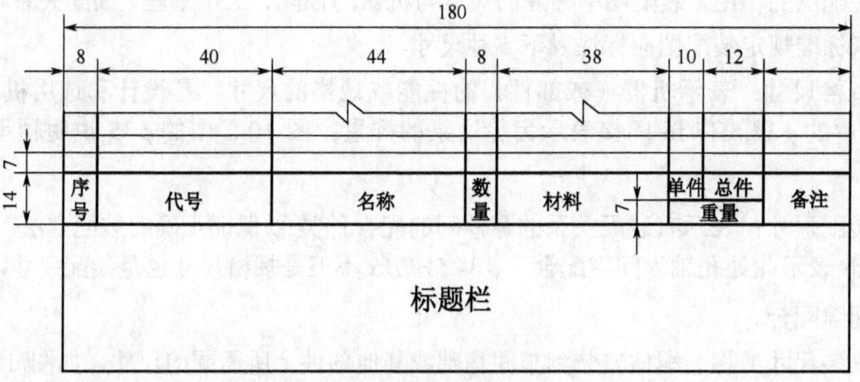

图 10-17　明细栏格式

10.4 部件测绘和装配图的画法

10.4.1 部件的测绘内容

对现有的装配体进行测量、少量计算，并绘制出零件图及装配图的过程称为部件测绘。生产实践中部件测绘对推进先进技术、设备维修和技术改造等，具有重要的意义。

1．测绘准备工作

测绘之前，一般应根据装配体复杂程度编制测绘计划，编组分工，准备必要的拆卸工具、量具，如扳手、改刀、铜棒、钢尺、卡尺、细铅丝等，还应准备标签及绘图用品等。

2. 了解装配体

通过观察和研究被测对象及参阅有关产品的说明书等资料，了解该机器（或部件）的用途、性能、工作运动情况、结构特点、零件间的装配关系，以及拆装方法等。如图 10-18 所示为机床虎钳、图 10-20 所示为顶尖座。

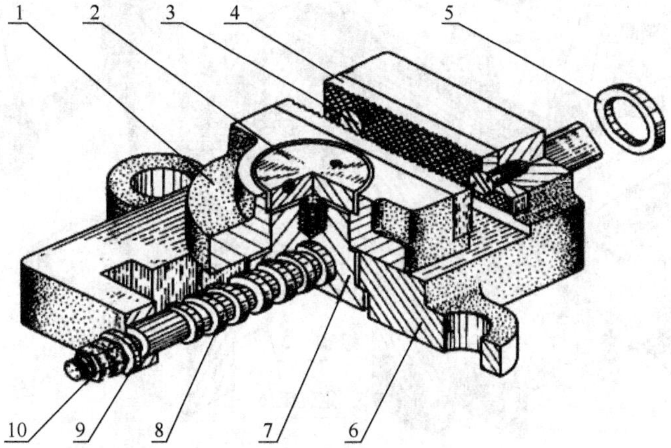

图 10-18　机床虎钳

3. 拆卸零部件，画装配示意图

为保证装配体被拆散后仍能装配复原，在拆卸过程中应尽量做好原始记录，常用的方法是绘制装配示意图。装配示意图是用简单的单线条和符号，将各零件大致的轮廓及零件之间的相对位置、装配、连接关系及传动情况表达清楚，如图 10-19 所示为机床虎钳示意图、图 10-21 所示为顶尖座示意图。画图时应采用国家标准《机构运动简图符号》（GB/T4460—2012）中所规定的符号。

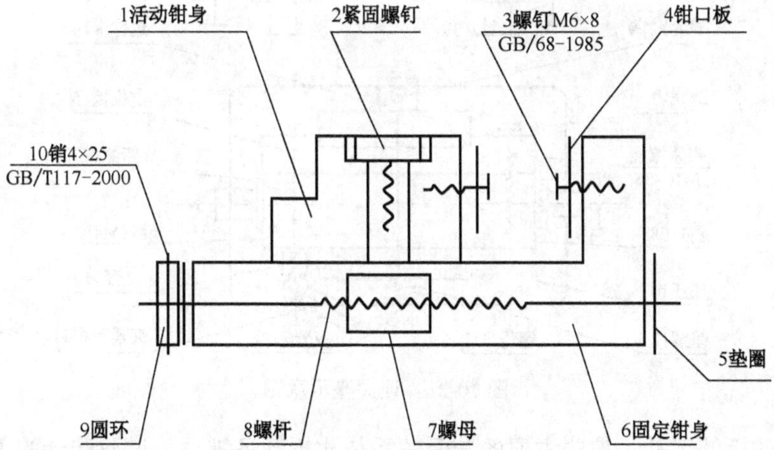

图 10-19　机床虎钳示意图

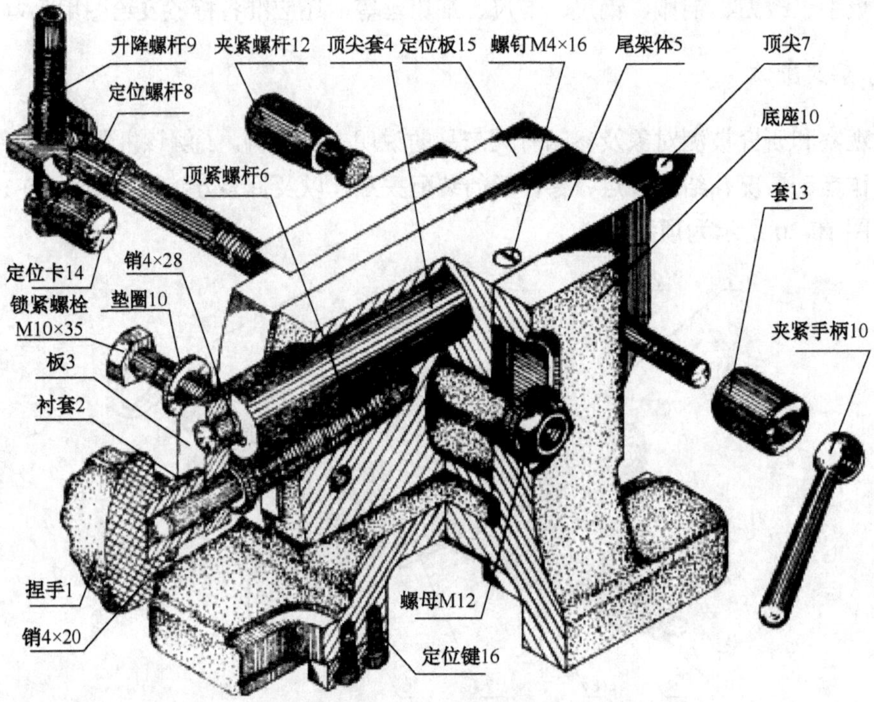

图 10-20　顶尖座

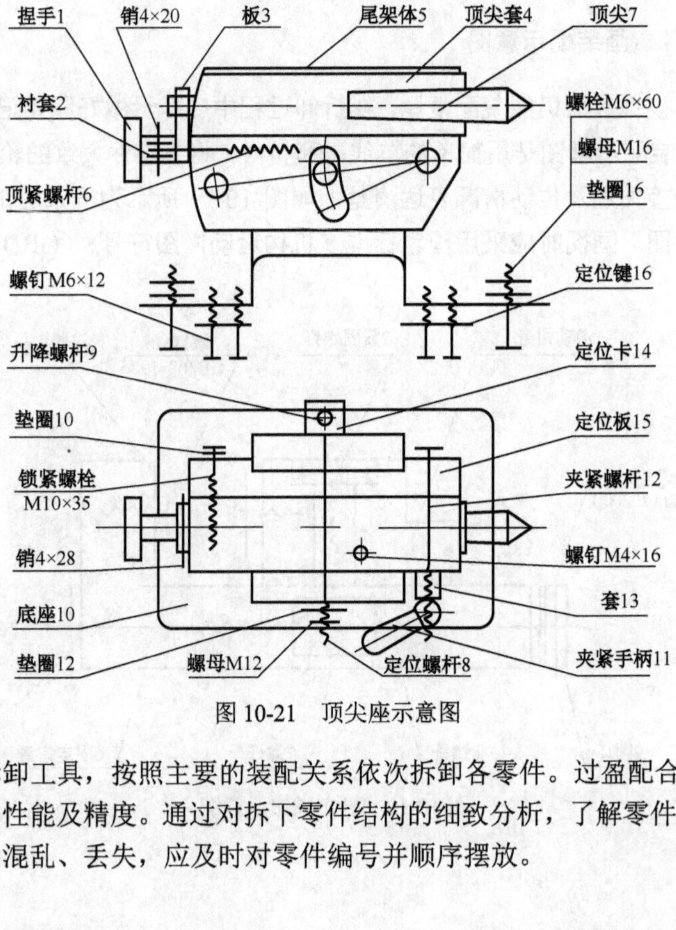

图 10-21　顶尖座示意图

选择适当的拆卸工具，按照主要的装配关系依次拆卸各零件。过盈配合的零件尽量不拆，以免影响装配体的性能及精度。通过对拆下零件结构的细致分析，了解零件间的配合种类。拆卸时为避免零件的混乱、丢失，应及时对零件编号并顺序摆放。

4．画零件草图

除标准件外，组成装配体的零件均应画出零件草图及工作图。画装配草图时应注意以下三点。

（1）零件间有连接关系或配合关系的部分，它们的基本尺寸应相同，只需测出一个零件的基本尺寸，即可分别标注在两个零件上。

（2）标准件测出规格尺寸，并根据其结构形状，从国家标准中查出其标准代号，把名称、代号、规格尺寸、数量等填入装配图的明细栏中。

（3）参考同类产品的图纸，结合零件在装配体中的位置、作用等，用类比法确定其各项技术要求（尺寸公差、形状位置公差、表面粗糙度、材料、热处理及硬度等）。

5． 画装配图

根据装配示意图、零件草图拼画出装配图。画装配图的过程也是检验、校对零件形状、尺寸的过程，如有错误或不妥之处，应及时修改。

10.4.2 装配图的画法

装配图与零件图的画图步骤类似，以绘制顶尖座装配图为例进行介绍，如图10-22所示。

1．确定表达方案

根据装配体的用途、工作原理、结构特点及零件间的装配关系等确定较为合理的表达方案。

2．定比例、选图幅、画出标题栏和明细栏的位置

根据装配体的大小和表达方案中图形的数量，确定画图比例和图幅。选定图幅时不仅要考虑到视图的大小和数量，还要考虑到零件序号、尺寸、标题栏、明细栏和技术要求的布置。图幅选定后先画出图框、标题栏和明细栏的位置。

3．画作图基准线

根据表达方案，画出各视图的基准线。此时要考虑整个图面布局，包括各图形的位置、图形间的尺寸、零件序号等，使图面布局合理。

4．画底稿

画装配图时，一般先从主要装配干线画起，按“先里后外”“先主后次”的原则逐个画，因装配图的结构特点不同，具体方法也不同。

5．检查修改，画剖面线，加深

检查有无表达上的遗漏和画法上的错误，予以改正。之后画剖面线，注意各零件剖面线的方向和间隔要符合装配图的要求。确认无误后描深轮廓线。

6．标注尺寸，注写技术要求，编写零件序号，填写明细表、标题栏

图形完成后注写尺寸、技术要求；按顺时针标出零件序号，填写明细栏；填写标题栏完成

全图。

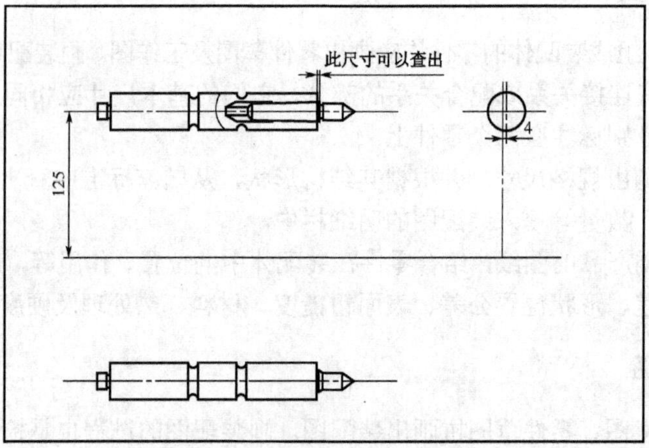

（a）布局定位、画顶尖及顶尖套的大致轮廓

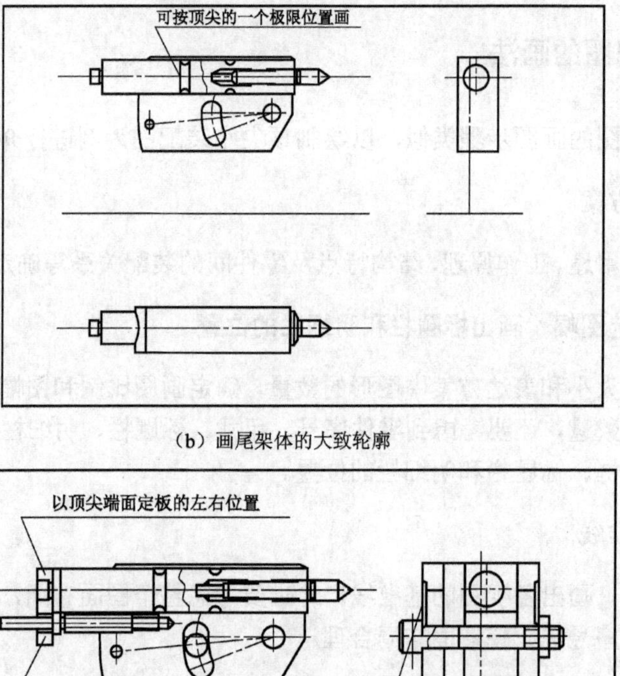

（b）画尾架体的大致轮廓

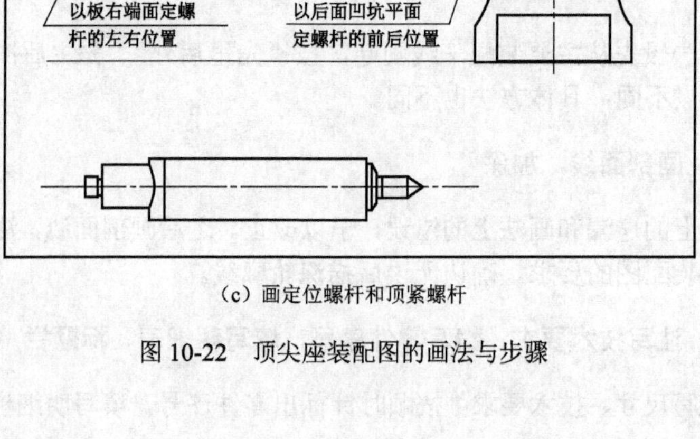

（c）画定位螺杆和顶紧螺杆

图 10-22　顶尖座装配图的画法与步骤

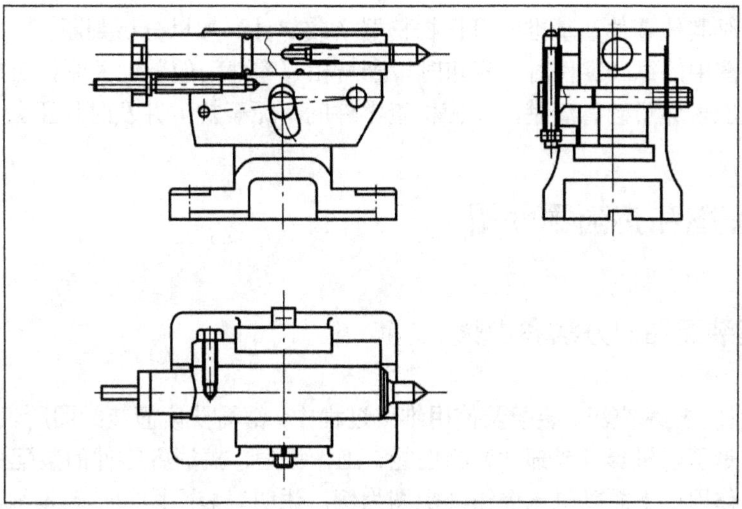

（d）画底座和升降螺杆

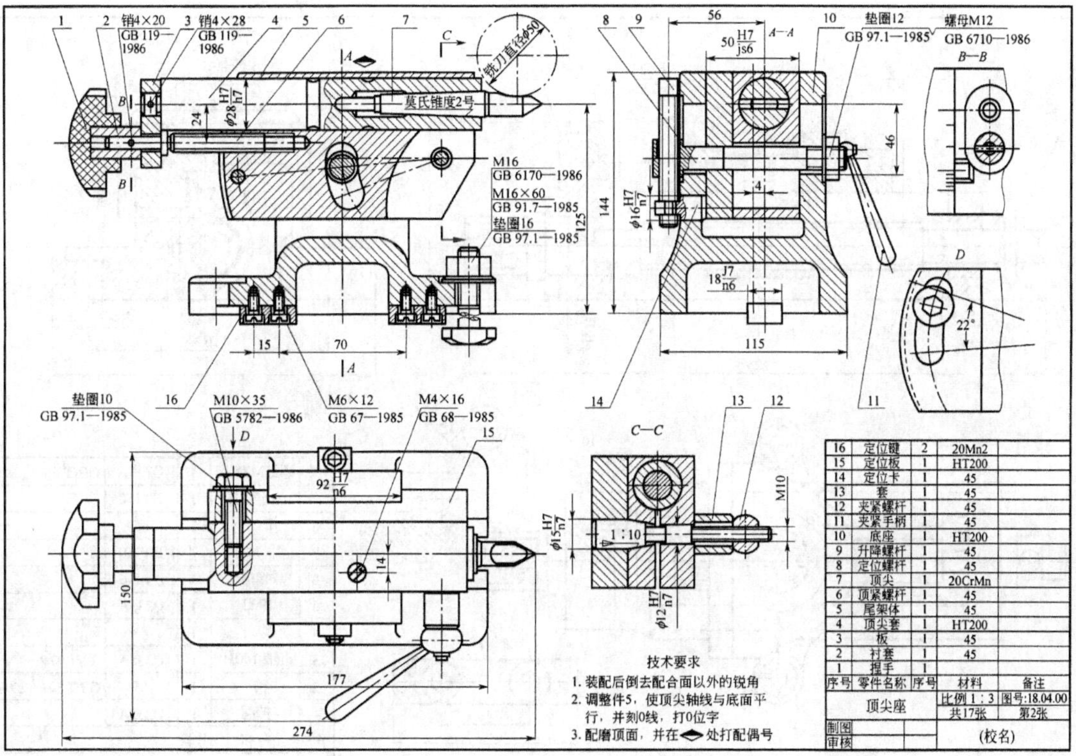

（e）完成全图

图 10-22　顶尖座装配图的画法与步骤（续）

10.4.3　画装配图时的注意事项

（1）装配图的各视图间要保持对应的投影关系，各零件、各结构要素也要符合投影关系。

（2）为保证各零件间相互位置的准确，应先画出主要装配干线中起定位作用的基准件，明确定位基准，再画其他零件。基准件可根据机器（或部件）加以分析判断。

（3）画装配图中的每个零件时，应随时检查与相邻零件间的装配关系，对接触面、配合面及间隙等情况，应表达正确、清楚，还应检查零件间有无干扰，并及时纠正。

10.5　读装配图和拆画零件图

10.5.1　读装配图的方法和步骤

在机器的设计、技术交流、装配及使用维修过程中，都需要读懂装配图所表达的全部内容。读装配图的目的是了解机器（或部件）的性能、工作原理，搞清各零件的装配关系、各零件的主要结构形状和作用。下面以机床虎钳装配图为例，说明读装配图的一般步骤，如图 10-23 所示。

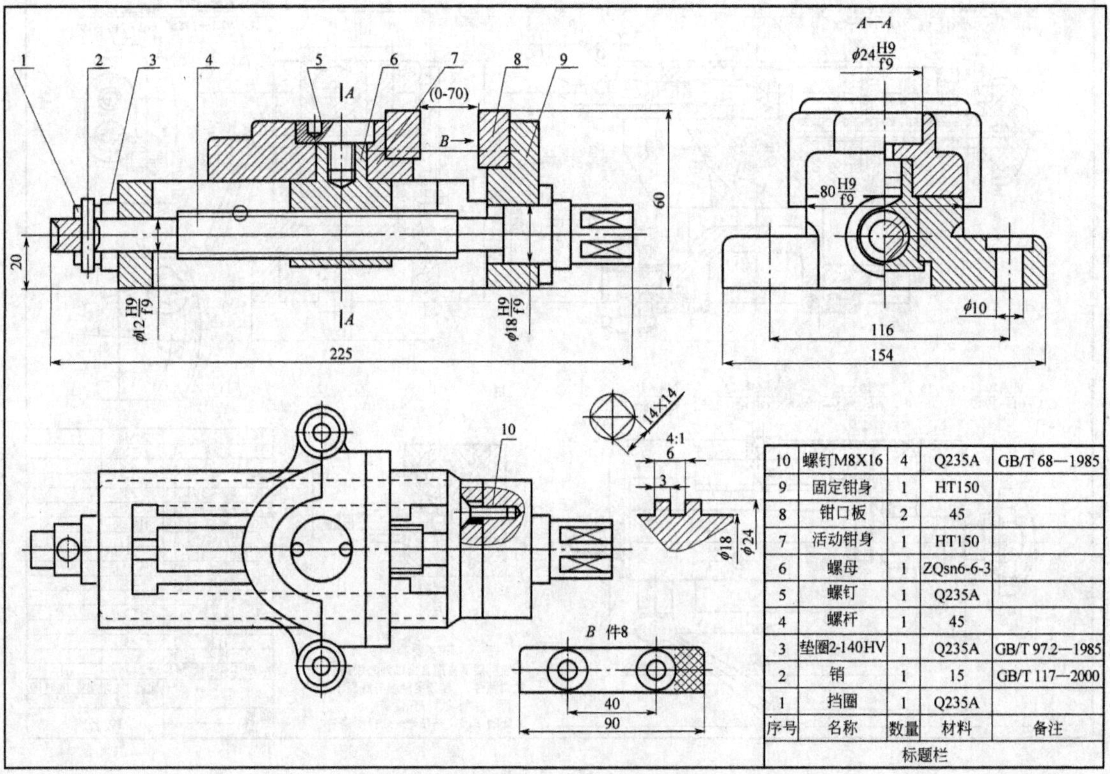

10	螺钉M8X16	4	Q235A	GB/T 68—1985
9	固定钳身	1	HT150	
8	钳口板	2	45	
7	活动钳身	1	HT150	
6	螺母	1	ZQsn6-6-3	
5	螺钉	1	Q235A	
4	螺杆	1	45	
3	垫圈2-140HV	1	Q235A	GB/T 97.2—1985
2	销	1	15	GB/T 117—2000
1	挡圈	1	Q235A	
序号	名称	数量	材料	备注
标题栏				

图 10-23　机床虎钳装配图

1. 概括了解

先看标题栏，从机器（或部件）的名称可大致了解其用途。根据绘图比例，结合图上的总体尺寸可想象出该装配体的总体大小。看明细栏，结合图中的序号了解零件的名称、数目，估计装配体的复杂程度。由图 10-23 可知机床虎钳为简单的装配体，固定于机床工作台用来装夹工件毛坯。

2．分析视图，了解零件间的装配关系

了解各个视图、剖视、断面等的相互关系及表达意图，为下一步深入读图做准备。图 10-23 中有三个基本视图，断面图、局部放大图和零件图各一个。主视图运用了全剖，主要表达各零件的装配关系、连接方式、传动关系。左视图为半剖，剖开的主要表达固定钳身 9、活动钳身 7、螺母 6、螺钉 5 和螺杆 4 的装配关系。俯视图主要反映外形，其局部剖表达钳口板 8 和固定钳身 9 的连接方式。断面图反映螺杆 4 右端的断面形状。局部放大图反映螺杆 4 的牙型。

3．分析工作原理及传动关系

一般从图样上直接分析工作原理，当装配体比较复杂时，需要参考说明书弄清工作原理和传动关系。机床虎钳工作原理为：旋转螺杆，使螺母沿螺杆轴线作直线运动，螺母带动活动钳身、钳口板移动，实现夹紧或放松。

4．深入了解零件的主要结构及部件的整体结构

粗略的分析之后，进一步深入细致地读图。先把不同的零件区分开，弄清每个零件的主要结构形状。要做到这一点，除了利用投影关系想象零件外，还要利用机件的表达方法和装配图的规定画法来区分不同零件。最常用的有以下四点。

（1）根据零件剖面线的方向和间隔不同来分清零件轮廓范围。例如，区分活动钳身 7、固定钳身 9、螺母 6 与钳口板 8。

（2）根据装配图的规定画法等来区分零件。例如，根据纵向剖切标准件和实心件按不剖的画法可区分螺杆、螺钉、油标、键、销等零件；利用常见结构的简化画法，可识别轴承、弹簧及密封结构等。

（3）对照明细栏中零件的编号，查明零件数量、材料、规格等，帮助了解零件的形状、作用及确定零件在装配图中的分布情况。

（4）根据投影关系和上述区分零件的方法，就可以想象出各零件的主要结构形状，进而确定零件的作用、装配方式。例如，螺钉 5 连接螺母与活动钳身，为方便装拆，螺钉头部有两个圆孔。

接下来分析部件的整体结构。虎钳由 11 个零件组成，结合前面对各零件的了解，可知虎钳的整体结构是：螺杆 4 装在固定钳身 9 上，通过垫圈 3、挡圈 1 和销 2 使螺杆 4 只能转动但不能沿轴向运动。螺母 6 旋合在螺杆 4 上，通过螺钉 5、螺母 6 和活动钳身 7 连在一起。活动钳身 7 和固定钳身 9 在钳口部位用两个螺钉 10 固定上钳口板 8。至此，虎钳工作原理和各零件间的装配关系更加清楚。

5．分析尺寸和技术要求

该机床虎钳的性能尺寸是 0～70，说明活动钳身的运动范围及被夹工件的最大厚度。ϕ12H9/f9 和 ϕ18H9/f9 是螺杆 4 与固定钳身 9 的配合尺寸；80H9/f9 是活动钳身 7 与固定钳身 9 的配合尺寸；ϕ24H9/f7 是螺母 6 与活动钳身 7 的配合尺寸。116、ϕ10 是安装尺寸。225、154、60 是总体尺寸。

如有技术要求，还需进一步分析。

经过以上分析，对整个虎钳结构、功能、装配关系、尺寸等有了全面的认识，完成了读图过程。

10.5.2 读装配图的要点

要读懂复杂装配图，还要围绕装配干线，弄清以下几点。

1．运动关系

分清运动零件和静止零件，分析运动的形式（转动、移动、摆动、往复等）及传动路线。

2．配合关系

凡有配合的零件，都要弄清基准制、配合种类、公差等级等。

3．连接和固定方式

各零件之间用哪些零件连接和固定方式等。

4．定位和调整

零件上何处是定位表面，哪些与其他零件接触，哪些地方需要调整，用什么方法调整等。

5．装拆顺序

如图 10-23 所示虎钳的装配顺序是：固定钳身→螺杆→螺母→垫圈、挡圈、销→活动钳身→螺钉→钳口板→螺钉。

6．想象主要零件的形状

想象出主要零件的形状对看懂装配图十分重要，对少数较复杂的零件，除了运用投影分析还要利用机械知识补充。

10.5.3 由装配图拆画零件图

在设计新机器时，常先画出装配图，确定主要结构，然后根据装配图来画零件图。根据装配图绘制的零件图的工作称为拆图。拆图的过程，也是继续设计的过程，其步骤如下。

1．确定零件的形状

确定零件的形状时要注意以下三个方面。

（1）看懂装配图，弄清所画零件的基本结构形状、作用和设计要求，这是确定零件形状的基础。

（2）由于装配图主要表达装配关系，而对某些零件的形状往往表达不完全，这时需要根据零件的功用、零件工艺结构和装配工艺结构知识补充完善零件形状，某些局部结构甚至要重新设计。

（3）装配图上省略的零件工艺结构，如倒角、退刀槽、圆角、中心孔等，在拆画零件图时均应加上。

2．根据零件的形状和作用选择表达方案

装配图上的视图选择方案主要是从表达装配关系和整个部件情况确定的，因此，在考虑零件的视图选择时不应简单照抄，而应以零件的形状特征原则重新考虑。如图 10-24 所示是虎钳的活动钳身的零件图，其表达方案与该零件在装配图上的表达方案不同，其主视方向是按该零件的加工位置和主工序确定的。

3．确定零件的尺寸

装配图的尺寸标注很少，而拆画零件图时，要确定零件的所有尺寸。确定零件尺寸时要注意以下三点。

（1）已在装配图上标注的零件尺寸是设计和装配重要尺寸，要全部标注到零件图上。

（2）零件上的工艺结构和标准结构的尺寸应查阅有关国家标准后确定，如齿轮的分度圆尺寸、螺孔尺寸等。

（3）装配图上没有标注的零件尺寸，可在装配图上直接量取、按比例计算或根据实际自行确定。

4．根据表达方案和确定出的尺寸画图

按照画零件图的方法和步骤画图。

5．标注尺寸，注写技术要求

（1）按照零件图的尺寸注法和要求标注尺寸。

（2）零件加工表面的表面粗糙度值、尺寸公差等级、形位公差要求等，可由装配图上该零件与其他零件的装配关系判断，参考同类产品资料、结合工艺知识等完善各项技术要求。

6．校核图纸，填写标题栏

仔细检查图形、尺寸、技术要求有无错误、疏漏，确认无误后填写标题栏，完成全图。

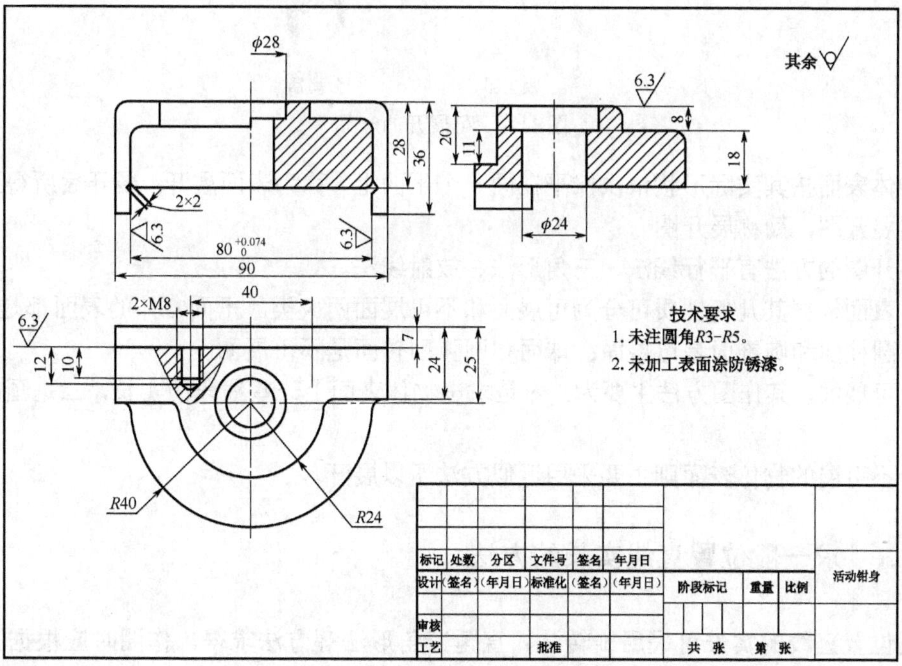

图 10-24　虎钳的活动钳身

第 11 章　展开图与焊接图

11.1　展开图

在生产和生活中经常遇到由金属板材制成的产品，如吸尘器、分离器、抽油烟机的外壳、超市的通风管道等，如图 11-1 所示，制造这类产品时，先要画出相应的展开图（即常说的放样），然后根据图样下料，经过弯卷成型，最后将其焊接或铆接而成。

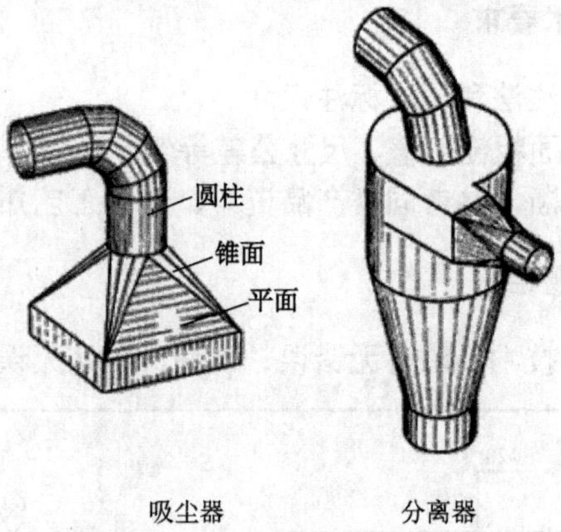

图 11-1　可展开的产品

将物体表面按其实际形状依次摊平在同一个平面上，称为表面展开；展开后所得到的图形称为表面展开图，简称展开图。

画展开图的方法有平行线法、三角形法、放射线法。

物体表面根据其几何性质可分为可展面和不可展面两大类。平面立体的表面都是可展的；回转体中圆柱面和圆锥面是可展面；球面和圆弧回转面是不可展面。

对于可展面，其作图方法主要为：一是求出物体表面上一些线段的实长，二是画出物体表面的实形。

对于不可展的物体表面则主要采用近似方法予以展开。

11.1.1　求一般位置直线实长的方法

一般位置直线的实长可采用旋转法、直角三角形法等方法求得，作图时应根据具体情况选用。

1．用旋转法求一般位置直线的实长

作图方法：将一般位置直线绕垂直于 H 面的轴线 OO 旋转，使其成为 V 面的平行线 AB_1，则 $a'\ b_1'$ 为实长，如图 11-2 所示。

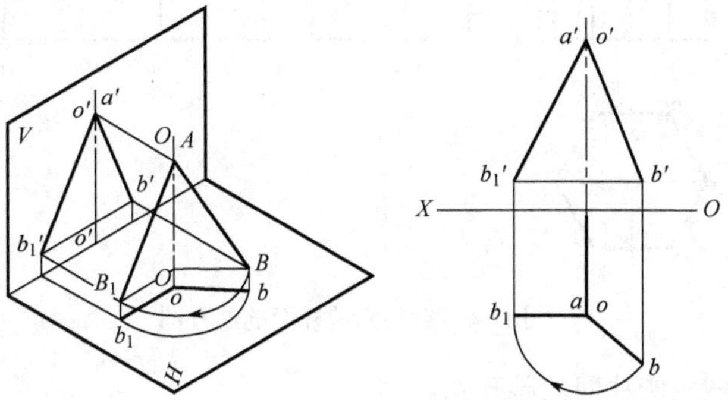

图 11-2　旋转法

2．用直角三角形法求一般位置直线的实长

作图方法：如图 11-3 中的 Rt△AA_0B 所示，以线段两端点在 H 面垂直方向的坐标差 ΔY 为一直角边 A_0B，以线段在 V 面上的投影为另一直角边 AB_0，斜边 AB 即为线段的实长。也可利用 ΔZ 作 Rt△AB_0B 求实长。

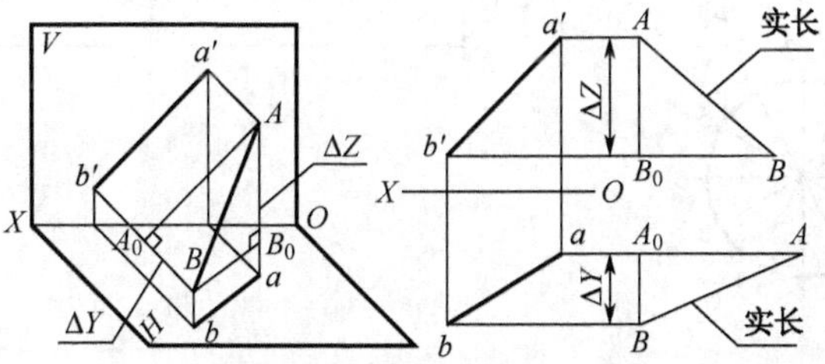

图 11-3　直角三角形法

11.1.2　常见可展面的展开

1．柱面的展开

由于柱面各棱线或素线互相平行，当柱面的底面垂直其棱线或素线时，柱面的展开图是一个矩形，其高度是柱面的高，长度是柱底面的周长，因此柱面的展开常采用平行线法，其展开图有下列特点。

（1）底面的周边展开成一条直线段。

（2）各棱线或素线与底面周边展成的直线段垂直。

画截头柱面的展开图时，首先画出完整柱面的展开图，然后在展开图上找出各棱线或一些素线与截平面交点的位置，再连接成图。

【例 11-1】求作截头六棱柱面的展开图。

作图过程如图 11-4 所示。

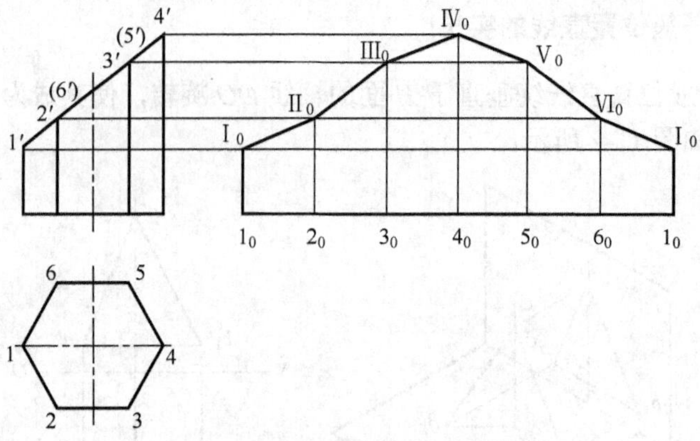

图 11-4　截头六棱柱面的展开图

【例 11-2】求作截头圆柱面的展开图。

作图过程如图 11-5 所示。

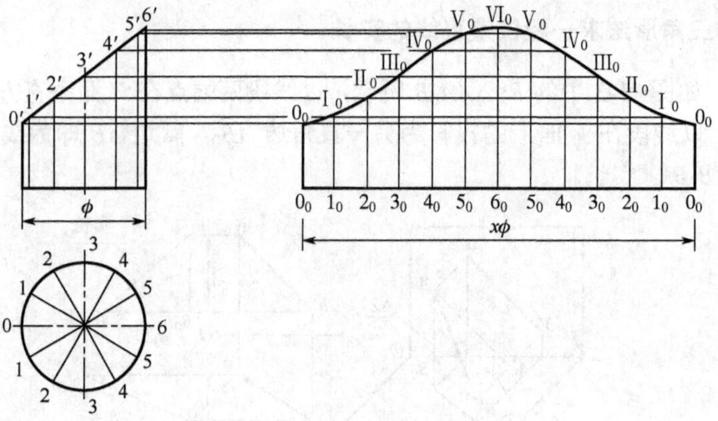

图 11-5　截头圆柱面的展开图

2．锥面的展开

由于锥面各棱线或素线都相交于一点，因此可将锥面看作由平面三角形组成或者将锥面相邻两素线间的曲面用平面三角形近似代替。

锥面展开图的绘制常采用三角形法：先求出锥面各棱线或一系列素线及底面周边的实长（当底面周边为曲线时，以底面的内接多边形周边的实长来代替），然后依次画出各棱锥面（三角形）或圆锥面（用若干三角形代替）的实形。

画截头锥面的展开图时，首先画出完整锥面的展开图，然后在展开图上找出各棱线或一些素线与截平面交点的位置，再连接完成作图。

【例 11-3】求作截头四棱锥面的展开图。

作图过程如图 11-6 所示。

【例 11-4】求作截头圆锥面的展开图。

作图过程如图 11-7 所示。

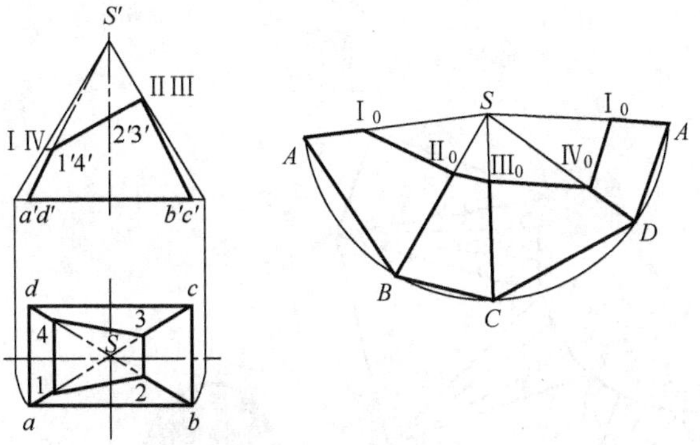

图 11-6　截头四棱锥面的展开图

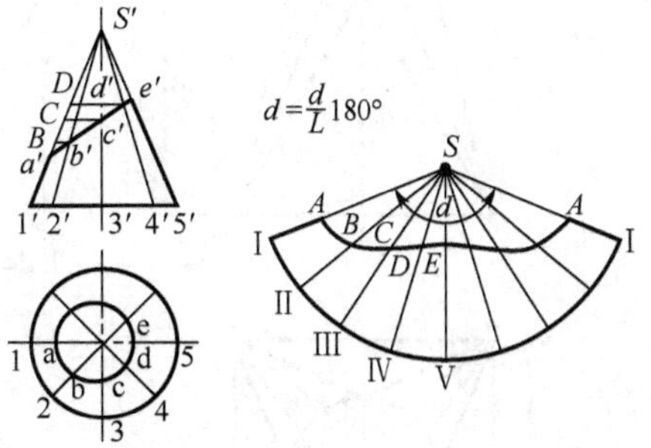

图 11-7　截头圆锥面的展开图

11.1.3　生产应用举例

【例 11-5】求作三通管表面的展开图。

分析：三通管由轴线垂直相交的两圆柱面组成，应用平行线法分别画出两圆柱面的展开图。作图过程如图 11-8 所示。

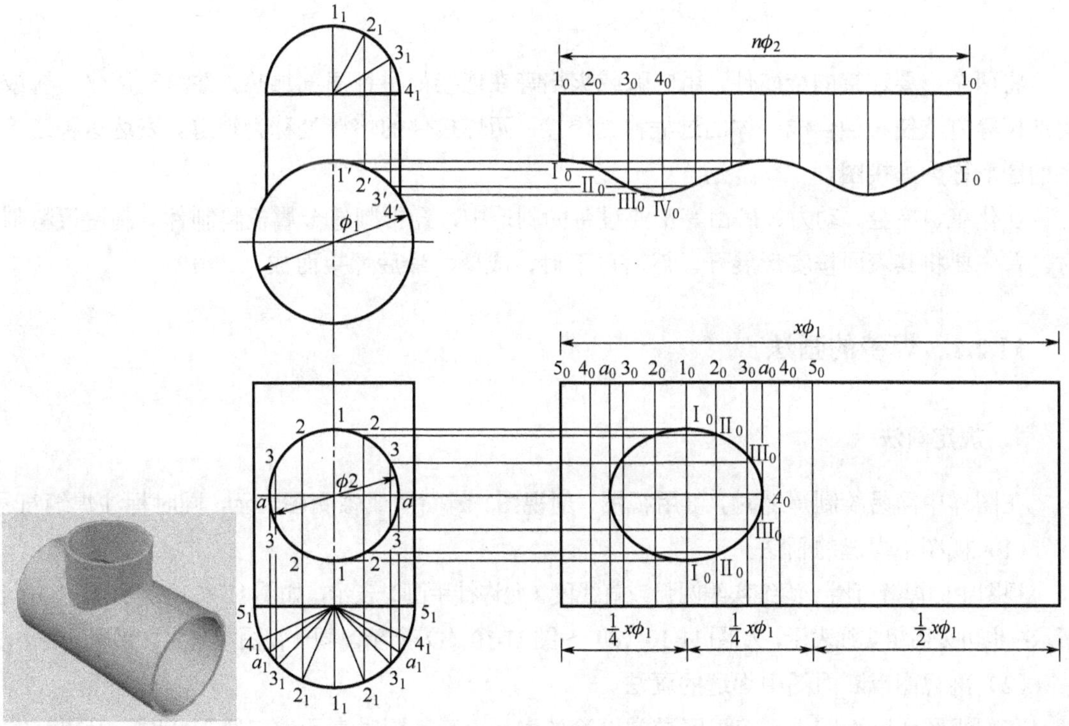

图 11-8　三通管及展开图

【例 11-6】求作方-圆变形接头表面的展开图。

分析：方-圆变形接头由四个相同的部分斜椭圆锥面和四个全等的三角形所组成，应用三角形法画出方-圆变形接头表面的展开图。作图过程如图 11-9 所示。

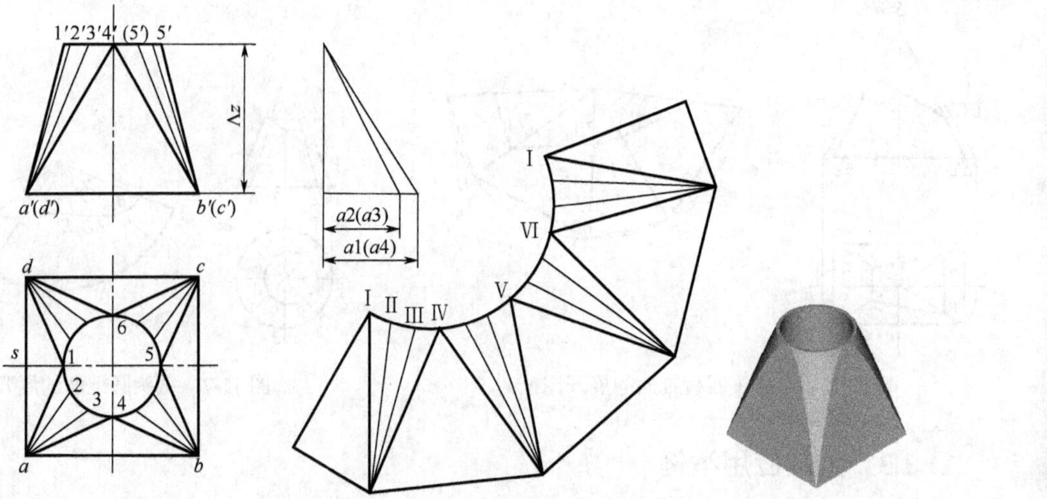

图 11-9　方-圆变形接头表面的展开图

11.2　焊接图

将两个需要连接的金属件，用电弧或火焰等在连接处进行局部加热，并填充熔化金属或采用加压等方法使其融合成一体的过程称为焊接。两焊接件的熔接处称为焊缝。表达这种连接关系的图形称为焊接图。

在化工、冶金、动力、矿山等工业设备的制造中，经常制造金属板料制件。制造板料制件时，首先要将其表面按实形展开，然后再下料、成型，最后焊接而成。

11.2.1　焊缝的画法

1. 规定画法

在图样中简易绘制焊缝时，可用视图、剖视图、断面图或轴测图表示，同时标注焊缝符号。

（1）视图中焊缝的画法

视图中的焊缝可用一组细实线圆弧或直线段（允许徒手画）表示，如图 11-10（a）～图 11-10（c）所示；也可采用粗实线表示，如图 11-10（d）～图 11-10（f）所示。同一视图中只允许采用一种方法。

（2）剖视图或断面图中焊缝的画法

在剖视图或断面图中，熔焊区通常以涂黑表示，若需同时表示坡口等形状时，可用粗实线绘制熔焊区的轮廓，用细实线画出焊接前的坡口形状，如图 11-10（g）和图 10-10（h）所示。

（3）轴测图中焊缝的画法

用轴测图示意表示焊缝的画法，如图 11-10（i）所示。

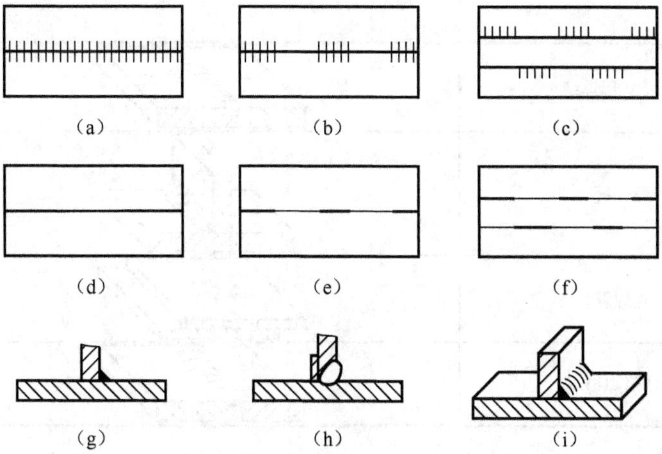

图 11-10　焊缝的规定画法

2．焊接接头和焊缝形式

焊接时两金属焊件的相对位置有对接接头、搭接接头、T 形接头形式，称为焊接接头形式。常见的焊缝形式有对接焊缝、点焊缝和角焊缝等，如图 11-11 所示。

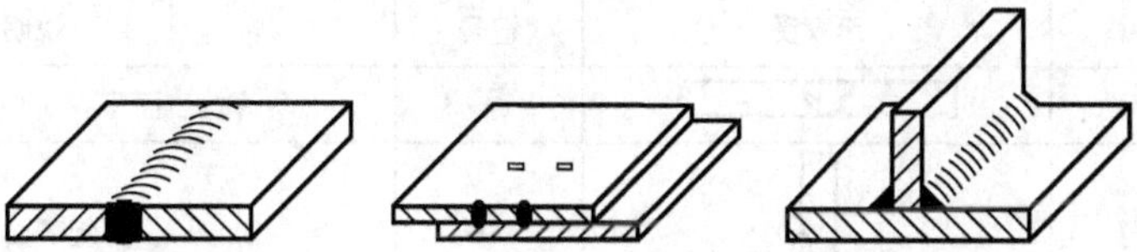

（a）对接接头 对接焊缝　（b）搭接接头 点焊缝　（c）T形接头 角焊缝

图 11-11　焊接接头和焊缝形式

11.2.2　焊缝的符号及标注

为简化图样上焊缝的表示方法，可采用焊缝符号表示。焊缝符号由基本符号和指引线组成；必要时还有辅助符号、补充符号和焊缝尺寸符号等。

1．基本符号

基本符号类似于焊缝横断面形状，表示焊缝横断面形状，采用线宽约为 0.7b 的实线绘制，如表 11-1 所示。

表 11-1　常见焊缝的基本符号

1	I 形焊缝	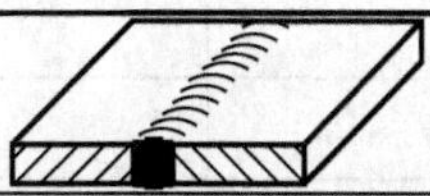	‖
2	V 形焊缝		∨

续表

3	单边V形焊缝	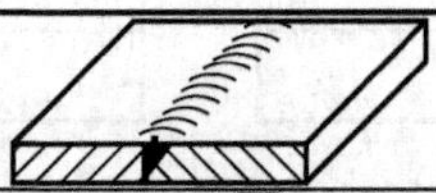	
4	角焊缝	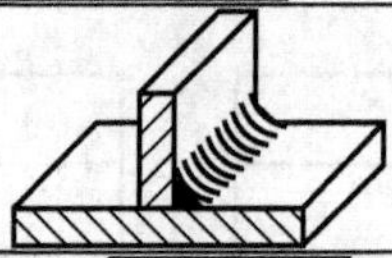	◺
5	点焊缝		○
6	U形焊缝		

2．辅助符号

辅助符号表示焊缝表面形状特征，线宽要求同基本符号，如表 11-2 所示。不需要确切说明焊缝的表面形状时，可不用辅助符号。

表 11-2　焊缝的辅助符号

序号	名称	示意图	符号	说明
1	平面符号		—	焊缝表面平齐（一般通过加工）
2	凹面符号	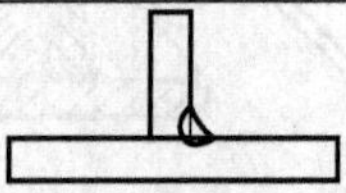	︶	焊缝表面凹陷
3	凸面符号		︵	焊缝表面凸起

3．补充符号

补充符号用以补充说明焊缝的某些特征，如表 11-3 所示。

表 11-3　焊缝的补充符号

序号	名称	示意图	符号
1	带垫板符号	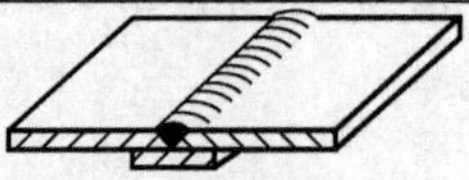	□
2	三面焊缝符号	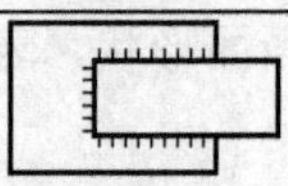	[
3	周围焊缝符号	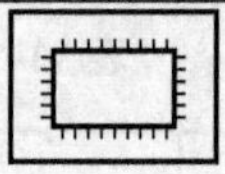	○
4	现场符号		
5	尾部符号		<

4．尺寸符号

焊缝尺寸一般不标注，当设计、制造、施工需要时才标注。必要时尺寸符号随基本符号标注在规定位置上，如表 11-4 所示。

表 11-4　常见焊缝的尺寸符号

符号	名称	示意图	符号	名称	示意图
δ	工件厚度	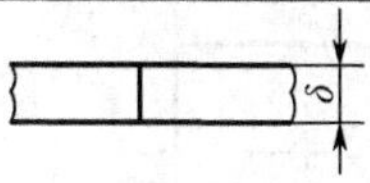	*C*	焊缝宽度	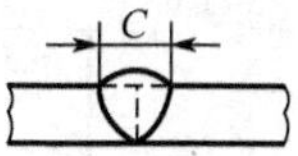
a	坡口角度	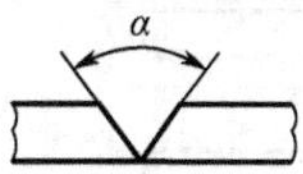	*R*	根部半径	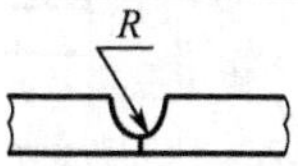
b	根部间隙	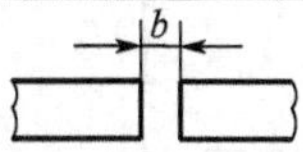	*l*	焊缝长度	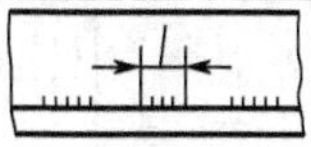
p	钝边	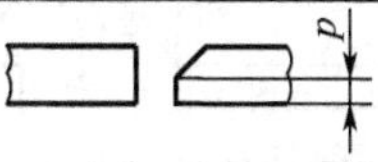	*n*	焊缝段数	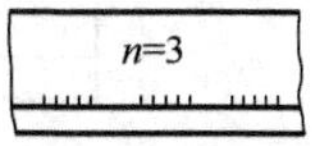

5．指引线

指引线主要由带有箭头的细实线（简称箭头线）和两条基准线（细实线、虚线）两部分组成，如图 11-12 所示。

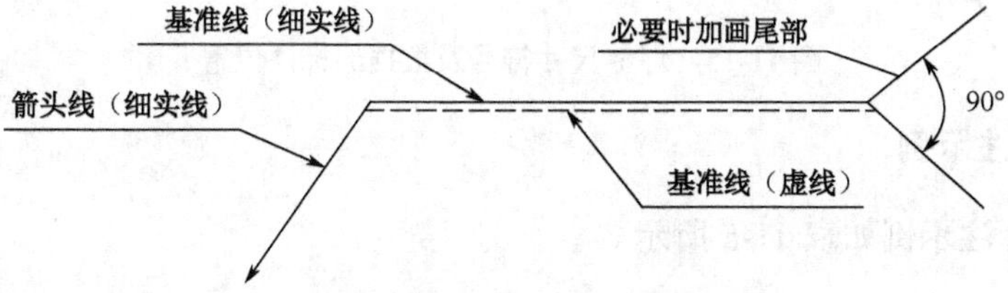

图 11-12　指引线画法

（1）箭头线的位置

箭头线可指在焊缝的正面或反面。但在标注单边 V 形焊缝、带钝边的单边 V 形焊缝、带钝边的 J 形焊缝时，箭头线应指向工件有坡口一侧，如表 11-5 的示例 1 所示。

（2）基准线的位置

基准线一般与图样的底边平行，特殊条件下也可与底边垂直。基准虚线可画在基准实线的上侧或下侧。

（3）基本符号相对基准线的位置

当箭头线直接指向焊缝正面时（即焊缝与箭头线在接头的同侧），基本符号应标注在基准线的实线侧；反之，基本符号应标注在基准线的虚线侧，如图 11-13 所示。

标注对称焊缝和不致引起误解的双面焊缝时，可不加基准虚线，如图 11-14 所示。

（4）焊缝尺寸符号及其标注位置

焊缝尺寸符号及数据的标注位置如图 11-15 所示。

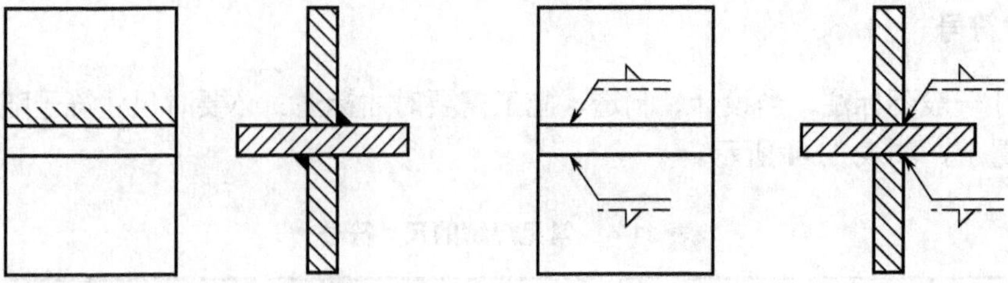

图 11-13　基本符号相对基准线的位置

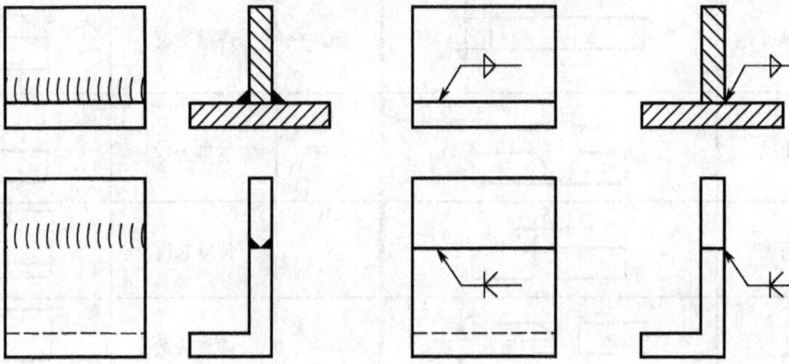

图 11-14　对称焊缝和双面焊缝的标注

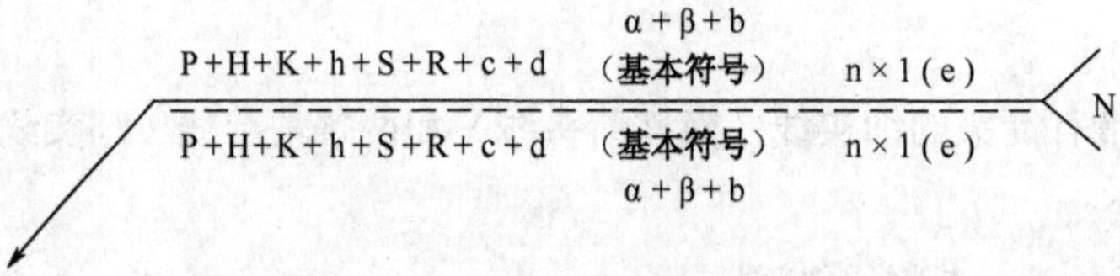

图 11-15　焊缝尺寸符号及数据的标注位置

6．焊缝的标注示例

（1）焊缝的标注示例如表 11-5 所示。

表 11-5　焊缝的标注示例

序号	焊缝形式	标注示例	说明
1	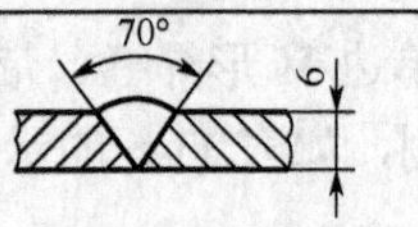	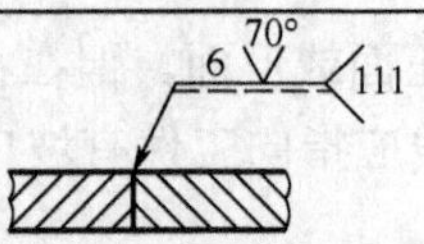	对接 V 形焊缝，坡口角度为 70°，焊缝有效厚度为 6mm，手工电弧焊
2	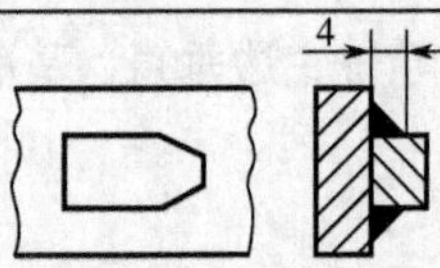	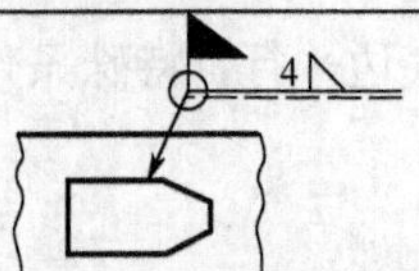	搭接角焊缝，焊角高度为 4mm，在现场沿工件周围施焊
3	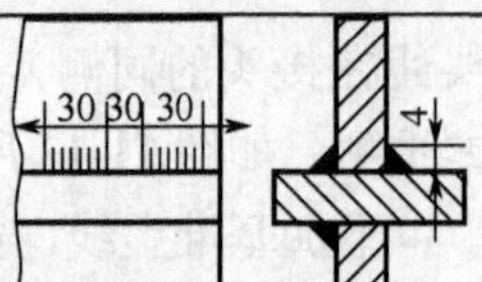	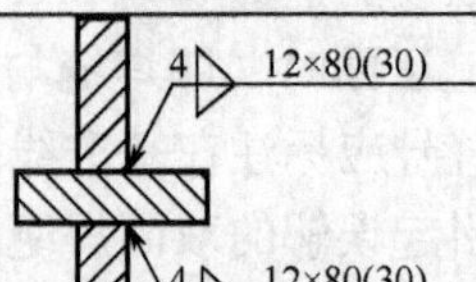	继续三角焊缝，焊角高度为 4mm，焊缝长度为 80mm，焊缝间距 30mm，三处焊缝各有 12 段

（2）支架焊接图示例

如图 11-16 所示，支架由五部分焊接而成，从主视图上看，有三条焊缝，一处是件 1 和件 2 之间，沿件 1 周围用角焊缝焊接；另两处是件 3 和件 4，角焊缝现场焊接。从 A 图上看，有两处焊缝，用角焊缝三面焊接。

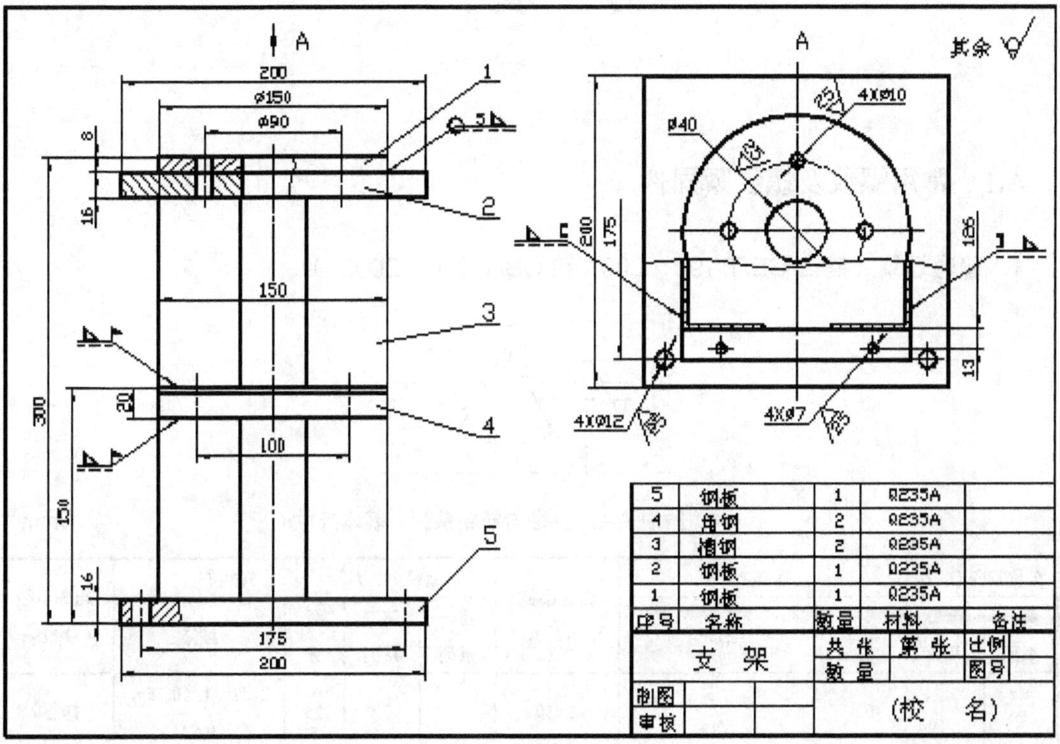

图 11-16　支架焊接图

附　录　A

A.1　常用螺纹及螺纹紧固件

1. 普通螺纹（摘自 GB/T 193—2003 和 GB/T 196—2003 ）

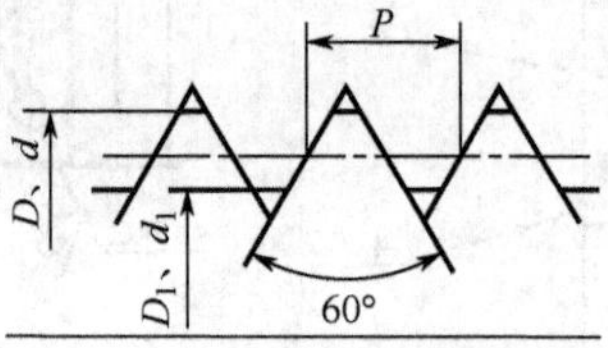

附表 A-1　直径与螺距系列、基本尺寸　（mm）

公称直径 D、d		螺距 p		粗牙小径 D_1、d_1	公称直径 D、d		螺距 P		粗牙小径 D_1、d_1
第一系列	第二系列	粗牙	细牙		第一系列	第二系列	粗牙	细牙	
3		0.5	0.35	2.459		22	25	2, 1.5, 1, (0.75), (0.5)	19.294
	3.5	(0.6)		2.850	24		3	2, 1.5,1, (0.75)	20.752
4		0.7	0.5	3.242		27	3	2, 1.5,1, (0.75)	23.752
	4.5	(0.75)		3.688	30		35	(3), 2,1.5, (1), (0.75)	26.211
5		0.8		4.134		33	35	(3), 2,1.5, (1), (0.75)	29211
6		1	0.75, (0.5)	4.917	36		4	3, 2, 1.5, (1)	31.670
8		1.25	1, 0.75, (0.5)	6.647		39	4		34.670
10		15	1.25, 1, 0.75, (0.5)	8.376	42		45	(4), 3, 2, 1.5, (1)	37.129
12		1.75	1.5, (1.25), 1, (0.75), (0.5)	10.106		45	45		
	14								40.129
16		2	1.5, 1, (0.75), (0.5)	13.835	48		5		42.587
	18	2.5	2, 1.5, 1, (0.75), (0.5)	15.294		52	5		46.587
20		2.5		17.294	56		5.5	4, 3, 2, 1.5, (1)	50.046

注：（1）优先选用第一系列，其次是第二系列。

（2）括号内的螺距尽可能不用。

附表 A-2 细牙普通螺纹螺距与小径的关系 （mm）

螺距 P	小径 D_1、d_1	螺距 P	小径 D_1、d_1	螺距 P	小径 D_1、d_1
0.35	d-1+0.621	1	d-2+0.918	2	d-3+0.835
0.5	d-1+0.459	1.25	d-2+0.647	3	d-4+0.752
0.75	d-1+0.188	1.5	d-2+0.376	4	d-5+0.670

注：表中的小径按 $D_1=d_1=d-2\times\frac{5}{8}H, H=\frac{\sqrt{3}}{2}P$ 计算得出。

2. 梯形螺纹（摘自 GB/T 5796．2—2005 和 GB/T 5796．3—2005）

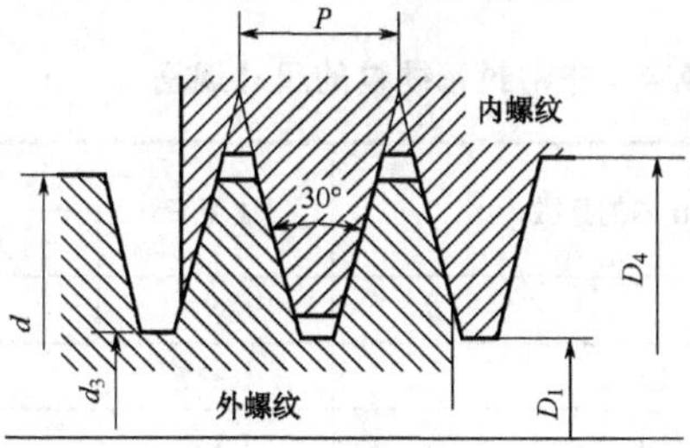

附表 A-3 直径与螺距系列、基本尺寸 （mm）

公称直径 d 第一系列	公称直径 d 第二系列	螺距 P	中径 $d_2=D_2$	大径 D_4	小径 d_3	小径 D_1
8		1.5	7.25	8.30	6.20	6.50
	9	1.5	8.25	9.30	7.20	7.50
		2	8.00	9.50	6.50	7.00
10		1.5	9.25	10.30	8.20	8.50
		2	9.00	10.50	7.50	8.00
	11	2	10.00	11.50	8.50	9.00
		3	9.50	11.50	7.50	8.00
12		2	11.00	12.50	9.50	10.00
		3	10.50	12.50	8.50	9.00
	14	2	13.00	14.50	11.50	12.00
		3	12.50	14.50	10.50	11.00
16		4	14.00	16.50	11.50	12.00
	18	2	17.00	18.50	15.50	16.00
		4	16.00	18.50	13.50	14.00
20		2	19.00	20.50	17.50	18.00
		4	18.00	20.05	15.50	16.00
	22	3	20.50	22.50	18.50	19.00
		5	19.50	22.50	16.50	17.00
		8	18.00	23.00	13.00	14.00
24		3	22.5	24.50	20.50	21.00
		5	21.5	24.50	18.50	19.00
		8	20.00	25.00	15.00	16.00

公称直径 d 第一系列	公称直径 d 第二系列	螺距 P	中径 $d_2=D_2$	大径 D_4	小径 d_5	小径 D_1
	26	3	24.50	26.50	22.50	23.00
		5	23.50	26.50	20.50	21.00
		8	22.00	27.00	17.00	18.00
28		3	26.50	28.50	24.50	25.00
		5	25.50	28.50	22.50	23.00
		8	24.00	29.00	19.00	20.00
	30	3	28.50	30.50	26.50	29.00
		6	27.00	31.00	23.00	24.00
		10	25.00	31.00	19.00	20.00
32		3	30.50	32.50	28.50	29.00
		6	29.00	33.00	25.00	26.00
	34	3	32.50	34.50	30.50	31.00
		6	31.00	35.00	27.00	28.00
		10	29.00	35.00	23.00	24.00
36		3	34.50	36.50	32.50	33.00
		6	33.00	37.00	29.00	30.00
		10	31.00	37.00	25.00	26.00
	38	3	36.50	38.50	34.50	35.00
		7	34.50	39.00	30.00	31.00
		10	33.00	39.00	27.00	28.00
40		3	38.50	40.50	36.50	37.00
		7	36.50	41.00	32.00	33.00
		10	35.00	41.00	29.00	30.00

3．非密封管螺纹（摘自 GB/T 7037—2001）

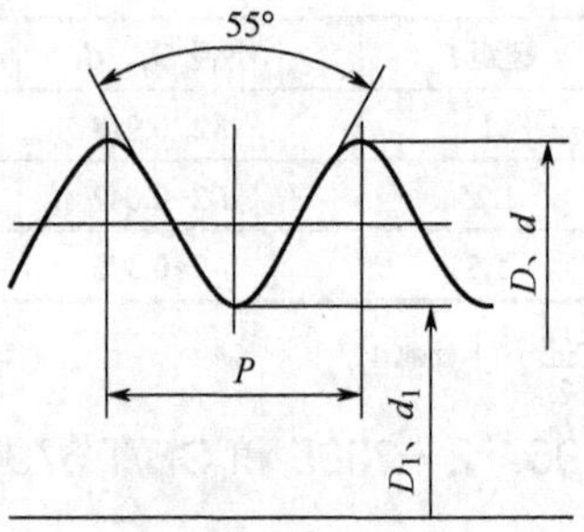

附表 A-4　非密封管螺纹的尺寸规格　　（mm）

尺寸代号	每 25.4mm 内的牙数 n	螺距 P	基本直径	
			大径 D、d	小径 D_1、d_1
1/8	28	0.907	9.728	8.566
1/4	19	1.337	13.157	11.445
3/8	19	1.337	16.662	14.950
1/2	14	1.814	20.955	18.631
5/8	14	1.814	22.911	20.587
3/4	14	1.814	26.441	24.117
7/8	14	1.814	30.201	27.877
$1\frac{1}{4}$	11	2.309	41.910	38.952
$1\frac{1}{2}$	11	2.309	47.803	44.845
$1\frac{3}{4}$	11	2.309	53.746	50.788
2	11	2.309	59.614	56.656
$2\frac{1}{4}$	11	2.309	65.710	62.752
$2\frac{1}{2}$	11	2.309	75.184	72.226
$2\frac{3}{4}$	11	2.309	81.534	78.576
3	11	2.309	87.884	84.926

4．螺栓

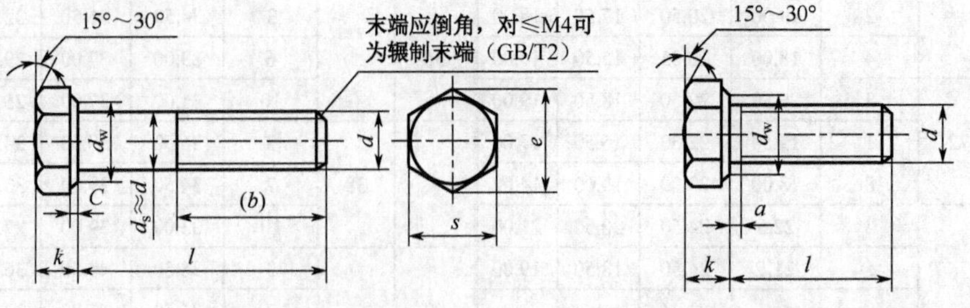

附表 A-5　螺栓的螺纹规格　　（mm）

螺纹规格 d			M3	M4	M5	M6	M8	M10	M12	M16	M20	M24	M30	M36	M42
b（参考）	$l\leqslant125$		12	14	16	18	22	26	30	38	46	54	66	-	-
	$125<l\leqslant200$		18	20	22	24	28	32	36	44	52	60	72	84	96
	$l>200$		31	33	35	37	41	45	49	57	65	73	85	97	109
c			0.4	0.4	0.5	0.5	0.4	0.6	0.6	0.8	0.8	0.8	0.8	0.8	1
d	产品等级	A	4.57	5.88	6.88	8.88	11.63	14.63	16.63	22.49	28.19	33.61	–	–	–
		B C	4.45	5.74	6.74	8.74	11.47	14.47	16.47	22	27.7	33.25	42.75	51.11	59.95
C	产品等级	A	6.01	7.66	8.79	11.05	14.38	17.77	20.03	26.75	33.53	39.98	–	–	–
		B C	5.88	7.50	8.63	10.89	14.20	17.59	19.85	26.17	32.95	39.55	50.85	60.79	72.02
k（公称）			2	2.8	3.5	4	5.3	6.4	7.5	10	12.5	15	18.7	22.5	26
r			0.1	0.2	0.2	0.25	0.4	0.4	0.6	0.6	0.8	0.8	1	1	12
s（公称）			5.5	7	8	10	13	16	18	24	30	36	46	55	65
l（商品规格范围）			20-30	25-40	20-50	30-60	40-80	45-100	50-120	65-160	80-200	90-240	110-300	140-360	160-400
l 系列			12，16，20，25，30，35，40，45，50，55，60，65，70，80，90，100，110，120，130，140，150，160，180，200，220，240，260，280，300，320，340，360，380，400，420，440，460，480，500												

注：（1）A 级用于 $d\leqslant24$ 和 $l\leqslant10$ 或 $d\leqslant150$ 的螺栓；B 级用于 $d>24$ 和 $l>10$ 或 $d>150$ 的螺栓。

（2）螺纹规格 d 范围：GB/T5780 为 M5～M64；GB/T5782 为 M1.6～M64。

（3）公称长度范围：GB/T5780 为 25～500；GB/T57852 为 12～500。

5．双头螺柱

GB/T 897—1988($b_m=1d$)
GB/T 898—1988($b_m=1.25d$)
GB/T 899—1988($b_m=1.5d$)
GB/T 900—1988($b_m=2.d$)

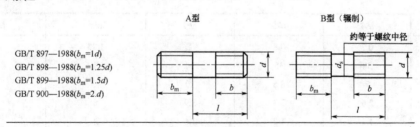

附表 A-6　双头螺柱的螺纹规格　　（mm）

螺纹规格		M5	M6	M8	M10	M12	M16	M20	M24	M30	M36	M42
b_m（公称）	GB/T 897	5	6	8	10	12	16	20	24	30	36	42
	GB/T 898	6	8	10	12	15	20	25	30	38	45	52
	GB/T 899	8	10	12	15	18	24	30	36	45	54	65
	GB/T 900	10	12	16	20	24	32	40	48	60	72	84

续表

螺纹规格	M5	M6	M8	M10	M12	M16	M20	M24	M30	M36	M42
d_s（max）	5	6	8	10	12	16	20	24	30	36	42
d（max）	2.5*p*										
	$\frac{16-22}{10}$ $\frac{25-30}{16}$	$\frac{20-22}{10}$ $\frac{25-30}{14}$ $\frac{32-75}{18}$	$\frac{20-22}{12}$ $\frac{25-30}{16}$ $\frac{32-90}{22}$	$\frac{25-28}{14}$ $\frac{30-38}{16}$ $\frac{40-120}{26}$	$\frac{25-30}{16}$ $\frac{32-40}{20}$ $\frac{45-120}{30}$ $\frac{130-180}{36}$	$\frac{30-38}{20}$ $\frac{40-55}{30}$ $\frac{60-120}{38}$ $\frac{130-200}{44}$	$\frac{35-40}{25}$ $\frac{45-65}{35}$ $\frac{70-12}{46}$ $\frac{130-200}{52}$	$\frac{45-50}{30}$ $\frac{55-75}{45}$ $\frac{80-120}{54}$ $\frac{130-200}{60}$	$\frac{45-50}{30}$ $\frac{55-75}{45}$ $\frac{80-120}{54}$ $\frac{130-200}{72}$ $\frac{210-250}{85}$	$\frac{65-70}{45}$ $\frac{80-110}{60}$ $\frac{120}{78}$ $\frac{130-200}{84}$ $\frac{210-300}{91}$	$\frac{65-80}{50}$ $\frac{85-110}{70}$ $\frac{12}{90}$ $\frac{130-200}{96}$ $\frac{210-300}{109}$
l 系列	16，（18），20，（22），25，（28），30，（32），35，（38），40,45,50，（55），60，（65），70，（75），80，（85），90，（95），100，110，120，130，140，150，160，170，180，190，200，210，220，230，240，250，260，280，300										

注：*P* 为粗牙螺纹的螺距。

6．螺钉

（1）开槽圆柱头螺钉（摘自 GB/T 65—2000）

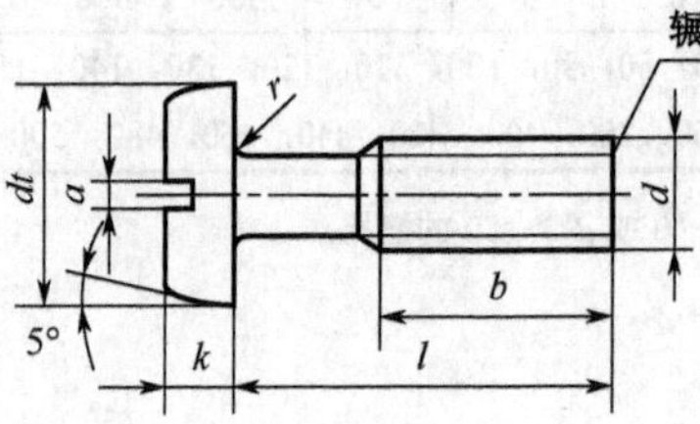

标记示例

螺纹规格*d*=M5、公称长度*l*=20、性能等级为4.8级、不经表面处理的A级开槽圆柱头螺钉：

螺钉　GB/T 65　M5×20

附表 A-7　开槽圆柱头螺钉的螺纹规格　（mm）

螺纹规格 *d*	M4	M5	M6	M8	M10
P（螺距）	0.7	0.8	1	1.25	1.5
b	38	38	38	38	38
d_k	7	8.5	10	13	16
k	2.6	3.3	3.9	5	6
n	1.2	1.2	1.6	2	2.5
r	0.2	0.2	0.25	0.4	0.4
t	1.1	1.3	1.6	2	2.4
公称长度 *l*	5～40	6～50	8～60	10～80	12～80
l 系列	5，6，8，10，12，（14），16，20，25，30，35，40，45，50，（55），60，（65），70，（75），80				

注：（1）公称长度 *l*≤40 的螺钉，制出全螺纹。

（2）括号内的规格尽可能不用。

（3）螺纹规格 *d*=M4～M10；公称长度 *l*=5～80。

（2）开槽盘头螺钉（摘自 GB/T 67—2008）

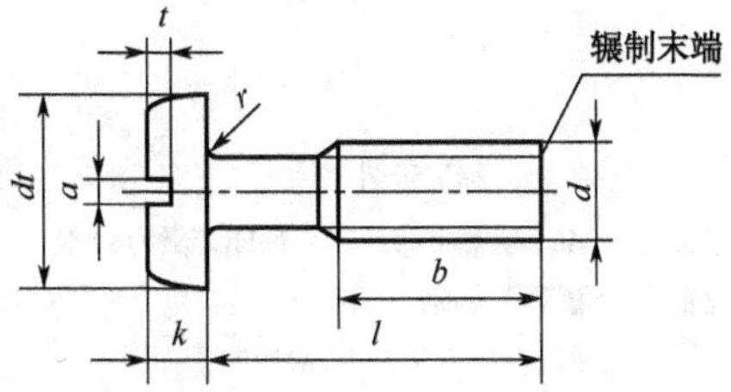

标记示例

螺纹规格d=M5、公称长度l=20、性能等级为4.8级、不经表面处理的A级开槽盘头螺钉：

螺钉 GB/T 67 M5×20

附表 A-8 开槽盘头螺钉的螺纹规格 （mm）

螺纹规格（d）	M1.6	M2	M2.5	M3	M4	M5	M6	M8	M10
P（螺距）	0.35	0.4	0.45	0.5	0.7	0.8	1	1.25	15
b	25	25	25	25	38	38	38	38	38
d_k	3.2	4	5	5.6	8	95	12	16	20
k	1	1.3	1.5	1.8	2.4	3	3.6	4.8	6
n	0.4	0.5	0.6	0.8	12	12	1.6	2	25
r	0.1	0.1	0.1	0.1	0.2	0.2	0.25	0.4	0.4
t	0.35	0.5	0.6	0.7	1	12	1.4	1.9	2.4
公称长度 l	2～16	25～20	3～25	4～30	5～40	6～50	8～60	10～80	12～80
l 系列	2，25，3，4，5，6，8，10，12，（14），16，20，25，30，35，40，45，50，（55），60，（65），70，（75），80								

注：（1）括号内的规格尽可能不用。

（2）M1.6～M3 的螺钉，公称长度 l≤30 的，制出全螺纹：M4～M10 的螺钉，公称长度 l≤40 的，制出全螺纹。

（3）开槽沉头螺钉（摘自 GB/T 68—2000）

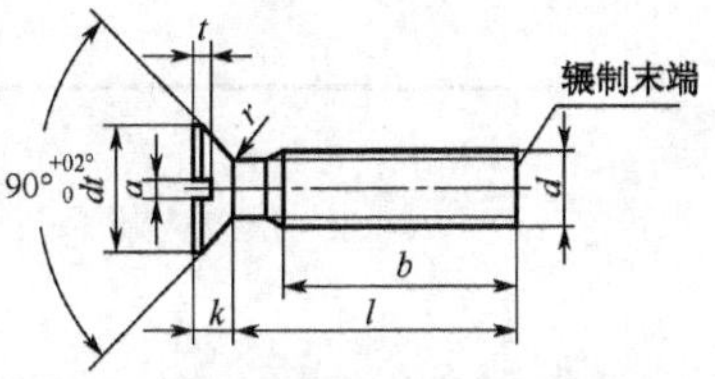

标记示例

螺纹规格d=M5、公称长度l=20、性能等级为4.8级、不经表面处理的A级开槽沉头螺钉：

螺钉 GB/T 68 M5×20

附表 A-9 开槽沉头螺钉的螺纹规格 （mm）

螺纹规格（d）	M1.6	M2	M2.5	M3	M4	M5	M6	M8	M10
P（螺距）	0.35	0.4	0.45	0.5	0.7	0.8	1	1.25	1.5
b	25	25	25	25	38	38	38	38	38
d_k、	3.6	4.4	55	63	9.4	10.4	12.6	17.3	20
k	1	1.2	15	1.65	2.7	2.7	3.3	4.65	5
n	0.4	0.5	0.6	0.8	12	12	1.6	2	2.5
r	0.4	0.5	0.6	0.8	1	1.3	1.5	2	2.5
t	0.5	0.6	0.75	0.85	13	1.4	1.6	23	2.6
公称长度 l	2.5～16	3～20	4～25	5～30	6～40	8～50	8～60	10～80	12～80
l 系列	2，25，3，4，5，6，8，10，12，（14），16，20，25，30，35，40，45，50，（55），60，（65），70，（75），80								

注：（1）括号内的规格尽可能不用。

（2）M1.6～M3 的螺钉，公称长度 l≤30 的，制出全螺纹：M4～M10 的螺钉，公称长度 l≤45 的，制出全螺纹。

（4）内六角圆柱头螺钉（摘自 GB/T 70.1—2008）

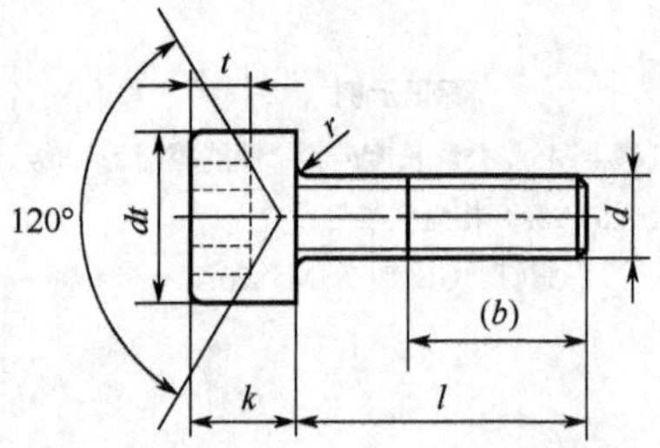

标记示例

螺纹规格d=M5、**公称长度**l=20、**性能等级为**8.8**级、表面氧化的内六角圆柱头螺钉：**

螺钉 GB/T 70.1 M5×20

附表 A-10 内六角圆柱头螺钉的螺纹规格 （mm）

螺纹规格（d）	M3	M4	M5	M6	M8	M10	M12	M14	M16	M20
P（螺距）	0.5	0.7	0.8	1	1.25	15	1.75	2	2	25
b	18	20	22	24	28	32	36	40	44	52
d_k、	55	7	8.5	10	13	16	18	21	24	30
k	3	4	5	6	8	10	12	14	16	20
l	13	2	2.5	3	4	5	6	7	8	10
s	25	3	4	5	6	8	10	12	14	17
e	2.87	3.44	458	5.72	6.86	9.15	11.43	13.72	16	19.44
r	0.1	0.2	0.2	0.25	0.4	0.4	0.6	0.6	0.6	0.8
公称长度 l	5～30	6～40	8～50	10～60	12～80	16～100	20～120	25～140	25～160	30～200
I 系列	25，3，4，5，6，8，10，12，14，16，20，25，30，35，40，45，50，55，60，65，70，80，90，100，110，120，130，140，150，160，180，200，220，240，260，280，300									

（5）十字沉头螺钉（摘自 GB/T 819.1—2000）

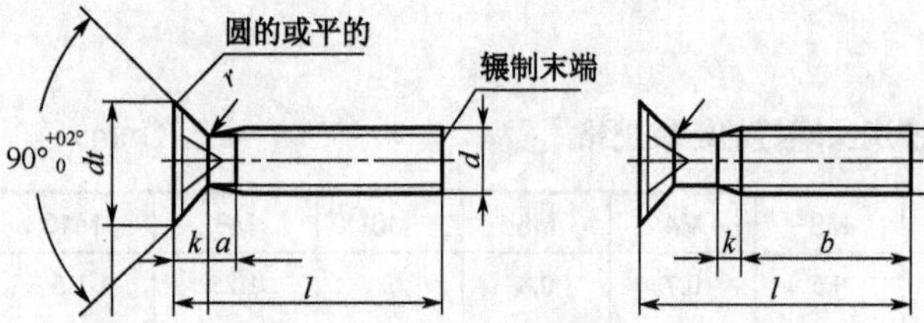

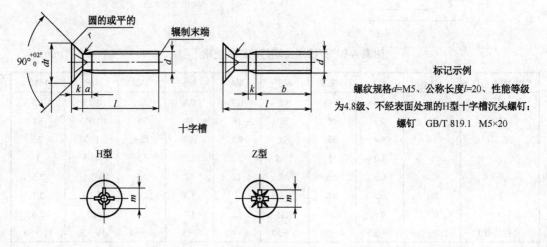

标记示例

螺纹规格d=M5、**公称长度**l=20、**性能等级为**4.8**级、不经表面处理的**H**型十字槽沉头螺钉：**

螺钉 GB/T 819.1 M5×20

十字槽

附表 A-11 十字沉头螺钉的螺纹规格 (mm)

螺纹规格 *d*				M1.6	M2	M25	M3	M4	M5	M6	M8	M10
P(螺距)				0.35	0.4	0.45	0.5	0.7	0.8	1	1.25	1.5
a max				0.7	0.8	0.9	1	1.4	1.6	2	2.5	3
d min				25	25	25	25	38	38	38	38	38
d_1	理论值 max			3.6	4.4	5.5	6.3	9.4	10.4	12.6	17.3	20
	实际值	max		3	3.8	4.7	5.5	8.4	9.3	113	15.8	18.3
		mix		2.7	35	4.4	5.2	8	8.9	10.9	15.4	17.8
k max				1	12	1.5	1.65	2.7	2.7	3.3	4.65	5
r max				0.4	0.5	0.6	0.8	1	1.3	1.5	2	2.5
x max				0.9	1	1.1	1.25	1.75	2	2.5	3.2	3.8
十字槽	槽号 No.			0		1		2		3	4	
	H 型	*m* 参考		1.6	1.9	2.9	3.2	4.6	5.2	6.8	8.9	10
		插入深度	min	0.6	0.9	1.4	0.7	2.1	2.7	3	4	5.1
			max	0.9	12	1.8	2.1	2.6	3.2	3.5	4.6	5.7
	Z 型	*m* 参考		1.6	1.9	2.8	3	4.4	4.9	6.6	8.8	9.8
		插入深度	min	0.7	0.95	1.45	1.6	2.05	2.6	3	4.15	5.2
			max	0.95	12	1.75	2	25	3.05	3.45	4.6	5.65
l												
公称	min	max										
3	2.8	3.2										
4	3.7	4.3										
5	4.7	5.3										
6	5.7	6.3										
8	7.7	8.3										
10	9.7	10.3				商品						
12	11.6	12.4										
(14)	13.6	14.4										
16	15.6	16.4						规格				
20	19.9	20.4										
25	24.6	25.4										
30	29.6	30.4								范围		
35	34.5	35.5										
40	39.5	40.5										
45	44.5	45.5										
50	49.5	50.5										
(55)	54.4	55.6										
60	59.4	60.6										

注：(1) 尽可能不用括号内的规格。

(2) *p* 为螺距。

(3) d_k 的理论值按 GB/T5279 规定。

(4) 公称长度虚线以上的螺钉，制出全螺纹。

（6）紧定螺钉

① 开槽锥端紧定螺钉（摘自 GB/T 71—1985），如附图 A-1 所示。

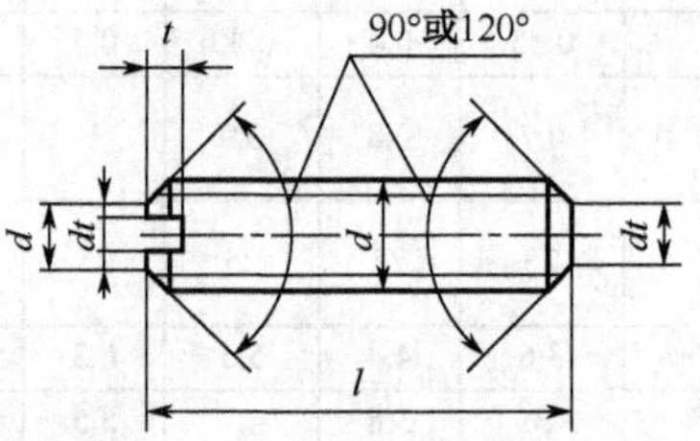

附图 A-1　开槽锥端紧定螺钉

② 开槽平端紧定螺钉（摘自 GB/T 73—1985），如附图 A-2 所示。

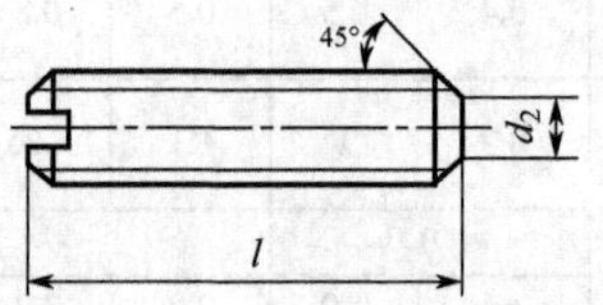

附图 A-2　开槽平端紧定螺钉

③ 开槽长圆柱端紧定螺钉（摘自 GB/T 75—1985），如附图 A-3 所示。

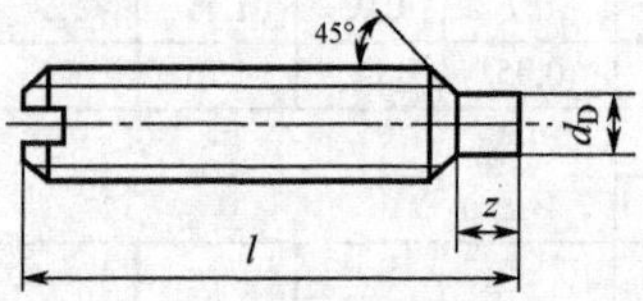

附图 A-3　开槽长圆柱端紧定螺钉

标记示例

螺纹规格 d=M5、公称长度 l=12、性能等级为 14H 级的表面氧化的开槽长圆柱端紧定螺钉：

螺钉　GB/T75　M5×12

附表 A-12　紧定螺钉的螺纹规格　（mm）

螺纹规格 d		M1.6	M2	M2.5	M3	M4	M5	M6	M8	M10	M12
P(螺距)		0.35	0.4	0.45	0.5	0.7	0.8	1	1.25	1.5	1.75
n		0.25	0.25	0.4	0.4	0.6	0.8	1	1.2	1.6	2
l		0.74	0.84	0.95	1.05	1.42	1.63	2	2.5	3	3.6
d_1		0.16	0.2	0.25	0.3	0.4	0.5	1.5	2	2.5	3
d_p		0.8	1	1.5	2	2.5	3.5	4	5.5	7	8.5
z		1.05	1.25	1.5	1.75	2.25	2.75	3.25	4.3	5.3	6.3
l	GB/T71—1985	2～8	1～10	3～12	4～16	6～20	8～25	8～30	10～40	12～50	14～60
	GB/T73—1985	2～8	2～10	25～12	3～16	4～20	5～25	6～30	8～40	10～50	12～60
	GB/T75—1985	2.5～8	3～10	4～12	5～16	6～20	8～25	10～30	10～40	12～50	14～60
l 系列		2，2.5，3，4，5，6，8，10，12，(14)，16，20，25，30，35，40，45，50，(55)，60									

注：(1) l 为公称长度。

(2) 括号内的规格尽可能不用。

7．螺母

① 1 型六角螺母（摘自 GB/T 6170—2000），如附图 A-4 所示。

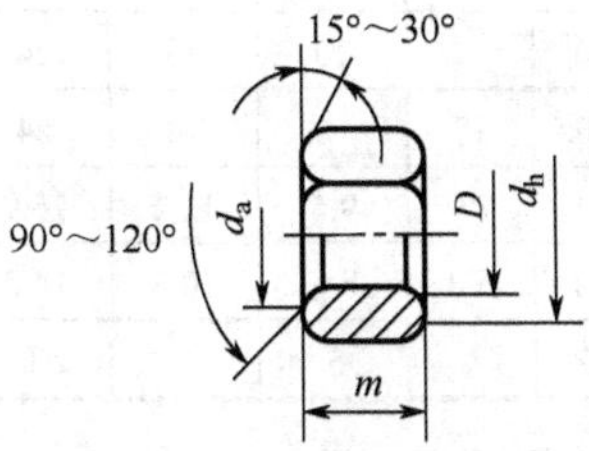

附图 A-4　1 型六角螺母

② 2 型六角螺母（摘自 GB/T 6175—2000），如附图 A-5 所示。

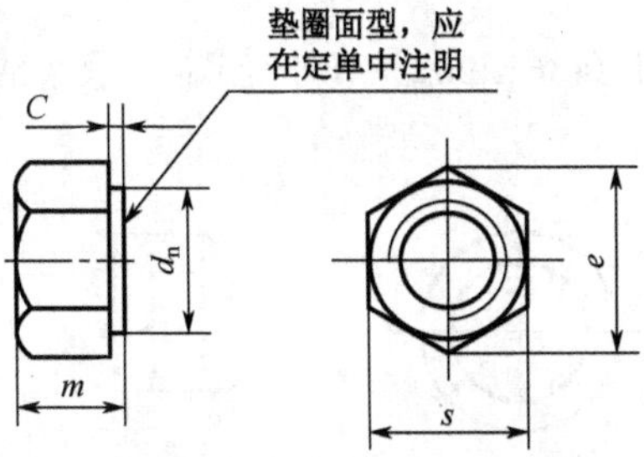

附图 A-5　2 型六角螺母

③ 六角薄螺母（摘自 GB/T 6172.1—2000），如附图 A-6 所示。

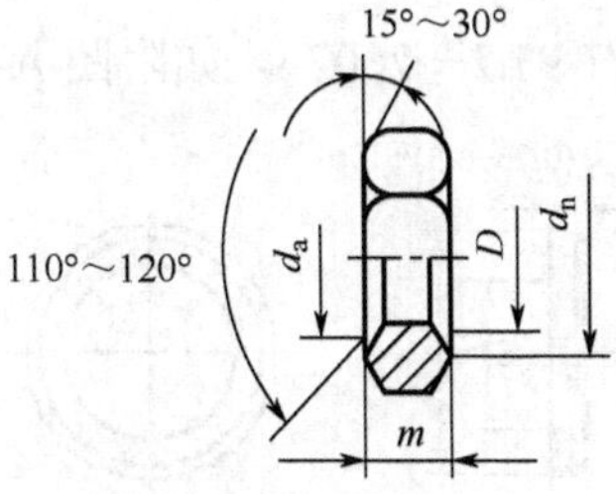

附图 A-6　六角薄螺母

标记示例

螺纹规格 D=M12、性能等级为 5 级、不经表面处理的 C 级六角螺母：

螺母　GB/T41　M12

螺纹规格 D=M12、性能等级为 8 级、不经表面处理的 A 级 1 型六角螺母：

螺母　GB/T6170　M12

附表 A-13　螺母的螺纹规格　（mm）

螺纹规格 D		M3	M4	M5	M6	M8	M10	M12	M16	M20	M24	M30	M36	M42
e	GB/T41			8.63	10.89	14.20	17.59	19.85	26.17	32.95	39.55	50.85	60.79	72.02
	GB/T6170	6.01	7.66	8.79	11.05	14.38	17.77	20.03	26.75	32.95	39.55	50.85	60.79	72.02
	GB/T6172.1	6.01	7.66	8.79	11.05	14.38	17.77	20.03	26.75	32.95	39.55	50.85	60.79	72.02

续表

螺纹规格 *D*		M3	M4	M5	M6	M8	M10	M12	M16	M20	M24	M30	M36	M42
s	GB/T41			8	10	13	16	18	24	30	36	46	55	65
	GB/T6170	5.5	7	8	10	13	16	18	24	30	36	46	55	65
	GB/T6172.1	5.5	7	8	10	13	16	18	24	30	36	46	55	65
m	GB/T41			5.6	6.1	7.9	9.5	12.2	15.9	18.7	22.3	26.4	31.5	34.9
	GB/T6170	2.4	3.2	4.7	5.2	6.8	8.4	10.8	14.8	18	21.5	25.6	31	34
	GB/T6172.1	1.8	2.2	2.7	3.2	4	5	6	8	10	12	15	18	21

注：A 级用于 $D \leqslant 16$；B 级用于 $D>16$。

8．垫圈

（1）平垫圈

①小垫圈-A 级（摘自 GB/T 848—2002）和平垫圈-A 级（摘自 GB/T 97.1—2002），如附图 A-7 所示。

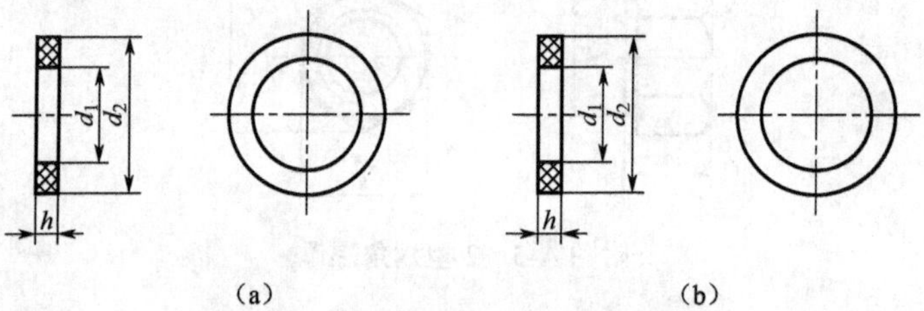

附图 A-7　小垫圈-A 级和平垫圈-A 级

②平垫圈—倒角型（摘自 GB/T 97.2—2002），如附图 A-8 所示。

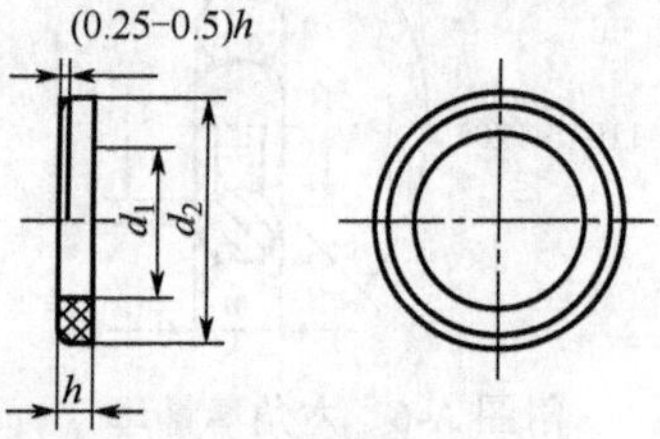

附图 A-8　平垫圈—倒角型

附表 A-14　垫圈的螺纹规格　（mm）

公称长度（螺纹规格）*d*		1.6	2	2.5	3	4	5	6	8	10	12	14	16	20	24	30	36
d_1	GB/T848	1.7	22	2.7	32	43	53	6.4	8.4	10.5	13	15	17	21	25	31	37
	GB/T97.1	1.7	22	2.7	32	43	53	6.4	8.4	10.5	13	15	17	21	25	31	37
	GB/T972						53	6.4	8.4	10.5	13	15	17	21	25	31	37
d_2	GB/T848	35	45	5	6	8	9	11	15	18	20	24	28	34	39	50	60
	GB/T97.1	4	5	6	7	9	10	12	16	20	24	28	30	37	44	56	66
	GB/T972						10	12	16	20	24	28	30	37	44	56	66
h	GB/T848	0.3	0.3	0.5	0.5	0.5	1	1.6	1.6	1.6	2	2.5	2.5	3	4	4	5
	GB/T97.1	0.3	0.3	0.5	0.5	0.8	1	1.6	1.6	2	2.5	2.5	3	3	4	4	5
	GB/T97.2						1	1.6	1.6	2	2.5	2.5	3	3	4	4	5

（2）弹簧垫圈

标准型弹簧垫圈（摘自 GB/T 93—1987）和轻型弹簧垫圈（摘自 GB/T 859—1987）

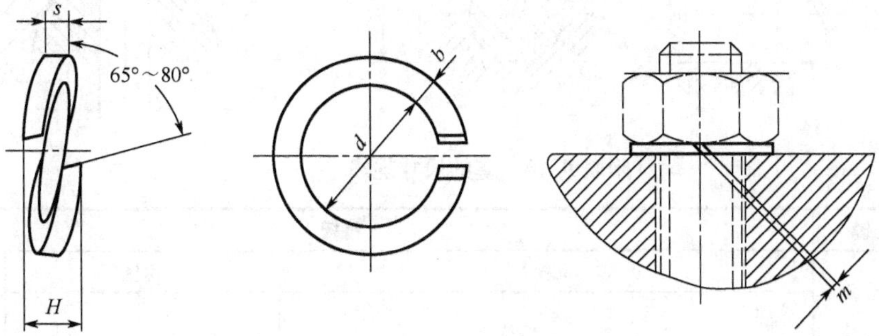

标记示例

规格 16、材料为 65Mn、表面氧化的标准型弹簧垫圈：

垫圈 GB/T93 16

附表 A-15 弹簧垫圈的规格 （mm）

规格（螺纹大径）		3	4	5	6	8	10	12	（14）	16	（18）	20	（22）	24	（27）	30
d		3.1	4.1	5.1	6.1	8.1	10.2	12.2	14.2	16.2	18.2	20.2	22.5	24.5	27.5	30.5
H	GB/T93	1.6	2.2	2.6	3.2	4.2	5.2	6.2	7.2	8.2	9	10	11	12	13.6	15
	GB/T859	1.2	1.6	2.2	2.6	3.2	4	5	6	6.4	7.2	8.2	9	10	11	12
s（*b*）	GB/T93	0.8	1.1	1.3	1.6	2.1	2.6	3.1	3.6	4.1	4.5	5	5.5	6	6.8	7.5
s	GB/T93	0.6	0.8	1.1	13	1.6	2	2.5	3	3.2	3.6	4	4.5	5	5.5	6
$m\leqslant$	GB/T93	0.4	0.55	0.65	0.8	1.05	1.3	1.55	1.8	2.05	2.25	2.5	2.75	3	3.4	3.75
	GB/T859	0.3	0.4	0.55	0.65	0.8	1	1.25	1.5	1.6	1.8	2	2.25	2.5	2.75	3
b	GB/T859	1	12	15	2	2.5	3	3.5	4	4.5	5	5.5	6	7	8	9

注：（1）括号内的规格尽可能不采用。

（2）*m* 应大于零。

A.2 常用键和销

1. 键

（1）平键和键槽的剖面尺寸（摘自 GB/T 1095—2003）

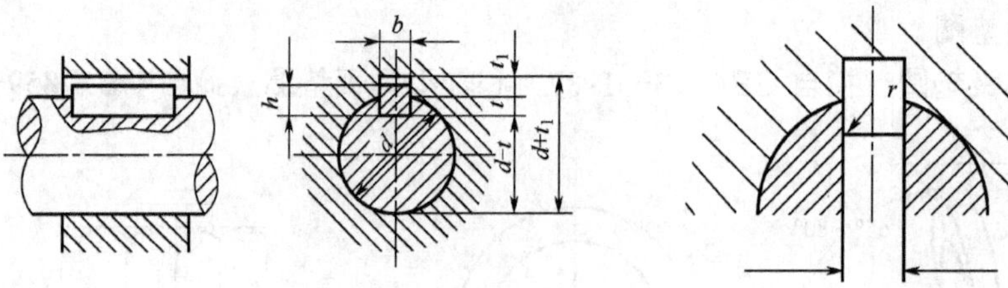

附表 A-16　键的尺寸规格　　（mm）

轴	键	键槽											
公称直接	公称尺寸	宽度 b						深度				半径 r	
		公称尺寸	偏差					轴 l		l_1			
d	$b\times h$	b	较松键联结		一般键联结		较松键联结	公称	偏差	公称	偏差	最小	最大
			轴 H9	D10	轴 N9	JS9	轴和 P9						
自 6-8	2×2	2	+0.025 0	+0.060 +0.020	−0.004 −0.029	± 0.0125	−0.006 −0.031	12	+0.1 0	1	+0.1 0	0.08	0.16
>8-10	3×3	3						18		1.4			
>10-12	4×4	4	+0.030 0	+0.078 +0.030	0 −0.030	±0.015	−0.012 −0.042	2.5		1.8			
>12-17	5×5	5						3.0		2.3		0.16	0.25
>17-22	6×6	6						3.5		2.8			
>22-30	8×7	8	+0.036 0	+0.098 +0.040	0 −0.036	±0.018	−0.015 −0.061	4.0	+0.2 0	3.3	+0.2 0		
>30-38	10×8	10						5.0		3.3		0.25	0.40
>38-44	12×8	12	+0.043 0	+0.120 +0.050	0 −0.043	± 0.0215	−0.018 −0.061	5.0		3.3			
>44-50	14×9	14						55		3.8			
>50-58	16×10	16						6.0		4.3			
>58-65	18×11	18						7.0		4.4			
>65-75	20×12	20	+0.052 0	+0.149 +0.065	0 −0.052	±0.026	−0.022 −0.074	75	+0.2 0	4.9	+0.2 0	0.40	0.60
>75-85	22×14	22						9.0		5.4			
>85-95	25×14	25						9.0		5.4			
>95-110	28×16	28						10.0		6.4			

注：（1）在工作图中轴槽深用 d-t 标注，轮槽深用 d+t_1 标注。平键键槽的长度公差带用 H14。

（2）d-t 和 d+t_1 两组组合尺寸的极限偏差按相应的 t 和 t_1 的极限偏差选取，但 d−t 极限偏差值应取负号（−）。

（2）普通平键的形式及尺寸（摘自 GB/T 1096—2003）

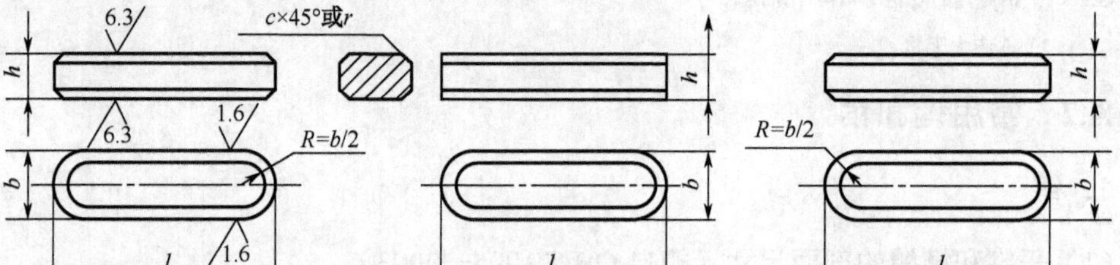

附表 A-17 普通平键的形式及尺寸 （mm）

b	2	3	4	5	6	8	10	12	14	16	18	20	22	25
h	2	3	4	5	6	7	8	8	9	10	11	12	14	14
C或r	0.16～0.25			0.25～0.40			0.40～0.60					0.60～0.80		
L	6～20	6～36	8～45	10～56	14～70	18～90	22～110	28～140	36～160	45～180	50～200	56～220	63～250	70～280
L系列	6，8，10，12，14，16，18，20，22，25，28，32，36，40，45，50，56，63，70，80，90，100，110，125，140，160，180，200，220，250，280													

（3）半圆键和键槽的剖面尺寸（摘自 GB/T 1098—2003）

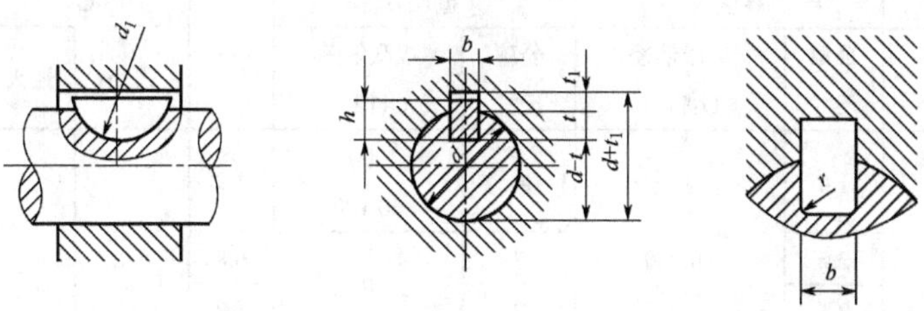

附表 A-18 半圆键和键槽的剖面尺寸 （mm）

轴径 d		键	键槽									
键传递扭矩	键定位用	公称尺寸 $b\times h\times d_1$	宽度 b				深度				半径 r	
			公称尺寸	极限偏差			轴 l		l_1			
				一般键联结		较松键联结						
				轴毂 N9	毂 JS9	轴和毂 P9	公称	偏差	公差	偏差	最小	最大
自 3-4	自 3-4	1.0×1.4×4	1.0				1.0		0.6			
>4-5	>4-6	1.5×2.6×7	15	−0.004	±	−0.006	2.0	+0.1	0.8	+0.1	0.08	0.16
>5-6	>6-8	2.0×2.6×7	2.0	−0.029	0.012	−0.031	1.8	0	1.0	0		
>6-7	>8-10	2.0×3.7×10	2.0				2.9		1.0			
>7-8	>10-12	25×3.7×10	25				2.7		12			
>9-10	>12-15	3.0×5.0×13	3.0				38		1.4			
>10-12	>15-18	3.0×6.5×16	3.0				53		1.4			
>12-14	>18-20	4.0×6.5×16	4.0				5.0		18			
>14-16	>20-22	4.0×7.519	4.0				6.0		18		0.16	0.25
>16-18	>22-25	5.0×6.5×16	5.0	0	±	−0.012	45		23			
>18-20	>25-28	5.0×7.5×19	5.0	−0.030	0.015	−0.042	55		23			
>20-22	>28-32	5.0×9.0 ×22	5.0				7.0		23			
>22-25	>32-36	6.0×9.0×22	6.0				65		28			
>25-28	>36-40	6.0×10.0×25	6.0				75	+0.3	28	+0.2		
>28-32	40	8.0×11.0×28	8.0	0	±	−0.015	8.0	0	33	0	0.25	0.40
>32-38	–	10.0×3.0×3.2	10.0	-0.036	0.018	−0.051	10.0		33			

注：（1）在工作图中，轴槽深用 t 或 $d-t$ 标注，轮毂槽深用 $d+t_1$ 标注。

（2）$d-t$ 和 $d+t_1$ 两个组合尺寸的极限偏差按相应的 t 和 t_1 的极限偏差选取，但 $d-t$ 极限偏差值应取负号（–）

（4）半圆平键的形式及尺寸（摘自 GB/T 1099—2003）

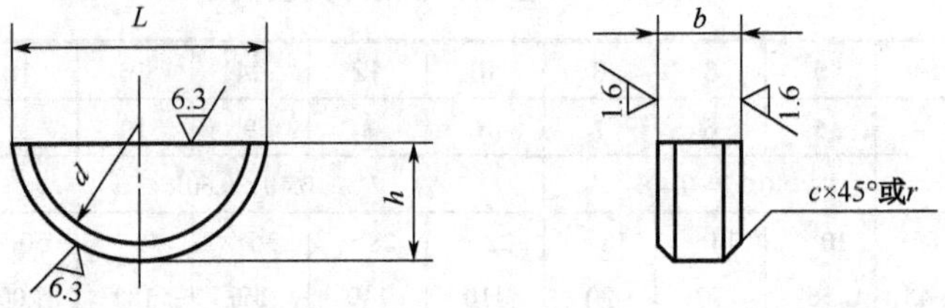

标记示例

附表 A-19　半圆平键的形式及尺寸　（mm）

键宽 b		高度 h		直径 d		L≈	C		每 1000 件的重量 kg≈
公称尺寸	极限偏差（h9）	公称尺寸	极限偏差（h11）	公称尺寸	极限偏差（h12）		最小	最大	
1.0	0 −0.250	1.4	0 −0.060	4	0 −0.120	3.9	0.16	0.25	0.031
1.5		2.6		7	0 −0.180	6.8			0.153
2.0		2.6		7		6.8			0.204
2.0		3.7	0 −0.075	10		9.7			0.414
2.5		3.7		10	0 −0.180	9.7			0.518
3.0		5.0		13		12.7			1.10
3.0		6.5	0 −0.090	16		15.7			1.80
4.0	0 −0.030	6.5		16		15.7	0.25	0.40	2.40
4.0		7.5		19	0 −0.210	18.6			3.27
5.0		6.5		16	0 −0.180	15.7			3.01
5.0		7.5		19	0 −0.210	18.6			4.09
5.0		9.0		22		21.6			5.73
6.0		9.0		22		21.6			6.88
6.0		10.0		25		24.5			8.64
8.0	0 −0.036	11.0	0 −0.110	28	0 −0.250	27.4	0.40	0.60	14.1
10.0		13.0		32		31.4			19.3

2．销

（1）圆柱销。不淬硬钢和奥氏体不锈钢（摘自 GB/T 119.1—2000）

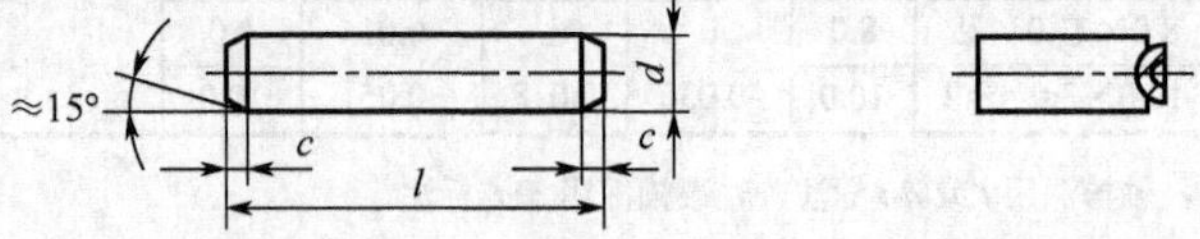

标记示例

公称直径 d=6，公差为 m6、公称长度 l=30、材料为钢、不经淬火、不经表面处理的圆柱销：

销 GB/T119.1 6m6×30

附表 A-20 圆柱销的规格 （mm）

公称直径 *d*（m6/h8）	0.6	0.8	1	12	1.5	2	25	3	4	5
c	0.12	0.16	0.20	0.25	0.30	0.35	0.40	0.50	0.63	0.80
l（商品规格范围公称长度）	2～6	2～8	4～10	4～12	4～16	6～20	6～24	8～30	8～40	10～50
公称直径 *d*（m6/h8）	6	8	10	12	16	20	25	30	40	50
c	12	1.6	2.0	25	3.0	3.5	4.0	5.0	6.3	8.0
l（商品规格范围公称长度）	12～60	14～80	18～95	22～140	26～180	35～200	50～200	60～200	80～200	95～200
l 系列	2，3，4，5，6，8，10，12，14，16，18，20，22，24，26，28，30，32，35，40，45，50，55，60，65，70，75，80，85，90，95，100，120，140，160，180，200									

注：（1）材料用钢时硬度要求为 125～245HV30；用奥氏不锈钢 Al（GB/T 3098.6）时，硬度要求为 210～280HV30。

（2）公差 m6：*Ra*≤ 0.8 μm：公差 h8：*Ra*≤ 1.6 μm。

（2）圆锥销（摘自 GB/T 117—2000）

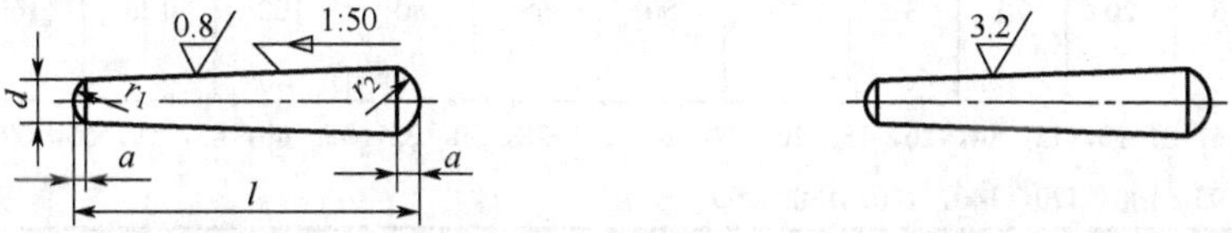

标记示例

公称直径 *d*=10，长度 *l*=60、材料为 35 钢、热处理硬度 28～38HRC、表面氧化处理的 A 型圆锥销：

销 CB/T119.1 6m6×30

附表 A-21 圆锥销的规格 （mm）

公称直径 *d*（m6/h8）	0.6	0.8	1	12	1.5	2	25	3	4	5
c	0.08	0.1	0.12	0.16	0.20	0.25	0.30	0.40	0.50	0.63
l(商品规格范围公称长度）	4～8	5～12	6～16	8～24	8～24	10～35	10～35	12～45	14～55	18～60
公称直径 *d*（m6/h8）	6	8	10	12	16	20	25	30	40	50
c	0.8	1	12	1.6	2	25	3	4	5	6.3
l(商品规格范围公称长度）	22～90	22～120	26～160	32～180	40～200	45～200	50～200	55～200	60～200	65～200
l 系列	2，3，4，5，6，8，10，12，14，16，18，20，22，24，26，28，30，32，35，40，45，50，55，60，65，70，75，80，85，90，95，100，120，140，160，180，200									

（3）开口销（摘自 GB/T 91—2000）

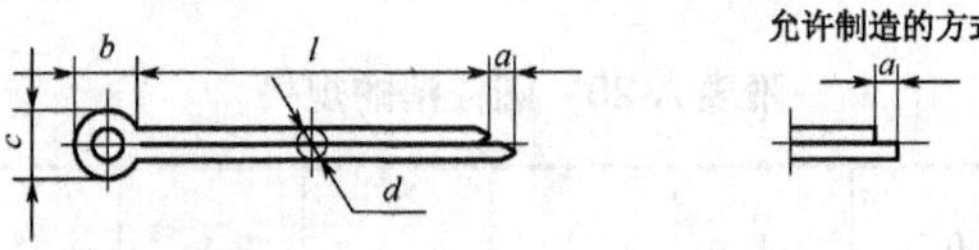

标记示例

公称直径 d=5、长度 l=50、材料为低碳钢、不经表面处理的开口销：

销　GB/T91　5×50

附表 A-22　开口销的规格　（mm）

公称规格		0.6	0.8	1	1.2	1.6	2	25	3.2	4	5	6.3	8	10	13
d	max	0.5	0.7	0.9	1.0	1.4	1.8	23	2.9	3.7	4.6	5.9	7.5	9.5	12.4
	min	0.4	0.6	0.8	0.9	1.3	1.7	2.1	2.7	3.5	4.4	5.7	7.3	9.3	12.1
c	max	1	1.4	1.8	2	2.8	3.6	4.6	5.8	7.4	9.2	11.8	15	19	24.8
	min	0.9	1.2	1.6	1.7	2.4	3.2	4	5.1	6.5	8	10.3	13.1	16.6	21.7
b		2	2.4	3	3	3.2	4	5	6.4	8	10	12.6	16	20	26
a_{min}		1.6	1.6	1.6	2.5	2.5	2.5	2.5	3.2	4	4	4	4	6.3	6.3
L（商品规格范围公称长度）		4～12	5～16	6～20	8～26	8～32	10～40	12～50	14～65	18～80	22～100	30～120	40～160	45～200	70～200
l 系列		4，5，6，8，10，12，14，16，18，20，22，24，26，28，30，32，35，40，45，50，55，60，65，70，75，80，85，90，95，100，120，140，160，180，200													

注：公称规格等于开口销孔直径。对销孔直径推荐的公差为公称规格≤1.2：H13；公称规格>1.2：H14。

A.3　常用滚动轴承

1．深沟球轴承（摘自 GB/T 276—2013）

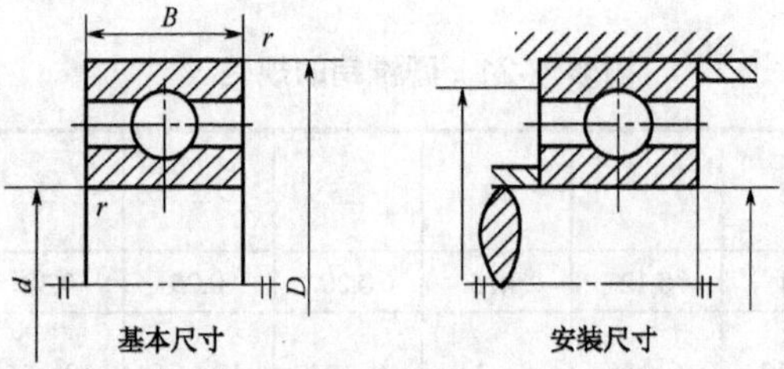

附表 A-23　深沟球轴承的尺寸规格

轴承代号	基本尺寸/mm				安装尺寸/mm		
	d	D	B	r_{amin}	d_{amin}	D_{amax}	F_{amax}
6000	10	26	8	0.3	12.4	23.6	0.3
6001	12	28	8	0.3	14.4	25.6	0.3
6002	15	32	9	0.3	17.4	29.6	0.3
6003	17	35	10	0.3	19.4	32.6	0.3
6004	20	42	12	0.6	25	37	0.6

续表

轴承代号	基本尺寸/mm				安装尺寸/mm		
	d	D	B	r_{amin}	d_{amin}	D_{amax}	F_{amax}
6005	25	47	12	0.6	30	42	0.6
6006	30	55	13	1	36	49	1
6007	35	62	14	1	41	56	1
6008	40	68	15	1	46	62	1
6009	45	75	16	1	51	69	1
6010	50	80	16	1	56	74	1
6011	55	90	18	1.1	62	83	1
6012	60	95	18	1.1	67	88	1
6013	65	100	18	1.1	72	93	1
6014	70	110	20	1.1	77	103	1
6015	75	115	20	1.1	82	108	1
6016	80	125	22	1.1	87	118	1
6017	85	130	24	1.1	92	123	1
6018	90	140	24	1.5	99	131	1.5
6019	95	145	24	1.5	104	126	1.5
6020	100	150	24	1.5	109	141	1.5
(0) 2 尺寸系列							
6200	10	30	9	0.6	15	25	0.6
6201	12	32	10	0.6	17	27	0.6
6202	15	35	11	0.6	20	30	0.6
6203	17	40	12	0.6	22	35	0.6
6204	20	47	14	1	26	41	1
6205	25	52	15	1	31	46	1
6206	30	62	16	1	36	56	1
6207	35	72	17	1.1	42	65	1
6208	40	80	18	1.1	47	73	1
6209	45	85	19	1.1	52	78	1
6210	50	90	20	1.1	57	83	1
6211	55	100	21	1.5	64	91	1.5
6212	60	110	22	1.5	69	101	1.5
6213	65	120	23	1.5	74	111	1.5
6214	70	125	24	1.5	79	116	1.5
6215	75	130	25	1.5	84	121	1.5
6216	80	140	26	2	90	130	2
6217	85	150	28	2	95	140	2
6218	90	160	30	2	100	150	2
6219	95	170	32	2.1	107	158	2.1
6220	100	180	34	2.1	112	168	2.1

续表

轴承代号	基本尺寸/mm				安装尺寸/mm		
	d	D	B	r_{amin}	d_{amin}	D_{amax}	F_{amax}
（0）3 尺寸系列							
6300	10	35	11	0.6	15	30	0.6
6301	12	37	12	1	18	31	1
6302	15	42	13	1	21	36	1
6303	17	47	14	1	23	41	1
6304	20	52	15	1.1	27	45	1
6305	25	62	17	1.1	32	55	1
6306	30	72	19	1.1	37	65	1
6307	35	80	21	1.5	44	71	1.5
6308	40	90	23	1.5	49	81	1.5
6309	45	100	25	1.5	54	91	1.5
（0）4 尺寸系列							
6403	17	62	17	1.1	24	55	1
6404	20	72	19	1.1	27	65	1
6405	25	80	21	15	34	79	1.5
6406	30	90	23	1.1	39	81	1.5
6407	35	100	25	1.5	44	91	1.5
6408	40	110	27	1.5	50	100	2
6409	45	120	29	1.5	55	110	2
6410	50	130	31	2	62	118	2.1
6411	55	140	33	2	67	128	2.1
6412	60	150	35	2.1	72	138	2.1
6413	65	160	37	2.1	77	148	2.1
6414	70	180	42	3	84	166	2.5
6415	75	190	45	3	89	176	2.5
6416	80	200	48	3	94	186	2.5
6417	85	210	52	4	103	192	3
6418	90	225	54	4	108	207	3
6420	100	250	58	4	118	232	3

注：（1）r_{min} 为 r 的单向最小倒角尺寸；

（2）r_{max} 为 r 的单向最大倒角尺寸。

2．圆锥滚子轴承（摘自 GB/T 297—2015）

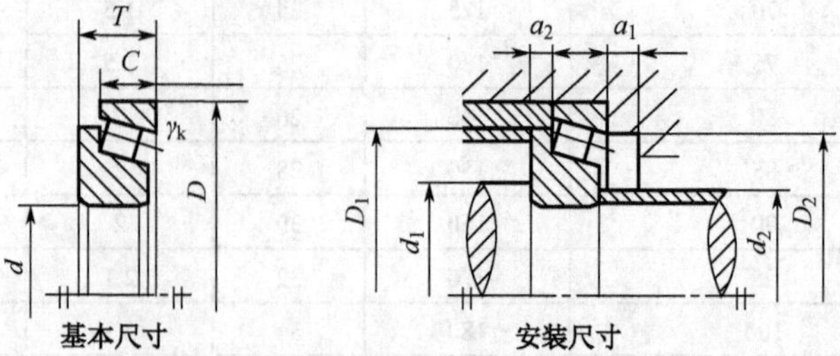

基本尺寸　　　安装尺寸

附表 A-24 圆锥滚子轴承的尺寸规格

轴承代号	基本尺寸/mm								安装尺寸/mm								
	d	D	T	B	C	r_k min	r_{1k} min	a ≈	d_a min	d_b max	D_a min	D_a max	D_b min	a_1 min	a_2 min	r_{ax} max	r_{bx} max
02 尺寸系列																	
30203	17	40	13.25	12	11	1	1	9.9	23	23	34	34	37	2	2.5	1	1
30204	20	47	15.25	14	12	1	1	11.2	26	27	40	41	43	2	3.5	1	1
30205	25	52	16.25	15	13	1	1	12.5	31	31	44	46	48	2	3.5	1	1
30206	30	62	17.25	16	14	1	1	13.8	36	37	53	56	58	2	3.5	1	1
30207	35	72	18.25	17	15	1.5	1.5	15.3	42	44	62	65	67	2	3.5	1	1
30208	40	80	19.25	18	16	1.5	1.5	16.9	47	49	69	73	75	3	3.5	1.5	1.5
30209	45	85	20.75	19	16	1.5	1.5	18.6	52	53	74	78	80	3	4	1.5	1.5
30210	50	90	21.75	20	17	1.5	1.5	20	57	58	79	83	86	3	5	1.5	1.5
30211	55	100	22.75	21	18	2	1.5	21	64	64	88	91	95	4	5	2	1.5
30212	60	110	23.75	22	19	2	1.5	22.3	69	69	96	101	103	4	5	2	1.5
30213	65	120	24.75	23	20	2	1.5	23.8	74	77	106	111	114	4	5	2	1.5
30214	70	125	26.25	24	21	2	1.5	25.8	79	81	110	116	119	4	5.5	2	1.5
30215	75	130	27.25	25	22	2	1.5	27.4	84	85	115	121	125	4	5.5	2	1.5
30216	80	140	28.25	26	22	2.5	2	28.1	90	90	124	130	133	4	6	2.1	2
30217	85	150	30.5	28	24	2.5	2	30.3	95	96	132	140	142	5	6.5	2.1	2
30218	90	160	32.5	30	26	2.5	2	32.3	100	102	140	150	151	5	6.5	2.1	2
30219	95	170	34.5	32	27	3	2.5	34.2	107	108	149	158	160	5	7.5	2.5	2.1
30220	100	180	37	34	29	3	2.5	36.4	112	114	157	168	169	5	8	2.5	2.1
03 尺寸系列																	
30302	15	42	14.25	13	11	1	1	9.6	21	22	36	36	38	2	3.5	1	1
30303	17	47	15.25	14	12	1	1	10.4	23	25	40	41	43	3	3.5	1	1
30304	20	52	16.25	15	13	1.5	1.5	11.1	27	28	44	45	48	3	3.5	1.5	1.5
30305	25	62	18.25	17	15	1.5	1.5	13	32	34	54	55	58	3	3.5	1.5	1.5
30306	30	72	20.75	19	16	1.5	1.5	15.3	37	40	62	65	66	3	5	1.5	1.5
30307	35	80	22.75	21	18	2	1.5	16.8	44	45	70	71	74	3	5	2	1.5
30308	40	90	25.75	23	20	2	1.5	19.5	49	52	77	81	84	3	5.5	2	1.5
30309	45	100	27.25	25	22	2	1.5	21.3	54	59	86	91	94	3	5.5	2	1.5
30310	50	110	29.25	27	23	2.5	2	23	60	65	95	100	103	4	6.5	2	2
30311	55	120	31.5	29	25	2.5	2	24.9	65	70	104	110	112	4	6.5	2.5	2
30312	60	130	33.5	31	26	3	2.5	26.6	72	76	112	118	121	5	7.5	2.5	2.1
30313	65	140	36	33	28	3	2.5	28.7	77	83	122	128	131	5	8	2.5	2.1
30314	70	150	38	35	30	3	2.5	30.7	82	89	130	138	141	5	8	2.5	2.1
30315	75	160	40	37	31	3	2.5	32	87	95	139	148	150	5	9	2.5	2.1
30316	80	170	42.5	39	33	3	2.5	34.4	92	102	148	158	160	5	9.5	2.5	2.1
30317	85	180	44.5	41	34	4	3	35.9	99	107	156	166	168	6	10.5	3	2.5
30318	90	190	46.5	43	36	4	3	37.5	104	113	165	176	178	6	10.5	3	2.5
30319	95	200	49.5	45	38	4	3	40.1	109	118	172	186	185	6	11.5	3	2.5
30320	100	215	51.5	47	39	4	3	42.2	114	127	184	201	199	6	12.5	3	2.5

续表

轴承代号	基本尺寸/mm								安装尺寸/mm								
	d	D	r	B	C	r_k min	r_{1k} min	a ≈	d_a min	d_b max	D_a min	D_a max	D_b min	a_1 min	a_2 min	r_{ax} max	r_{bx} max
22 尺寸系列																	
32206	30	62	21.25	20	17	1	1	15.6	36	36	52	56	58	3	4.5	1	1
32207	35	72	24.25	23	19	1.5	1.5	17.9	42	42	61	65	68	3	5.5	1.5	1.5
32208	40	80	24.75	23	19	1.5	1.5	18.9	47	48	68	73	75	3	6	1.5	1.5
32209	45	85	24.75	23	19	1.5	1.5	20.1	52	53	73	78	81	3	6	1.5	1.5
32210	50	90	24.75	23	19	1.5	1.5	21	57	57	78	83	86	3	6	1.5	1.5
32211	55	100	26.75	25	21	2	1.5	22.8	64	62	87	91	96	4	6	2	1.5
32212	60	110	29.75	28	24	2	1.5	25	69	68	95	101	105	4	6	2	1.5
32213	65	120	32.75	31	27	2	1.5	27.3	74	75	104	111	115	4	66	2	1.5
32214	70	125	33.25	31	27	2	1.5	28.8	79	79	108	116	120	4	6.5	2	1.5
32215	75	130	33.25	31	27	2	1.5	30	84	84	115	121	126	4	6.5	2	1.5
32216	80	140	35.25	33	28	2.5	2	31.4	90	89	122	130	135	5	7.5	2.1	2
32217	85	150	38.5	36	30	2.5	2	33.9	95	95	130	140	143	5	8.5	2.1	2
32218	90	160	42.5	40	34	2.5	2	36.8	100	101	138	150	153	5	8.5	2.1	2
32219	95	170	45.5	43	37	3	2.5	39.2	107	106	145	158	163	5	8.5	2.5	2.1
32220	100	180	49	46	39	3	2.5	41.9	112	113	154	168	172	5	10	2.5	2.1
23 尺寸系列																	
32303	17	47	20.25	19	16	1	1	12.3	23	24	39	41	43	3	4.5	1	1
32304	20	52	22.25	21	18	1.5	1.5	13.6	27	26	43	45	48	3	4.5	1.5	1.5
32305	25	62	25.25	24	20	1.5	1.5	15.9	32	32	52	55	58	3	5.5	1.5	1.5
32306	30	72	28.25	27	23	1.5	1.5	18.9	37	38	59	65	66	4	6	1.5	1.5
32307	35	80	32.75	31	25	2	1.5	20.4	44	43	66	71	74	4	8.5	2	1.5
32308	40	90	35.25	33	27	2	1.5	23.3	49	49	73	81	83	4	8.5	2	1.5
32309	45	100	38.25	36	30	2	1.5	25.6	54	56	82	91	93	4	8.5	2	1.5
32310	50	110	42.25	40	33	2.5	2	28.2	60	61	90	100	102	5	9.5	2	2
32311	55	120	45.5	43	35	2.5	2	30.4	65	66	99	110	111	5	10	2.5	2
32312	60	130	48.5	46	37	3	2.5	32	72	72	107	118	122	6	11.5	2.5	2.1
32313	65	140	51	48	39	3	2.5	34.3	77	79	117	128	131	6	12	2.5	2.1
32314	70	150	54	51	42	3	2.5	36.5	82	84	125	138	141	6	12	2.5	2.1
32315	75	160	58	55	45	3	2.5	39.4	87	91	133	148	150	7	13	2.5	2.1
32316	80	170	61.5	58	48	3	2.5	42.1	92	97	142	158	160	7	13.5	2.5	2.1
32317	85	180	63.5	60	49	4	3	43.5	99	102	150	166	168	8	14.5	3	2.5
32318	90	190	67.5	64	53	4	3	46.2	104	107	157	176	178	8	14.5	3	2.5
32319	95	200	71.5	67	55	4	3	49	109	114	166	186	187	8	16.5	3	2.5
32320	100	215	77.5	73	60	4	3	52.9	11.4	122	177	201	201	8	17.5	3	2.5

3．推力轴承（摘自 GB/T 273．2—2006）

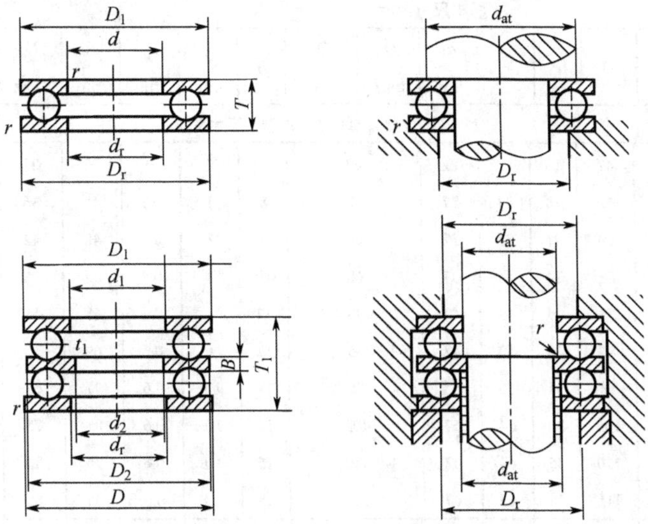

附表 A-25　推力轴承的尺寸规格

轴承代号		基本尺寸/mm											安装尺寸/mm					
		d	d_2	D	T	T_1	d_1 min	D_1 max	D_2 max	B	r_k min	r_{1k} min	d_a min	D_a max	D_b min	d_b max	r_{ax} max	r_{1ax} max
12（5100 型）、22（52000 型）尺寸系列																		
51200	—	10	—	26	11	—	12	26	—	—	0.6	—	20	16		—	0.6	—
51201	—	12	—	28	11	—	14	28	—	—	0.6	—	22	18		—	0.6	—
51202	52202	15	10	32	12	22	17	32	32	5	0.6	0.3	25	22		15	0.6	0.3
51203	—	17	—	35	12	—	19	35	—	—	0.6	—	28	24		—	0.6	—
51204	52204	20	15	40	14	26	22	40	40	6	0.6	0.3	32	28		20	0.6	0.3
51205	52205	25	20	47	15	28	27	47	47	7	0.6	0.3	38	34		25	0.6	0.3
51206	52206	30	25	52	16	29	32	52	52	7	0.6	0.3	43	39		30	0.6	0.3
51207	52207	35	30	62	18	34	37	62	62	8	1	0.3	51	46		35	1	0.3
51208	52208	40	30	68	19	36	42	68	68	9	1	0.6	57	51		40	1	0.6
51209	52209	45	35	73	20	37	47	73	73	9	1	0.6	62	56		45	1	0.6
51210	52210	50	40	78	22	39	52	78	78	9	1	0.6	67	61		50	1	0.6
51211	52211	55	45	90	25	45	57	90	90	10	1	0.6	76	69		55	1	0.6
51212	52212	60	50	95	26	46	62	95	95	10	1	0.6	81	74		60	1	0.6
51213	52213	65	55	100	27	47	67	100		10	1	0.6	86	79	79	65	1	0.6
51214	52214	70	55	105	27	47	72	105		10	1	1	91	84	84	70	1	1
51215	52215	75	60	110	27	47	77	110		10	1	1	96	89	89	75	1	1
51216	52216	80	65	115	28	48	82	115		10	1	1	101	94	94	80	1	1
51217	52217	85	70	125	31	55	88	125		12	1	1	109	101	109	85	1	1
51218	52218	90	75	135	35	62	93	135		14	1.1	1	117	108	108	90	1	1
51220	52220	100	85	150	38	67	103	150		15	1.1	1	130	120	120	10	1	1

续表

轴承代号		基本尺寸/mm											安装尺寸/mm					
		d	d_2	D	r	r_1	d_1 min	D_1 max	D_2 max	B	r_k min	r_{1k} min	d_a min	D_a max	D_b min	d_b max	r_{ax} max	r_{1ax} max
13（51000型）、23（52000型）尺寸系列																		
51304	—	20	—	47	18	—	22	47		—	1	—	36	31	—	—	1	—
51305	52305	25	20	52	18	34	27	52		8	1	0.3	41	36	36	25	1	0.3
51306	52306	30	25	60	21	38	32	60		9	1	0.3	48	42	42	30	1	0.3
51307	52307	35	30	68	24	44	37	68		10	1	0.3	55	48	48	35	1	0.3
51308	52308	40	30	78	26	49	42	78		12	1	0.6	63	55	55	40	1	0.6
51309	52309	45	35	85	28	52	47	85		12	1	0.6	69	61	61	45	1	0.6
51310	52310	50	40	98	31	58	52	95		14	1.1	0.6	77	68	68	50	1	0.6
51311	52311	55	45	105	35	64	57	105		15	1.1	0.6	85	75	75	55	1	0.6
51312	52312	60	50	110	35	64	62	110		15	1.1	0.6	90	80	80	60	1	0.6
51313	52313	65	55	115	36	65	67	115		15	1.1	0.6	95	85	85	65	1	0.6
51314	52314	70	55	125	40	72	72	125		16	1.1	1	103	92	92	70	1	1
51315	52315	75	60	135	44	79	77	135		18	1.5	1	111	99	99	75	1.5	1
51316	52316	80	65	140	44	79	82	140		18	1.5	1	116	104	104	80	1.5	1
51317	52317	85	70	150	49	87	88	150		19	1.5	1	124	111	111	85	1.5	1
51318	52318	90	75	155	50	88	93	155		19	1.5	1	129	116	116	90	1.5	1
51320	52320	100	85	170	55	97	103	170		21	1.5	1	142	128	128	100	1.5	1
14（51000型）、24（52000型）尺寸系列																		
51405	52405	25	15	60	24	45	27	60		11	1	0.6	46	39		25	1	0.6
51406	52406	30	20	70	28	52	32	70		12	1	0.6	54	46		30	1	0.6
51407	52407	35	25	80	32	59	37	80		14	1.1	0.6	62	53		35	1	0.6
51408	52408	40	30	90	36	65	42	90		15	1.1	0.6	70	60		40	1	0.6
51409	52409	45	30	100	39	72	47	100		17	1.1	0.6	78	67		45	1	0.6
51410	52410	50	35	110	43	78	52	110		18	1.5	0.6	86	74		50	1.5	0.6
51411	52411	55	40	120	48	87	57	120		20	1.5	0.6	94	81		55	1.5	0.6
51412	52412	60	45	130	51	93	62	130		21	1.5	0.6	102	88		60	1.5	0.6
51413	52413	65	50	140	56	101	68	140		23	2	1	110	95		65	2.0	0.6
51414	52414	70	55	150	60	107	73	150		24	2	1	118	102		70	2.0	0.6
51415	52415	75	60	160	65	115	78	160	160	26	2	1	125	110		75	2.0	1
51416	-	80	-	170	68	-	83	170	-	-	2.1	-	133	117		-	2.1	-
51417	52417	85	65	180	72	128	88	177	179.5	29	2.1	1.1	141	124		85	2.1	1
51418	52418	90	70	190	77	135	93	187	189.5	30	2.1	1.1	149	131		90	2.1	1
51420	52420	100	80	210	85	150	103	205	209.5	33	3	1.1	165	145		100	2.5	1

A.4 极限与配合

1. 基本尺寸小于 500mm 的标准公差

附表 A-26 基本尺寸小于 500mm 的标准公差

基本尺寸/mm		公差等级									
		IT01	IT0	IT1	IT2	IT3	IT4	IT5	IT6	IT7	IT8
大于	至	(μm)									
—	3	0.3	0.5	0.8	1.2	2	3	4	6	10	14
3	6	0.4	0.6	1	1.5	2.5	4	5	8	12	18
6	10	0.4	0.6	1	1.5	2.5	4	6	9	15	22
10	18	0.5	0.8	1.2	2	3	5	8	11	18	27
18	30	0.6	1	1.5	2.5	4	6	9	13	21	33
30	50	0.6	1	1.5	2.5	4	7	11	16	25	39
50	80	0.8	1.2	2	3	5	8	13	19	30	46
80	120	1	1.5	2.5	4	6	10	15	22	35	54
120	180	1.2	2	3.5	5	8	12	18	25	40	63
180	250	2	3	4.5	7	10	14	20	29	46	72
250	315	2.5	4	6	8	12	16	23	32	52	81
315	400	3	5	7	9	13	18	25	36	57	89
400	500	4	6	8	10	15	20	27	40	63	97

基本尺寸/mm		公差等级									
		IT9	IT10	IT11	IT12	IT13	IT14	IT15	IT16	IT17	IT18
大于	至	(μm)			(mm)						
—	3	25	40	60	0.10	0.14	0.25	0.40	0.60	1.0	1.4
3	6	30	48	75	0.12	0.18	0.30	0.48	0.75	1.2	1.8
6	10	36	58	90	0.15	0.22	0.36	0.58	0.90	1.5	2.2
10	18	43	70	110	0.18	0.27	0.43	0.70	1.10	1.8	2.7
18	30	52	84	130	0.21	0.33	0.52	0.84	1.20	2.1	3.3
30	50	62	100	160	0.25	0.39	0.62	1.00	1.60	2.5	3.9
50	80	74	120	190	0.30	0.46	0.74	1.20	1.90	3.0	4.6
80	120	87	140	220	0.35	0.54	0.87	1.40	2.20	3.5	5.4
120	180	100	160	250	0.40	0.63	1.00	1.60	2.50	4.0	6.3
180	250	115	185	290	0.46	0.72	1.15	1.85	2.90	4.6	7.2
250	315	130	210	320	0.52	0.81	1.30	2.10	3.20	5.2	8.1
315	400	140	230	360	0.57	0.89	1.40	2.30	3.60	5.7	8.9
400	500	155	250	400	0.63	0.97	1.55	2.50	4.00	6.3	9.7

2. 基孔制常用优先配合

附表 A-27　基孔制常用优先配合

基准孔	轴																				
	a	b	c	d	c	f	g	h	js	k	m	n	p	r	s	t	u	v	x	y	z
	间隙配合								过渡配合					过盈配合							
H6						$\frac{H6}{f5}$	$\frac{H6}{g5}$	$\frac{H6}{h5}$	$\frac{H6}{js5}$	$\frac{H6}{k5}$	$\frac{H6}{m5}$	$\frac{H6}{n5}$	$\frac{H6}{p5}$	$\frac{H6}{r5}$	$\frac{H6}{s5}$	$\frac{H6}{t5}$					
H7						$\frac{H7}{f6}$	● $\frac{H7}{g6}$	● $\frac{H7}{h6}$	$\frac{H7}{js6}$	● $\frac{H7}{k6}$	$\frac{H7}{m6}$	● $\frac{H7}{n6}$	● $\frac{H7}{p6}$	$\frac{H7}{r6}$	● $\frac{H7}{s6}$	$\frac{H7}{t6}$	● $\frac{H7}{u6}$	$\frac{H7}{v6}$	$\frac{H7}{x6}$	$\frac{H7}{y6}$	$\frac{H7}{z6}$
H8					$\frac{H8}{c7}$	● $\frac{H8}{f7}$	$\frac{H8}{g7}$	● $\frac{H8}{h7}$	$\frac{H8}{js7}$	$\frac{H8}{k7}$	$\frac{H8}{m7}$	$\frac{H8}{n7}$	$\frac{H8}{p7}$	$\frac{H8}{p7}$	$\frac{H8}{s7}$	$\frac{H8}{t7}$	$\frac{H8}{u7}$				
				$\frac{H8}{d8}$	$\frac{H8}{c8}$	$\frac{H8}{f8}$		$\frac{H8}{h8}$													
H9			$\frac{H9}{c9}$	● $\frac{H9}{d9}$	$\frac{H9}{c9}$	$\frac{H9}{f9}$		● $\frac{H9}{h9}$													
H10			$\frac{H10}{c10}$	$\frac{H10}{d10}$				$\frac{H10}{h10}$													
H11	$\frac{H11}{a11}$	$\frac{H11}{b11}$	● $\frac{H11}{c11}$	$\frac{H11}{d11}$				● $\frac{H11}{h11}$													
H12		$\frac{H12}{b12}$						$\frac{H12}{c12}$													

注：(1) $\frac{H6}{n5}$、$\frac{H7}{p6}$ 在基本尺寸小于或等于 3mm 和 $\frac{H8}{r7}$ 在小于或等于 100mm 时，为过渡配合。

(2) 标有"●"的代号为优先配合。

3. 基轴制常用优先配合

附表 A-28 基轴制常用优先配合

基准轴	轴																				
	A	B	C	D	E	F	G	H	Js	K	M	N	P	R	S	T	U	V	X	Y	Z
	间隙配合								过渡配合					过盈配合							
h5						F6/h5	G6/h5	H6/h5	JS6/h5	K6/h5	M6/h5	N6/h5	P6/h5	R6/h5	S6/h5	T6/h5					
h6						F7/h6	● G7/h6	● H7/h6	JS7/h6	● K7/h6	M7/h6	● N7/h6	● P7/h6	R7/h6	● S7/h6	T7/h6	● U7/h6				
h7					E8/h7	● E8/h7		● H8/h7	LS8/h7	M8/h7	N8/h7										
h8				D8/h8	E8/h8	F8/h8		H8/h8													
h9				● D9/h9	E9/h9	F9/h9		● H9/h9													
h10				D10/h10				H10/h10													
h11	A11/h11	B11/h11	● C11/h11	D11/h11				● H11/h11													
h12		B11/h12						H12/h12													

注：标有“●”的代号为优先配合。

4. 轴的极限偏差

附表 A-29 轴的极限偏差

基本偏差代号		a	b		c			d			e			f		
公差等级代号		11	11	12	9	10	11	9	10	11	7	8	9	5	6	7
基本尺寸/mm		公差带														
大于	至															
—	3	-270 -330	-140 -200	-140 -240	-60 -85	-60 -100	-60 -120	-20 -45	-20 -60	-20 -80	-14 -24	-14 -28	-14 -39	-6 -10	-6 -12	-6 -16
3	6	-270 -345	-140 -215	-140 -260	-70 -100	-70 -118	-70 -145	-30 -60	-30 -78	-30 -105	-20 -32	-20 -38	-20 -50	-10 -15	-10 -18	-10 -22
6	10	-280 -370	-150 -240	-150 -330	-80 -116	-80 -138	-80 -170	-40 -76	-40 -98	-40 -130	-25 -40	-25 -47	-25 -61	-13 -19	-13 -22	-13 -28

续表

基本偏差代号		a	b		c			d			e			f		
公差等级代号		11	11	12	9	10	11	9	10	11	7	8	9	5	6	7
基本尺寸/mm		公差带														
大于	至															
10	14	-290	-150	-150	-95	-95	-95	-50	-50	-50	-32	-32	-32	-16	-16	-16
14	18	-400	-260	-330	-138	-165	-205	-93	-120	-160	-50	-59	-75	-24	-27	-34
18	24	-300	-160	-160	-110	-110	-110	-65	-65	-65	-40	-40	-40	-20	-20	-20
24	30	-430	-290	-370	-162	-194	-240	-117	-149	-195	-61	-73	-92	-29	-33	-41
30	40	-310	-170	-170	-120	-120	-120									
		-470	-330	-420	-182	-182	-280	-80	-80	-80	-50	-50	-50	-25	-25	-25
40	50	-320	-190	-180	-130	-130	-130	-142	-180	-240	-75	-89	-112	-36	-41	-50
		-480	-340	-430	-192	-230	-290									
50	65	-340	-190	-190	-140	-140	-140									
		-530	-380	-490	-214	-260	-330	-100	-100	-100	-60	-60	-60	-30	-30	-30
65	80	-360	-200	-200	-150	-150	-150	-174	-220	-290	-90	-106	-134	-43	-49	-60
		-550	-390	-500	-224	-270	-340									
80	100	-380	-220	-220	-170	-170	-170									
		-600	-440	-570	-257	-310	-390	-120	-120	-120	-72	-72	-72	-36	-36	-36
100	120	-410	-240	-240	-180	-180	-1800	-207	-260	-340	-107	-126	-159	-51	-58	-71
		-630	-460	-590	-267	-320	-400									
120	140	-460	-260	-260	-200	-200	-200									
		-710	-510	-660	-300	-360	-450									
140	160	-520	-280	-280	-210	-210	-210	-145	-150	-145	-85	-85	-85	-43	-43	-43
		-770	-530	-680	-310	-370	-460	-245	-305	-395	-125	-148	-185	-61	-68	-83
160	180	-580	-310	-310	-230	-230	-230									
		-830	-560	-710	-330	-390	-480									
180	200	-660	-340	-340	-240	-240	-240									
		-950	-630	-800	-355	425	-530									
200	225	-740	-380	-380	-260	-260	-260	-170	-170	-170	-100	-100	-100	-50	-50	-50
		-1030	-670	-840	-375	-445	-550	-285	-355	-460	-146	-172	-215	-70	-79	-96
225	250	-820	-420	-420	-280	-280	-280									
		-1110	-710	-880	--395	-465	-570									
250	280	-920	-480	-480	-300	-300	-300									
		-1240	-800	-1000	-430	-510	-620	-190	-190	-190	-110	-110	-110	-56	-56	-56
280	315	-1059	-540	-540	-330	-330	-330	-320	-400	-510	-162	-191	-240	-79	-88	-108
		-1370	-860	-1060	-460	-540	-650									
315	355	-1200	-600	-600	-360	-360	-360									
		-1560	-960	-1175	-500	-590	-720	-210	-210	-210	-125	-125	-125	-62	-62	-62
355	400	-1350	-680	-680	-400	-400	-400	-350	-440	-570	-182	-214	-265	-87	-98	-119
		-1710	-1040	-1250	-540	-630	-760									
400	450	-1500	-760	-760	-440	-440	-440									
		-1900	-1160	-1390	-595	-690	-840	-230	-230	-230	-135	-135	-135	-68	-68	-68
450	500	-1650	-840	-840	-480	-480	-480	-385	-480	-630	-198	-232	-290	-95	-108	-131
		-2050	-1240	-1470	-635	-730	-880									

续表

基本偏差代号		f		g			h								js			k
公差等级代号		8	9	5	6	7	5	6	7	8	9	10	11	12	5	6	7	6
基本尺寸/mm		公差带																
大于	至																	
—	3	-6 -20	-6 -31	-2 -6	-2 -8	-2 -12	0 -4	0 -6	0 -10	0 -14	0 -25	0 -40	0 -60	0 -100	±2	±3	±5	+6 0
3	6	-10 -28	-10 -40	-4 -9	-4 -12	-4 -16	0 -5	0 -8	0 -12	0 -18	0 -30	0 -48	0 -75	0 -120	±2.5	±4	±6	+9 +1
6	10	-13 -35	-13 -49	-5 -11	-5 -14	-5 -20	0 -6	0 -9	0 -15	0 -22	0 -36	0 -58	0 -90	0 -150	±3	±4.5	±7	+10 +1
10	14	-16 -43	-16 -59	-6 -14	-6 -17	-6 -24	0 -8	0 -11	0 -18	0 -27	0 -43	0 -70	0 -110	0 -180	±4	±5.5	±9	+12 +1
14	18																	
18	24	-20 -53	-20 -72	-7 -16	-7 -20	-7 -28	0 -9	0 -13	0 -21	0 -33	0 -52	0 -84	0 -130	0 -210	±4.5	±6.5	±10	+15 +2
24	30																	
30	40	-25 -64	-25 -87	-6 -20	-9 -25	-9 -34	0 -11	0 -16	0 -25	0 -39	0 -62	0 -100	0 -160	0 -250	±5.5	±8	±12	+18 +2
40	50																	
50	65	-30 -76	-30 -104	-10 -23	-10 -29	-10 -40	0 -13	0 -19	0 30	0 -46	0 -74	0 -120	0 -190	0 -300	±6.5	±9.5	±15	+21 +2
65	80																	
80	100	-36 -90	-36 -123	-12 -27	-12 -34	-12 -47	0 -15	0 -22	0 -35	0 -54	0 -87	0 -140	0 -220	0 -350	±7.5	±11	±17	+25 +3
100	120																	
120	140	-43 -106	-43 -143	-14 -32	-14 -39	-14 -54	0 -18	0 -25	0 -40	0 -63	0 -100	0 -160	0 -250	0 -400	±9	±12.5	±20	+28 +3
140	160																	
160	180																	
180	200	-50 -122	-50 -165	-15 -35	-15 -44	-15 -61	0 -20	0 -29	0 -46	0 -72	0 -115	0 -185	0 -290	0 -460	±10	±14.5	±23	+33 +4
200	225																	
225	250																	
250	280	-56 -137	-56 -186	-17 -40	-17 -49	-17 -69	0 -23	0 -32	0 -52	0 -81	0 -130	0 -210	0 -320	0 -520	±11.5	±16	±26	+36 +4
280	315																	
315	355	-62 -151	-62 -202	-18 -43	-18 -54	-18 -75	0 -25	0 -36	0 -57	0 -89	0 -140	0 -230	0 -360	0 -570	±12.5	±18	±28	+40 +4
355	400																	
400	450	-68 -165	-68 -223	-20 -47	-20 -60	-20 -83	0 -27	0 -40	0 -63	0 -97	0 -155	0 -250	0 -400	0 -6.30	±13.5	±20	±31	+45 +5
450	500																	

续表

基本偏差代号		k	m			n			p			r			s
公差等级代号		7	5	6	7	5	6	7	5	6	7	5	6	7	5
基本尺寸/mm		公差带													
大于	至														
—	3	+10 0	+6 +2	+8 +2	+12 +2	+8 +4	+10 +4	+14 +4	+10 +6	+12 +6	+16 +6	+14 +10	+16 +10	+20 +10	+18 +14
3	6	+13 +1	+9 +4	+12 +4	+16 +4	+13 +8	+16 +8	+20 +8	+17 +12	+20 12	+24 +12	+20 +15	+23 +15	+27 +15	+24 +19
6	10	+16 +1	+12 +6	+15 +6	+21 +6	+16 +10	+19 +10	+25 +10	+21 +15	+24 +15	+30 +15	+25 +19	+28 +19	+34 +19	+29 +23
10	14	+19 +1	+15 +7	+18 +7	+25 +7	+20 +12	+23 +12	+30 +12	+26 +18	+29 +18	+36 +18	+31 +23	+34 +23	+41 +23	+36 +28
14	18														
18	24	+23 +2	+17 +8	+21 +8	+29 +8	+24 +15	+28 +15	+36 +15	+31 +22	+35 +22	+43 +22	+37 +28	+41 +28	+49 +28	+44 +35
24	30														
30	40	+27 +2	+20 +9	+25 +9	+34 +9	+28 +17	+33 +17	+42 +17	+37 +26	+42 +26	+51 +26	+45 +34	+50 +34	+59 +34	+54 +43
40	50														
50	65	+23 +2	+24 +11	+30 +11	+41 +11	+33 +20	+39 +20	+50 +20	+45 +32	+51 +32	+62 +32	+54 +41	+60 +41	+71 +41	+66 +53
65	80											+56 +43	+62 +43	+73 + 43	+72 +59
80	100	+38 +3	+28 +13	+35 +13	+48 +13	+38 +23	+45 +23	+58 +23	+52 +37	+59 +37	72 +37	+66 +51	+73 +51	+86 +51	+86 +71
100	120											+69 +54	+76 +54	+89 +54	+94 +79
120	140	+43 +3	+33 +15	+40 +15	+55 +15	+45 +27	+52 +27	+67 +27	+61 +43	+68 +43	+83 +43	+81 +63	+88 +63	+103 +63	+110 +92
140	160											+83 +65	+90 +65	+105 +65	+118 +100
160	180											+86 +68	+93 +68	+108 +68	+126 +108
180	200	+50 +4	+37 +17	+46 +17	+63 +17	+51 +31	+60 +31	+77 +31	+70 +50	+79 +50	+96 +50	+97 +77	+106 +77	+123 +77	+142 +122
200	225											+100 +80	+109 +80	+126 +80	+150 +130
225	250											+104 +84	+113 +84	+130 +84	+160 +140
250	280	+56 +4	+43 +20	+52 +20	+72 +20	+57 +34	+66 +34	+86 +34	+79 +56	+88 +56	+108 +56	+117 +94	+126 +94	+146 +94	+181 +158
280	315											+121 +98	+130 +98	+150 +98	+193 +170
315	355	+61 +4	+46 +21	+57 +21	+78 +21	+62 +37	+73 +37	+94 +37	+87 +62	+98 +62	+119 +62	+133 +108	+144 +108	+165 +108	+215 +190
355	400											+139 +114	+150 +114	+171 +114	+233 +208
400	450	+68 +5	+50 +23	+63 +23	+86 +23	+67 +40	+80 +40	+103 +40	+95 +68	+108 +68	+131 +68	+153 +126	+166 +126	+189 +126	+259 +232
450	500											+159 +132	+172 +132	+195 +132	+279 +252

续表

基本偏差代号		s		t			u			v		x		y	z
公差等级代号		6	7	5	6	7	6	7	8	6	7	6	7	6	6
基本尺寸/mm		公差带													
大于	至														
—	3	+20 +14	+24 +14	—	—	—	+24 +18	+28 +18	+32 +18	—	—	+26 +20	+30 +20	—	+32 +26
3	6	+27 +19	+31 +19	—	—	—	+31 +23	+85 +23	+41 +23	—	—	+36 +28	+40 +28	—	+43 +35
6	10	+32 +23	+38 +23	—	—	—	+37 +28	+43 +28	+50 +28	—	—	+43 +34	+49 +34	—	+51 +42
10	14	+39 +28	+46 +26	—	—	—	+44 +33	+51 +33	+60 +33	—	—	+51 +40	+58 +40	—	+61 +50
14	18									+50 +39	+57 +39	+56 +45	+63 +45	—	+71 +60
18	24	+48 +35	+56 +35	—	—	—	+54 +41	+63 +41	+74 +41	+60 +47	+68 +47	+67 +54	+75 +54	+76 +63	+86 +73
24	30			+50 +41	+54 +41	+62 +41	+61 +48	+69 +48	+81 +48	+68 +55	+76 +55	+77 +64	+85 +64	+88 +75	+101 +88
30	40	+59 +43	+68 +43	+56 +48	+64 +48	+73 +48	+76 +60	+85 +60	+99 +60	+84 +68	+93 +68	+96 +80	+105 +80	+110 +94	+128 +112
40	50			+65 +54	+70 +54	+79 +54	+86 +70	+95 +70	+109 +70	+97 +81	+106 +81	+113 +97	+122 +97	+130 +114	+152 +136
50	65	+72 +53	+83 +53	+75 +66	+85 +66	+96 +66	+106 +87	+117 +87	+133 +87	+121 +102	+132 +102	+141 +122	+152 +122	+163 +144	+191 +172
65	80	+78 +59	+89 +59	+88 +75	+94 +75	+105 +75	+121 +102	+132 +102	+148 +102	+139 +120	+150 +120	+165 +146	+176 +146	+193 +174	+229 +210
80	100	+93 +71	+106 +71	+106 +91	+113 +91	+126 +91	+146 +124	+159 +124	+178 +124	+168 +146	+181 +146	+200 +178	+213 +178	+236 +214	+280 +258
100	120	+101 +79	+114 +79	+119 +104	+126 +104	+139 +104	+166 +144	+179 +144	+198 +144	+194 +172	+207 +172	+232 +210	+245 +210	+276 +254	+332 +310
120	140	+117 +92	+132 +92	+140 +122	+147 +122	+162 +122	+195 +170	+210 +170	+233 +170	+227 +202	+242 +202	+273 +248	+288 +248	+325 +300	+390 +365
140	160	+125 +100	+140 +100	+152 +134	+159 +134	+174 +134	+215 +190	+230 +190	+253 +190	+253 +228	+268 +228	+305 +280	+320 +280	+365 +340	+440 +415
160	180	+133 +108	+148 +108	+164 +146	+171 +146	+186 +146	+235 +210	+250 +210	+273 +210	+277 +252	+292 +252	+335 +310	+350 +310	+405 +380	+490 +465
180	200	+151 +122	+168 +122	+186 +166	+195 +166	+212 +166	+265 +236	+282 +236	+308 +236	+313 +284	+330 +284	+379 +350	+396 +350	+454 +425	+549 +520
200	225	+159 +130	+176 +130	+200 +180	+209 +180	+226 +180	+287 +258	+304 +258	+330 +258	+339 +310	+356 +310	+414 +385	+431 +385	+499 +470	+604 +575
225	250	+169 +140	+186 +140	+216 +196	+225 +196	+242 +196	+313 +284	+330 +284	+356 +284	+369 +340	+386 +340	+454 +425	+471 +425	+549 +520	+669 +640
250	280	+190 +158	+210 +158	+241 +218	+250 +218	+270 +218	+347 +315	+367 +315	+396 +315	+417 +385	+437 +385	+507 +475	+527 +475	+612 +580	+742 +710
280	315	+202 +170	+222 +170	+263 +240	+272 +240	+292 +240	+382 +350	+402 +350	+431 +350	+457 +425	+477 +425	+557 +525	+577 +525	+682 +650	+822 +790
315	355	+226 +190	+247 +190	+293 +268	+304 +268	+325 +268	+426 +390	+447 +390	+479 +390	+511 +475	+532 +475	+626 +590	+647 +590	+799 +730	+936 +900
355	400	+244 +208	+265 +208	+319 +294	+330 +294	+351 +294	+471 +435	+492 +435	+524 +435	+566 +530	+587 +530	+696 +660	+717 +660	+856 +820	+1036 +1000
400	450	+272 +232	+295 +232	+357 +330	+370 +330	+393 +330	+530 +490	+553 +140	+587 +490	+635 +595	+658 +595	+780 +740	+803 +740	+960 +920	+1140 +1100
450	500	+292 +252	+315 +252	+387 +360	+400 +360	+423 +360	+580 +540	+603 +540	+637 +540	+700 +660	+723 +660	+860 +820	+883 +820	+1040 +1000	+1290 +1250

5. 孔的极限偏差

附表 A-30 孔的极限偏差

基本偏差代号		A	B		C	D				E		F				G
公差等级代号		11	11	12	11	8	9	10	11	8	9	6	7	8	9	6
基本尺寸/mm		公差带														
大于	至															
—	3	+330 +270	+200 +140	+240 +140	+120 +60	+34 +20	+45 +20	+60 +20	+80 +20	+28 +14	+39 +14	+12 +6	+16 +6	+20 +6	+31 +6	+8 +2
3	6	+345 +270	+215 +140	+260 +140	+145 +70	+48 +30	+60 +30	+78 +30	+105 +30	+38 +20	+50 +20	+18 +10	+22 +10	+28 +10	+40 +10	+12 +4
6	10	+370 +280	+240 +150	+300 +150	+170 +80	+62 +40	+76 +40	+98 +40	+130 +40	+47 +25	+61 +25	+22 +13	+28 +13	+35 +13	+49 +13	+14 +5
10 14	14 18	+400 +290	+260 +150	+330 +150	+205 +95	+77 +50	+93 +50	+120 +50	+160 +50	+59 +32	+75 +32	+27 +16	+34 +16	+43 +16	+59 +16	+17 +16
18 24	24 30	+430 +300	+290 +160	+370 +160	+240 +110	+98 +65	+117 +65	+149 +65	+195 +65	+73 +40	+92 +40	+33 +20	+41 +20	+53 +20	+72 +20	+20 +7
30	40	+470 +310	+330 +170	+420 +170	+280 +120	+119 +80	+142 +80	+180 +80	+240 +80	+89 +80	+112 +50	+41 +25	+50 +25	+64 +25	+87 +25	+25 +9
40	50	+480 +320	+340 +180	+430 +180	+290 +130											
50	65	+530 +340	+380 +190	+490 +190	+330 +140	+146 +100	+174 +100	+220 +100	+290 +100	+106 +60	+134 +60	+49 +30	+60 +30	+76 +30	+104 +30	+29 +10
65	80	+550 +360	+390 +200	+500 +200	+340 +150											
80	100	+600 +380	+440 +220	+570 +220	+390 +170	+174 +120	+207 +120	+260 +120	+340 +120	+126 +72	+159 +72	+58 +36	+71 +36	+90 +36	+123 +36	+34 +12
100	120	+630 +410	+460 +240	+590 +240	+400 +180											
120	140	+710 +460	+510 +260	+660 +260	+450 +200	+208 +145	+245 +145	+305 +145	+395 +145	+148 +85	+185 +85	+68 +43	+83 +43	+106 +43	+143 +43	+39 +14
140	160	+770 +520	+530 +280	+680 +280	+460 +210											
160	180	+830 +580	+560 +310	+710 +310	+480 +230											
180	200	+950 +660	+630 +340	+800 +340	+530 +240											
200	225	+1030 +740	+670 +380	+840 +380	+550 +260	+242 +170	+285 +170	+355 +170	+460 +170	+172 +100	+215 +100	+79 +50	+96 +50	+122 +50	+165 +50	+44 +15
225	250	+1110 +820	+710 +420	+880 +420	+570 +280											
250	280	+1240 +920	+800 +480	+1000 +480	+620 +300	+271 +190	+320 +190	+400 +190	+510 +190	+191 +110	+240 +110	+88 +56	+108 +56	+137 +56	+186 +56	+49 +17
280	315	+1370 +1050	+860 +540	+1060 +540	+650 +330											
315	355	+1560 +1200	+960 +600	+1170 +600	720 +360	+299 +210	+350 +210	+440 +210	+570 +210	+214. +125	+265 +125	+98 +62	+119 +62	+151 +62	+202 +62	+54 +18
355	400	+1710 +1350	+1040 +680	+1250 +680	+760 +400											
400	450	+1900 +1500	+1160 +760	+1390 +760	+840 +440	+327 +230	+385 +230	+480 +230	+630 +230	+232 +135	+290 +135	+108 +68	+131 +68	+165 +68	+223 +68	+60 +20
450	500	+2050 +1650	+1240 +840	+1470 +840	+880 +840											

注：基本尺寸小于 1mm 时，各级的 A 和 B 均不采用。

续表

基本偏差代号		G	H							J			JS			K		
公差等级代号		7	6	7	8	9	10	11	12	6	7	8	6	7	8	6	7	8
基本尺寸/mm		公差带																
大于	至																	
—	3	+12 +2	+6 0	+10 0	+14 0	+25 0	+40 0	+60 0	+100 0	+2 -4	+4 -6	+6 -8	±3	±5	±7	0 -6	0 -10	0 -14
3	6	+16 +4	+8 0	+12 0	+18 0	+30 0	+48 0	+75 0	+120 0	+5 -3	—	+10 -8	±4	±6	±9	+2 -6	+3 -9	+5 -13
6	10	+20 +5	+9 0	+15 0	+22 0	+36 0	+58 0	+90 0	+150 0	+5 -4	+8 -7	+12 -10	±4.5	±7	±11	+2 -7	+5 -10	+6 -16
10 14	14 18	+24 +6	+11 0	+18 0	+27 0	+43 0	+70 0	+110 0	+180 0	+6 -5	+10 -8	+15 -12	±5.5	±9	±13	+2 -9	+6 -12	+8 -19
18 24	24 30	+28 +7	+13 0	+21 0	+33 0	+52 0	+84 0	+130 0	+210 0	+8 -5	+12 -9	+20 -13	±6.5	±10	±16	+2 -11	+6 -15	+10 -23
30 40	40 50	+34 +9	+16 0	+25 0	+39 0	+62 0	+100 0	+160 0	+250 0	+10 -6	+14 -11	+24 -15	±8	±12	±19	+3 -13	+7 -18	+12 -27
50 65	65 80	+40 +10	+19 0	+30 0	+46 0	+74 0	+120 0	+190 0	+300 0	+13 -6	+18 -12	+28 -18	±9.5	±15	±23	+4 -15	+9 -21	+14 -32
80 100	100 120	+47 +12	+22 0	+35 0	+54 0	+87 0	+140 0	+220 0	+310 0	+16 -6	+22 -13	+34 -20	±11	±17	±27	+4 -18	+10 -25	+16 -38
120 140 160	140 160 180	+54 +14	+25 0	40 0	63 0	100 0	160 0	+250 0	+400 0	+18 -7	+26 -14	+41 -22	±12.5	±20	±31	+4 -21	+12 -18	+20 -43
180 200 225	200 225 250	+6.1 +15	+29 0	+46 0	+72 0	+115 0	+185 0	+290 0	+460 0	+22 -7	+30 -16	+47 -25	±14.5	±23	±36	+5 -24	+13 -33	+22 -50
250 280	280 315	+69 +17	+32 0	+52 0	+81 0	+130 0	+210 0	+320 0	+520 0	+25 -7	+36 -16	+55 -26	±16	±26	±40	+5 -27	+16 -36	+25 -56
315 355	355 400	+75 +18	+36 0	+57 0	+89 0	+140 0	+230 0	+360 0	+570 0	+29 -7	+39 -18	+60 -29	±18	±28	±44	+7 -29	+17 -40	+28 -61
400 450	450 500	+83 +20	+40 0	+63 0	+97 0	+155 0	+250 0	+400 0	+630 0	+33 -7	+43 -20	+66 -31	±20	±31	±48	+8 -32	+18 -45	+29 -68

续表

基本偏差代号		M			N			P			R		S		T		U
公差等级代号		6	7	8	6	7	8	6	7	6	7	8	6	7	6	7	7
基本尺寸/mm		公差带															
大于	至																
—	3	-2 -8	-2 -12	+2 -16	-4 -10	-4 -14	-4 -18	-6 -12	-6 -16	-10 -16	-10 -20	-10 -24	-14 -20	14 -24	—	—	-18 -28
3	6	-1 -9	0 -12	+2 -16	-5 -13	-4 -16	-2 -20	-9 -17	-8 -20	-12 -20	-11 -23	-15 -33	-16 -24	-15 -27	—	—	-19 -31
6	10	-3 -12	0 -1.5	+1 -21	-7 -16	-4 -19	-3 -25	-12 -21	-9 -24	-16 -25	-13 -28	-19 -41	-20 -29	-17 -32	—	—	-22 -37
10	14	-4 -15	0 -18	+2 -2.5	-9 -20	-5 -23	-3 -30	-15 -26	-11 -29	-20 -31	-16 -34	-23 -50	-25 -36	-21 -39	—	—	-66
14	18																-44
18	24	-4 -17	0 -21	+4 -29	-11 -24	-7 -28	-3 -36	-18 -31	-14 -35	-24 -37	-20 -41	-28 -61	-31 -41	-27 -48	—	—	
24	30														-37 -50	-33 -54	-40 -61
30	40	-4 -20	0 -25	+5 -34	-12 -28	-8 -33	-3 -42	-21 -37	-17 -42	-29 -45	-25 -50	-34 -73	-38 -54	-34 -59	-43 -59	-39 -64	-51 -76
40	50														-49 -65	-45 -70	-61 -86
50	65	-5 -24	0 -30	+5 -41	-14 -33	-9 -39	-4 -50	-26 -45	-21 -51	-35 -54	-30 -60	-41 -87	-47 -66	-42 -72	-60 -79	-55 -85	-76 -106
65	80									-37 -56	-32 -62	-43 -89	-53 -72	-48 -78	-69 -88	-64 -94	-91 -121
80	100	-6 -28	0 -35	+6 -55	-16 -38	-10 -45	-4 -58	-30 -52	-24 -59	-44 -66	-38 -73	-51 -105	-64 -86	-58 -93	-84 -106	-78 -113	-111 -146
100	120									-47 -69	-41 -76	-54 -108	-72 -94	-66 -101	-97 -119	-91 -126	-131 -166
120	140	-8 -33	0 -4	+8 -55	-20 -45	-12 -52	-4 -67	-36 -61	-28 -68	-56 -81	-48 -88	-63 -126	-85 -110	-77 -117	-115 -140	-107 -147	-155 195
140	160									-58 -83	-50 -90	-65 -128	-93 -118	-85 -125	-127 -152	-119 -159	-175 -215
160	180									-61 -86	-53 -93	-68 -131	-101 -126	-93 -133	-139 -164	-131 -171	-195 -235
180	200	-8 -37	0 -46	+9 -63	-22 -51	-14 -60	-5 -77	-41 -70	-33 -79	-68 -97	-60 -106	-77 -149	-113 -142	-105 -151	-157 -186	-149 -195	-219 -265
200	225									-71 -100	-63 -109	-80 -152	-121 -150	-113 -159	-171 -200	-163 -209	-241 -287
225	250									-75 -104	-67 -113	-84 -156	-131 -160	-123 -169	-187 -216	-179 -225	-267 -313
250	280	-9 -41	0 -52	+9 -72	-25 -57	-14 -66	-5 -86	-47 -79	-36 -88	-85 -117	-74 -126	-94 -175	-149 -181	-138 -190	-209 -241	-198 -250	-295 -347
280	315									-89 121	-78 -130	-98 -179	-164 -193	-150 -202	-231 -263	-220 -272	-330 -382
315	355	-10 -46	0 -57	+11 -78	-26 -62	-16 -73	-5 -94	-51 -87	-41 -98	-97 -133	-87 -144	-108 -197	-179 -215	-169 -226	-257 -293	-247 -304	-369 -426
355	400									-103 -139	-93 -150	-114 -203	-197 -233	-187 -244	-283 -319	-273 -330	-414 -471
400	450	-10 -50	0 -63	+11 -86	-27 -67	-17 -80	-6 -103	-55 -95	-40 -108	-113 -153	-103 -166	-126 -223	-219 -259	-209 -272	-317 -357	-307 -370	-467 -530
450	500									-119 -159	-109 -172	-132 -229	-239 -279	-229 -292	-347 -387	-337 -400	-517 -580

A.5 常用材料及热处理

1．常用金属材料

（1）铸铁

附表 A-31 铸铁的类型

名称	牌号	应用举例	说明
灰铸铁	HT100 HT150	用于低强度铸件、如盖、手轮、支架等 用于中强度铸件、如底座、刀架、轴承座、胶带轮、端盖等	“HT”表示灰铸铁，后面的数字表示抗拉强度值（N/mm^2）
	HT200 HT250	用于高强度铸件，如床身、机座、齿轮、凸轮、气缸泵体、联轴器等	
	HT300 HT350	用于高强度耐磨铸件，如齿轮、凸轮、重载荷床身、高压泵、阀壳体、锻模、冷冲压模等	
球墨铸铁	QT800-2 QT100-2 QT1600-2	具有较高强度，但塑性低，用于曲轴、凸轮轴、齿轮、气缸、缸套、轧辊、水泵轴、活塞环、摩擦片等零件	“QT”表示球墨铸铁，其后第一组数字表示抗拉强度值（N/mm^2），第二组数字表示延伸率
	QT500-5 QT420-10 QT400-17	具有较高塑性和适当的强度、用于承受冲击负荷的零件	
可锻铸铁	KTH300-06 KTH330-08 KTH350-10 KTH370-12	黑心可锻铸铁，用于承受冲击振动的零件，如汽车、拖拉机、农机铸件	“KT”表示可锻铸铁，“H”表示黑心，“B”表示白心，第一组数字表示抗拉强度值（N/mm^2），第二组数字表示延伸率 KTH300-06 适用于气密性零件 有*号者为推荐牌号
	KTB 350-04 KTB380-12 KTB400-05 KTB450-07	白心可锻铸铁，韧性较低，但强度高，耐磨性、加工性好，可代替低、中碳钢及低合金钢的重要零件，如曲轴、连杆、机床附件等	

（2）钢

附表 A-32　钢的类型

名称	牌号	应用举例	说明
普通碳素结构钢	Q215　A 级 B 级	金属结构件、拉杆、套圈、铆钉、螺栓、断轴、心轴、凸轮(载荷不大的)、垫圈；渗碳零件及焊接件	“Q”为碳素结构钢屈服点“屈”字的汉语拼音首位字母，后面数字表示屈服点数值，如 9235 表示碳素结构钢屈服点为 235N/mm^2 新旧牌号对照： Q215…A2（A2F） Q235…A3 Q275…A5
	Q235　A 级 B 级 C 级 D 级	金属结构件、心部强度要求不高的渗碳或氰化零件、吊钩、拉杆、套圈、汽缸、齿轮、螺栓、螺母、连杆、轮轴、盖及焊接件	
	Q275	轴、轴销、刹车杆、螺母、螺栓、垫圈、连杆、齿轮以及其他强度较高的零件	
优质碳素结构钢	08F 10 15 20 25 30 35 40 45 50 55 60 65	可塑性要求高的零件，如管子、垫圈、渗碳件、氰化件等 拉杆、卡头、垫圈、焊件 渗碳件、紧固件、冲模锻件 杠杆、轴套、钩、螺钉、渗碳件与氰化件 轴、辊子、连接器、紧固件中的螺栓、螺母 曲轴、转轴、轴销、连杆、横梁、星轮 曲轴、摇杆、拉杆、键、销、螺栓 齿轮、齿条、链轮、凸轮、轧辊、曲柄轴 齿轮、轴、联轴器、衬套、活塞销、链轮 活塞销、轮轴、齿轮、不重要的弹簧 齿轮、连杆、扁弹簧、轧辊、偏心轮、轮圈、轮缘 偏心轮、弹簧圈、垫圈、调整片、偏心轴等 叶片弹簧、螺旋弹簧	、 牌号的两位数字表示平均含碳量，称碳的质量分数。45 号钢即表示碳的质量分数为 0.45%，表示平均含碳量为 0.45% 碳的质量分数小于或等于 0.25%的碳钢属低碳钢（渗碳钢） 碳的质量分数在 0.25%～0.6%之间的碳钢属中碳钢（调质钢） 碳的质量分数大于或等于 0.6%的碳钢属高碳钢 在牌号后加符号“F”表示沸腾钢
	15Mn 20Mn 30Mn 40Mn 45Mn 50Mn 60Mn 65Mn	活塞销、凸轮轴、拉杆、铰链、焊管、钢板 螺栓、传动螺杆、制动板、传动装置、转换拨叉 万向联轴器、分配轴、曲轴、高强度、螺栓、螺母 滑动滚子轴 承受磨损零件、摩擦片、转动滚子、齿轮、凸轮 弹簧、发条 弹簧环，弹簧垫圈	锰的质量分数较高的钢，须加注化学元素符号“Mn”

续表

名称	牌号	应用举例	说明
铬钢	15Cr 20Cr 30Cr 40Cr 45Cr 50Cr	渗碳齿轮、凸轮、活塞销、离合器较重要的渗碳件 重要的调质零件，如轮轴、齿轮、摇杆、螺栓等 较重要的调质零件，如齿轮、进气阀、辊子、轴等 强度及耐磨性高的轴、齿轮、螺栓等 重要的轴、齿轮、螺旋弹簧、止推环	钢中加入一定量的合金元素，提高了钢的力学性能和耐磨性，也提高了钢在热处理时的淬透性，保证金属在较大截面上获得好的力学性能： 铬钢、铬锰钢和铬锰钛钢都是常用的合金结构钢（GB/T 3077—1988）
铬锰钢	15CrMn 20CrMn 40CrMnTi	垫圈、汽封套筒、齿轮、滑键拉钩、齿轮、偏心轮 轴、轮轴、连杆、曲柄轴及其他高耐磨零件 轴、齿轮	
铬锰钛钢	18CrMnTi 30CrMnTi 40CrMnTi	汽车上重要渗碳件、如齿轮等 汽车、拖拉机上强度特高的渗碳齿轮 强度高、耐磨性高的大齿轮、主轴等	
碳素工具钢	T7 T7A	能承受震动和冲击的工具，硬度适中时有较大的韧性。用于制造凿子、钻软岩石的钻头、冲击式打眼机钻头、大锤等	用“碳”或“T” 后附以平均含碳量的千分数表示，有 T7～T13。高级优质碳素工具钢，须在牌号后加注“A”，平均含碳量约为 0.7%～1.3%
	T8 T8A	有足够的韧性和较高的硬度，用于制造能承受震动的工具，如钻中等硬度岩石的钻头、简单模子、冲头等	
一般工程用铸造碳钢	ZG200—400 ZG230—450 ZG270—500 ZG310—570	各种形状的机件，如机座、箱壳 铸造平坦的零件，如机座、机盖、箱体、铁钻台、工作温度在 450℃以下的管路附近等，焊接性良好 各种形状的铸件，如飞轮、机架、联轴器等，焊接性能尚可 各种形状的机件，如齿轮、齿圈、重负荷机架等；起重、运输机中的齿轮、联轴器等重要的机件	ZG230—450 表示工程用铸钢，屈服点为 230N/mm^2，抗拉强度 450N/mm^2

注:（1）钢随着平均含碳量的上升，抗拉强度、硬度增加，延伸率降低。

（2）在 GB/T5613—1985 中铸钢用“ZG”后跟名义万分碳含量表示，如 ZG25、ZG45 等。

（3）有色金属及其合金

附表 A-33　有色金属及其合金的分类

合金牌号	合金名称（或代号）	铸造方法	应用举例	说明
普通黄铜（GB/T 5232—1985）及铸造铜合金（GB/T 1176—1987）				
H62	普通黄铜		散热器、垫圈、弹簧、各种网、螺钉等	H 表示黄铜，后面数字表示平均含铜量的百分数
ZCuSn5Pb5Zn5	5-5-5 锡青铜	S J Li La	较高负荷、中速下工作的耐磨、耐蚀的零件，如轴瓦、衬套、缸套及蜗轮等	"Z"为铸造汉语拼音的首位字母、各化学元素后面的数字表示该元素含量的百分数
ZCuSnl0P1	10-1 锡青铜	S J Li La	高负荷（20 MPa 以下）和高滑动速度（8m/s）下工作的耐磨件，如连杆、衬套、轴瓦、蜗轮等	
ZCuSn10Pb5	10-5 锡青铜	S J	耐蚀、耐酸件及破碎机衬套、轴瓦等	
ZCuPb17Sn4Zn4	17-4-4 铅青铜	S J	一般耐磨件、轴承等	
ZCuAl10Fe3	10-3 铅青铜	S J Li La	要求强度、耐磨、耐腐蚀性、如轴套、螺母、蜗轮、齿轮等	
ZCuAl10Fe3Mn2	10-3-2 铝青铜	S J		
ZCuZn38	38 黄铜	S J	一般结构性和耐蚀的零件，如法兰、阀座、螺母等	
ZCuZn40Pb2	40-2 铝青铜	S J	一般用途的耐磨、耐蚀的零件，如轴套、齿轮等	
ZCuZn38Mn2Pb2	38-2-2 锰黄铜	S J	一般用途的结构件，如套筒、衬套、轴瓦、滑块等耐磨零件	
ZcuZn16Si4	16-4 硅黄铜	S J	接触海水工作的管配件以及水泵、叶轮等	
ZACSil2	ZL102 铝硅合金	SB、JB、RB、KB J	气缸活塞以及高温工作的承受冲击载荷的复杂薄壁零件	ZL102 表示含硅 10%～13%，余量为铝的铝硅合金
ZAISi9Mg	ZL104 铝硅合金	S、J、R、K J、 SB、RB、KB J、JB	形状复杂的高温静载荷或受冲击作用的大型零件，如扇风机叶片、水冷汽缸头	
ZACMg5Sil	ZL303 铝镁合金	S、J、R、K	高耐蚀性或在高温度下工作的零件	
ZACZnllSi7	ZL401 铝锌合金	S、R、K J	铸造性能较好，可不热处理，用于形状复杂的大型薄壁零件，耐蚀性差	
铸造轴承合金（GB/T 1174—1992）				
ZSnSb12Pb10Cu4 ZSnSb11Cu6 ZSnSb8Cu4	锡基轴承合金	J J J	汽轮机、压缩机、机车、发电机、球磨机、轧机减速器、发动机等各种机器的滑动轴承衬	各化学元素后面的数字表示该元素含量的百分数
ZPbSb16Zn16Cu2 ZPbSb15Sn10 ZPbSb15Sn5	铅基轴承合金	J J J		
硬铝（GB/T 3190—1982）				
LY13	硬铝		适用于中等强度的零件，焊接性能好	含铜、镁和锰的合金

注：S—砂型铸造；J—金属型铸造；La—连续铸造；R—熔模铸造；K—壳型铸造；Li—离心铸造。

2．常用热处理工艺

附表 A-34 常用热处理的方式

名词	代号	说明	应用
退火	5111	将钢件加热到临界温度以上（一般是 710～715℃，个别合金钢是 800～900℃）30～50℃，保温一段时间，然后缓慢冷却（一般在炉中冷却）	用来消除铸、锻、焊零件的内应力，降低硬度，便于切削加工，细化金属晶粒，改善组织，增加韧性
正火	5121	将钢件加热到临界温度以上，保温一段时间，然后用空气冷却，冷却速度比退火快	用来处理低碳和中碳结构钢及渗碳零件，使其组织细化、增强强度与韧性，减少内应力、改善切削性能
淬火	5131	将钢件加热到临界温度以上，保温一段时间，然后在水、盐水或油中(个别材料在空气中)急速冷却，使其得到高硬度	用来提高钢的硬度和强度极限，但淬火会引起内应力使钢变脆，所以淬火后必须回火
淬火和回火	5141	回火是将淬硬的钢件加热到临界点以下的温度，保温一段时间，然后在空气中或油中冷却下来	用来消除淬火后的脆性和内应力，提高钢的塑性和冲击韧性
调质	5151	淬火后在 450～650℃进行高温回火，称为调质	用来使钢获得高的韧性和足够的强度，重要的齿轮、轴及丝杆等零件是调质处理的
表面淬火和回火	5210	用火焰或高频电流将零件表面迅速加热至临界温度以上，急速冷却	使零件表面获得高硬度、而心部保持一定的韧性，使零件既耐磨又能承受冲击，表面淬火常用来处理齿轮等
渗碳	5310	在渗碳剂中将钢件加热到 900～950℃，停留一定时间，将碳渗入钢表面，深度约为 0.5～2mm，再淬火后回火	增强钢件的耐磨性能、表面硬度、抗拉强度及疲劳极限 适用于低碳、中碳(C<0.40%)结构钢的中小型零件
渗氰	5330	渗氰是在 500～600℃通入氨的炉子内加热，向钢的表面渗入氢原子的过程。氰化层为 0.025～0.8mm，氢化时间需 40～50h	增加钢件的耐磨性能、表面硬度、疲劳极限和抗蚀能力 适用于合金钢，碳钢、铸铁件，如机场主轴、丝杆以及在潮湿碱水和燃烧气体介质的环境中工作的零件
氰化	Q59（氰化淬火后，回火至 56-62HRC）	在 820 ～860℃炉内通入碳和氨，保温 1～2h，使钢件的表面同时渗入碳、氢原子、可得到 0.2～0.5mm 的氰化层	增加表面硬度、耐磨性、疲劳强度和耐蚀性 用于要求硬度高、耐磨的中、小型及薄片零件和刀具等
时效	时效处理	低温回火后，精加工之前，加热到 100～160℃，保持 10～40h。对铸件也可用天然时效（放在露天中 1 年以上）	使工件消除内应力和稳定形状，用于量具、精密丝杆、床身导轨、床身等
发蓝发黑	发蓝或发黑	将金属零件放在很浓的碱和氧化剂溶液中加热氧化，使金属表面形成一层氧化铁所组成的保护性薄膜	防腐蚀、美观 用于一般连接的标准件和其他电子类零件
镀镍	镀镍	用电解方法，在钢件表面镀一层镍	防腐蚀，美化
镀铬	镀铬	用电解方法，在钢件表面镀一层铬	提高表面硬度、耐磨性和耐蚀能力，也用于修复零件上磨损了的表面
硬度	FIB（布氏硬度）	材料抵抗硬的物体压入其表面的能力称为“硬度”。根据测定的方法不同，可分布氏硬度、洛氏硬度和维氏硬度 硬度的测定是检验材料 经热处理后的机械性能一硬度	用于退火、正火、调质的零件及铸件的硬度检验
	HRC（洛氏硬度）		用于经淬火、回火及表面渗碳、渗氰等处理的零件硬度检验
	HV（维氏硬度）		用于薄层硬化零件的硬度检验

注：热处理工艺代号尚可细分，如空冷淬火代号为 5131a，油冷淬火代号为 513e，油冷淬火代号为 5131e，水冷淬火代号为 5131w 等。本附录不再罗列，详细内容可查阅 GB/T 12603—1990。

3. 常用非金属材料

附表 A-35 常用非金属材料的分类

材料名称	牌号	说明	应用举例
耐油石棉橡胶板		有厚度为 0.4～3.0mm 的 10 种规格	供航空发动机用的煤油、润滑油及冷气系统结合处的密封衬垫材料
耐酸碱橡胶板	2030 2040	较高硬度 中度硬度	具有耐酸碱性能，在温度-30～+60℃的 20%浓度的酸碱液体中工作，用作冲制密封性能较好的垫圈
耐油橡胶板	3001 3002	较高硬度	可在一定温度的机油、变压器油，汽油等介质中工作，适用冲制各种形状的垫圈
耐热橡胶板	4001 4002	较高硬度 中等硬度	可在-30～+100℃且压力不大的条件下，于热空气、蒸汽介质中工作，用作冲制各种垫圈和隔热垫板
酚氨层压板	3302-1 3302-2	3302-1 的机械性能比 3302-2 高	用作结构材料及用以制造各种机械零件
聚四氟乙烯树脂	SFL-4-13	耐腐蚀、耐高温（+250℃），并且有一定的强度，能切削加工成各种零件	用于腐蚀介质中，起密封和减磨作用，用作垫圈等
工业有机玻璃		耐盐酸、硫酸、草酸、烧碱和纯碱等一般酸碱以及二氧化碳、臭氧等气体腐蚀	适用于耐腐蚀和需要透明的零件
油浸石棉盘根	YS450	盘根形状分 F（方形）、Y（圆形）、N（扭制）三种，按需选用	适用于回转轴、往复活塞或阀门杆上作密封材料，介质为蒸汽、空气、工业用水、重质石油产品
橡胶石棉盘根	XS450	该牌号盘根只有 F（方形）	适用于作蒸汽机、往复泵的活塞和阀门杆上作密封材料
工业用平面毛毡	112-44 232-36	厚度为 1～40mm。112-44 表示白色细毛块毯，密度为 0.44g/cm^3，232-36 表示灰色粗毛块毯，密度为 0.36/cm^3	用作密封、防漏油、防震、缓冲衬垫等，按需要选用细毛、半粗毛、粗毛
软钢纸板		厚度为 0.5～3.0mm	用作密封、连接处的密封垫片
尼龙	尼龙 6 尼龙 9 尼龙 66 尼龙 610 尼龙 1010	具有优良的机械强度和耐磨性。可以使用成形加工和切削加工制造零件，尼龙粉末还可喷涂于各种零件表面，提高耐磨性和密封性	广泛用作机械、化工及电气零件，例如轴承、齿轮、凸轮、滚子、辊轴、泵叶轮、风扇叶轮、蜗轮、螺钉、螺母、垫圈、高压密封圈、阀座、输油管、储油容器等。尼龙粉末还可喷涂于各种零件表面
MC 尼龙（无填充）		高度特高	适于制造大型齿轮、蜗轮、轴套、大型阀门密封面、导向环、导轨、滚动轴承保持架、船尾轴承、起重汽车吊索绞盘蜗轮、柴油发动机燃料泵齿轮、矿山铲掘机轴承、水压机立柱导套、大型轧钢机辊道轴瓦等
聚甲醛（均聚物）		具有良好的摩擦性能和抗磨损性能，尤其是优越的抗摩擦性能	用于制造轴承、齿轮、凸轮、滚轮、辊子、阀门上的阀杆螺母、垫圈、法兰、垫片、泵叶轮、鼓风机叶片、弹簧、管道等
聚碳酸醋		具有高的冲击韧性和优异的尺寸稳定性	用于制造齿轮、蜗轮、螺杆、齿条、凸轮、心轴、轴承、滑轮、铰链、传动链、螺栓、螺母、垫圈、铆钉、

参 考 文 献

[1] 大连理工大学工程图学教研室．机械制图（6 版）．北京：高等教育出版社，2007.

[2] 朱冬梅，胥北澜．画法几何及机械制图（6 版）．北京：高等教育出版社，2008.

[3] 李娅，冯寿亮．机械制图．北京：清华大学出版社，2009.

[4] 王兰美，冯秋官．机械制图（2 版）．北京：高等教育出版社，2010.

[5] 刘力．机械制图（3 版）．北京：高等教育出版社，2011.

[6] 王庆友，林新英．机械制图．北京：机械工业出版社，2014.

[7] 黄其柏，等．画法几何及机械制图（6 版）．武汉：华中科技大学出版社，2015.

[8] 何铭新．机械制图（7 版）．北京：高等教育出版社，2016.

反侵权盗版声明

电子工业出版社依法对本作品享有专有出版权。任何未经权利人书面许可，复制、销售或通过信息网络传播本作品的行为；歪曲、篡改、剽窃本作品的行为，均违反《中华人民共和国著作权法》，其行为人应承担相应的民事责任和行政责任，构成犯罪的，将被依法追究刑事责任。

为了维护市场秩序，保护权利人的合法权益，我社将依法查处和打击侵权盗版的单位和个人。欢迎社会各界人士积极举报侵权盗版行为，本社将奖励举报有功人员，并保证举报人的信息不被泄露。

举报电话：（010）88254396；（010）88258888
传　　真：（010）88254397
E-mail：　dbqq@phei.com.cn
通信地址：北京市万寿路 173 信箱
　　　　　电子工业出版社总编办公室
邮　　编：100036